普通高等教育"十四五"规划教材

新编无机化学实验

刘美玭　邓文婷　张世勇　等　编

中国石化出版社
·北京·

内容提要

　　《新编无机化学实验》共八章，除了对无机化学实验基础知识加以系统介绍之外，共编排了 43 个实验，包括基本操作和基本原理实验、元素性质实验、制备与综合性实验、研究与设计性实验。本书注重加强对学生基本实验技能的训练，并在此基础上，通过制备与综合性实验、研究与设计性实验的训练，进一步提高学生综合应用和分析、解决问题的能力；注重加强环保意识，应用微型实验方法改进了部分实验。同时，考虑到向新形态教材转化，对书中部分重要内容增加了学习资源模块，以二维码形式展现，资源包括实验视频、学习资料等，可根据学时和教学要求进行选择。

　　本书可作为高等院校化学、化工、材料、冶金、生物、环境等专业的无机化学实验教材，也可供从事化学实验室工作或化学研究工作的人员阅读参考。

图书在版编目（CIP）数据

新编无机化学实验 / 刘美玭，邓文婷，张世勇等编.
北京：中国石化出版社，2024. 7. --（普通高等教育
"十四五"规划教材）. --ISBN 978-7-5114-7548-0

Ⅰ. O61-33

中国国家版本馆 CIP 数据核字第 20248E0K21 号

中国石化出版社出版发行

地址：北京市东城区安定门外大街 58 号
邮编：100011　电话：(010) 57512500
发行部电话：(010) 57512575
http://www.sinopec-press.com
E-mail：press@sinopec.com
北京富泰印刷有限责任公司印刷
全国各地新华书店经销

*

787 毫米 ×1092 毫米 16 开本 17.75 印张 382 千字
2024 年 7 月第 1 版　2024 年 7 月第 1 次印刷
定价：58. 00 元

前　言

　　《新编无机化学实验》是根据化学类各专业"无机化学实验"教学的需要，由赣南师范大学化学化工学院长期在教学第一线、有多年教学经验的教师，根据教学实践，在参考有关实验教材的基础上编写而成。随着计算机应用的普及、课程建设的完善，教材的建设也随之飞速发展，考虑到向新形态教材转化，对书中部分重要内容增加了学习资源模块，以二维码形式展现，资源包括实验视频、学习资料等，可通过扫描二维码获取相关内容。

　　本书在编写过程中，坚持师范类教材的特点，着重加强基本操作和基本训练的规范化；注重启发性、思考性及学生举一反三分析问题能力的培养，以及对学生科学探索和创新精神的培养；同时，注意基础型实验和研究、设计型实验的比例，以及微型实验方法的应用及环境保护等。

　　全书共八章，第一章主要介绍无机化学实验教学的目的、无机化学实验的学习方法、实验报告等；第二～四章系统地介绍了实验基础知识与基本操作、常用测量仪器的使用、实验结果的表达与数据处理等；第五章为基本操作和基本原理实验，共有17个；第六章为元素性质实验，共有9个；第七章为制备与综合性实验，共有7个；第八章为研究与设计性实验，共有10个。全书按照实验的类别编排了43个实验，为实验教学提供了充分的选择余地。各高校可以根据教学要求和本校的实际情况选用和组织教学内容。

　　参加本书编写工作的人员有：徐国海、张世勇（第一章），刘美玭（第二、七章），邓文婷、戈根武（第三章及附录），李望、卢莹冰（第四章），潘虹、何序骏（第五章），李媛艳、吴勇权（第六章），崔伟荣、翁果果（第八章）。全书由刘美玭、邓文婷统稿，张世勇定稿。

　　本书在编写过程中查阅了大量教材、文献及著作，在此向其作者表示感谢。同时，本书的出版得到了江西省功能材料化学重点实验室、赣南师范大学教材建设基金、赣南师范大学"协同提质计划"教师教育高质量发展研究专项经费的资助，以及赣南师范大学国家一流本科专业建设、省级应用化学和材料化学专业建设、赣南师范大学无机化学实验线上线下一流课程及江西省《无机化学》线下一流课程建设资助项目的资助，在此表示衷心的感谢。本书的编写还得到了江西省高水平本科教学团队、师范教育协同提质计划相关院校(上海师范大学、华东师范大学等)、上饶师范学院相关老师的支持和帮助，在此一并表示感谢。

　　鉴于编者水平有限，书中疏漏、错误之处在所难免，敬请读者批评指正。

目　　录

第一章　绪　论

第一节　化学实验的重要意义

化学是一门中心科学。这是因为一方面化学学科本身迅猛发展，另一方面化学在发展过程中为相关学科的发展提供了物质基础，可以说化学当今正处在一个多边关系的中心。

化学实验是化学科学研究的基本方法之一。化学实验的重要性主要表现在三个方面。首先，化学实验是化学理论产生的基础，现代化学实验的奠基人波义耳认为，化学必须靠实验来确定自己的基本规律。其次，化学实验也是检验化学理论正确与否的唯一标准，所谓"分子设计"化学合成，其方案是否可行，最终将由实验来检验，并且通过实验技术来完成。第三，化学学科发展的最终目的是发展生产力，一方面化学通过实验制造出大量自然界中已有的或是不存在的新物质；另一方面，化学牵动其他科学向分子层面发展，化学实验使人们能从分子层面认识、利用自然，发展生产力，改变世界。

化学学科已发生巨大变化，其中实验化学发展迅速，成果惊人。未来的化学发展将向更广范围、更深层次的方向延伸。现今化学家不仅研究地球重力场作用下发生的化学过程，而且已开始系统研究物质在磁场、电场和光能、力能以及声能作用下的化学反应，随着我国载人航天工程的发展，实验场地已从地球走向了外太空，在高温、高压、高纯、高真空、无氧无水等条件下研究太空失重、强辐射和高真空情况下的化学反应过程。因此化学实验推动着化学学科乃至相关学科飞速发展，引导人类创造更加美好的未来。

第二节　无机化学实验教学的目的

已故著名化学家、中国科学院院士戴安邦教授对实验教学作了精辟的论述：实验教学是实施全面化学教育的有效形式。

之所以强调实验教学，是因为实验教学在化学教学方面起着课堂讲授不能代替的特殊作用。通过化学实验教学，不仅要传授化学知识，更重要的是培养学生的能力、塑造优良的价值观，掌握基本的操作技能、实验技术，培养分析问题、解决问题的能力，养成严谨的实事求是的科学态度，树立勇于开拓的创新意识，实现知识传授、能力培养、价值塑造三者统一。

新入学的一年级学生通过系统地学习本教材，可以逐渐熟悉化学实验的基本知识及无机化学实验基本操作技能，获得大量物质变化的感性认识。通过进一步熟悉元素及其化合物的重要性质和反应，掌握无机化合物的一般分离和制备方法；加深对化学基本原理和基础知识的理解和掌握，从而养成独立思考、独立准备和进行实验的实践能力。培养细致地观察和记录现象，归纳、综合、正确地处理数据以及分析实验、用语言表达实验结果的能力。

总之，无机化学实验的任务就是要通过整个无机实验教学，逐步地达到上述各项目的，为学生进一步学习后续化学课程和实验，培养初步的科研能力打下基础。

第三节　无机化学实验的学习方法

要达到上述实验目的，不仅要有正确的学习态度，而且还要有正确的学习方法。无机化学实验的学习方法大致可分为以下三个步骤：

（1）预习　为了使实验能够获得良好的效果，实验前必须进行预习。若发现学生预习不够充分，教师可让学生停止实验，要求其在了解实验内容之后再进行实验。

（2）实验　根据实验教材上所规定的方法、步骤和试剂用量进行操作。

（3）实验报告　实验完毕应对实验现象进行解释并作出结论，或根据实验数据进行处理和计算，独立完成实验报告，交指导教师审阅。若实验现象、解释、结论、数据、计算等不符合要求，或实验报告写得草率，应重做实验或重写报告。

一、实验预习

学习化学实验之前必须了解实验室安全规则，并且在实验前做好实验预习，做好预习报告能让实验者在实验中更加轻松，因此，在实验室应把时间留给实验而不是准备工作。以下是实验预习要求：

（1）阅读实验教材、教科书和参考资料中的有关内容。

（2）明确本实验的目的。

（3）了解实验的内容、步骤、操作过程和实验时应注意的安全知识、操作技能和实验现象。

（4）在预习的基础上，认真写好预习报告。

（5）预习报告并不是简单的抄写工作，它应该是在理解实验原理和了解实验步骤后画出的实验流程图或文字说明。例如某实验步骤如以下这段话：

"称取 22g $NaNO_3$ 和 15g KCl，放入一只小烧杯中，加入 35mL H_2O。将小烧杯置于垫了石棉网的可调温电炉上，待盐全部溶解后，继续加热，使溶液蒸发至原体积的 2/3。这时试管中有晶体析出(是什么？)，趁热用热滤漏斗过滤，滤液盛于小烧杯中自然冷却。随着温度的下降，有晶体析出(是什么？)。注意：不要骤冷，以防结晶过于细小。用减压法过滤，尽量抽干。水浴烤干 KNO_3 晶体后称重，计算理论产量和产率。"实验者可在预习报告中简化成易于理解的如下流程图：

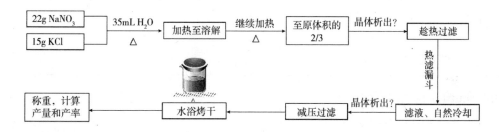

二、实验过程

(1)认真操作，细心观察现象，并及时、如实地做好详细记录。

(2)如果发现实验现象与理论不符合，应首先尊重实验事实，并认真分析和检查其原因，也可以做对照试验、空白试验或自行设计的实验来核对，必要时应多次重做实验进行验证，从中得到有益的科学结论和学习科学思维的方法。

(3)实验过程中应勤于思考，仔细分析，力争自己解决问题。必要时，可提请教师进行指导。

(4)在实验过程中应保持肃静，严格遵守实验室工作规则。

(5)书写实验报告应字迹端正，简明扼要，整齐清洁。

第四节　无机化学实验报告

一、实验报告格式

下面列举几种不同类型的实验报告格式，以供参考。

无机化学测定实验报告

实验名称：_____室温_____气压_____

年级　　　组　　　姓名　　　日期

实验目的：

测定原理(简述)：

实验用品：

数据记录和结果处理：

问题和讨论：

指导教师签名：_____

无机化学制备实验报告

实验名称：_____室温_____气压_____

年级　　　　　组　　　　　姓名　　　　　日期
_____

实验目的：
_____

基本原理(简述)：
_____

实验用品：
_____

简单流程：
_____

实验过程主要现象：
_____

实验结果：
　　产品外观：
　　产　　量：
　　产　　率：
_____

问题和讨论：
_____

指导教师签名：_____

无机化学性质实验报告

实验名称：_____室温_____气压_____

年级　　　　组　　　　姓名　　　　日期
_____

实验目的：

实验内容	实验现象	解释和反应方程式

小结：

_____

问题和讨论：

_____

指导教师签名：_____

二、常见仪器和装置图的画法

在实验报告中有关仪器、实验装置和操作的叙述，若能引入一幅清晰的示意图，不仅能大大减少文字叙述，而且直观具体，一目了然。特别是从未来的化学教师所将从事的教学要求来看，更应掌握绘制仪器和实验装置示意图的技巧。

1. 常见仪器的分步画法

常见仪器的分步画法如图1－1－1所示。

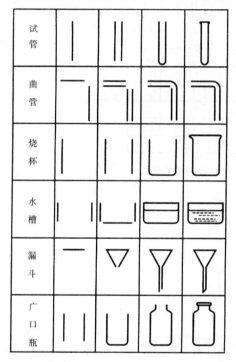
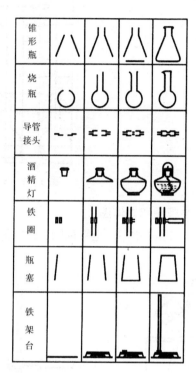

图1－1－1 常见仪器的分步画法

2. 成套装置图的画法

先画主体图，后画配件图，分步完成。例如画实验室制取和收集氧气的装置图（图1－1－2），应首先画出带塞的试管、导管和集气瓶，然后再画出图中的其他配件，最后在悬空的酒精灯下补画上木垫。

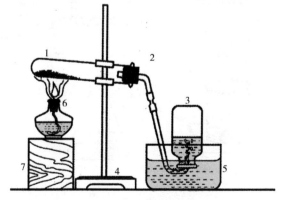

图1－1－2 成套装置图的画法
1—试管；2—导管；3—集气瓶；4—铁架台；
5—水槽；6—酒精灯；7—木垫

3. 常用仪器的简易画法

一些常用仪器的简易画法如图1-1-3所示。

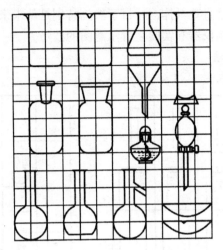

图1-1-3 常用仪器的简易画法

4. 平视图和立体图

图1-1-4中(A)是平视图,(B)是立体图。

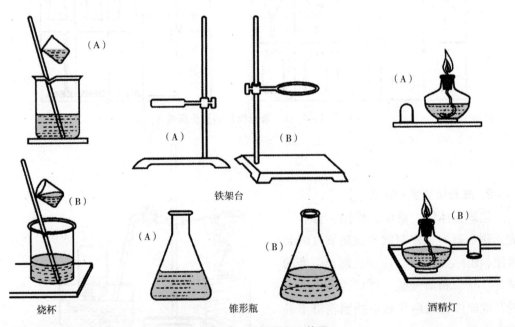

烧杯　　　　　　　　　　　锥形瓶　　　　　　　　　　　酒精灯

图1-1-4 平视图和立体图

绘制仪器和装置示意图时,一般应注意以下几点:

(1)在同一幅图中,必须采用同一种透视法(平视图或立体图),其中以平视图较为易画和常用;

（2）若采用立体图，透视方向必须统一；

（3）布局应照顾各个部位，以便清晰地表现出来；

（4）图中各部分的相对位置和相应比例要与实际相符；

（5）要力求线条简洁，图形逼真。

三、实验的基本操作

基本操作的训练必须逐步且有层次、有重点地进行。一些基本且重要的、无机实验中必须掌握的操作要多次反复地进行练习，以达到熟练自如的程度。一些非重点的、后续实验课还要训练的操作，只要求初步训练。本教材各实验中基本操作累计如表 1 - 1 - 1 所示。

表 1 - 1 - 1　各实验中基本操作累计一览表

实验类型	实验名称	要求熟练掌握									要求初步训练						测试仪器
		仪器洗涤干燥	加热	常压过滤	试剂取用	台秤使用	玻璃管切割	配塞钻孔	试管操作	气体发生操作	抽滤	滴定	离心分离	溶液配制	玻璃管弯曲拔延	分析天平	
基本操作	2. 仪器的洗涤、干燥和玻璃管的简单加工	√	√				√	√							√		
	3. 台秤和分析天平的使用				√	√										√	
	4. 溶液的配制	√			√	√								√		√	比重计
	5. 二氧化碳相对分子质量的测定	√			√					√						√	气压计
	6. 转化法制备硝酸钾	√	√	√	√				√		√		√	√			
	12. 五水合硫酸铜结晶水的测定	√	√		√	√										√	温度计
	13. 氢气的制备和铜相对原子质量的测定	√	√	√	√					√	√		√	√		√	
	14. 水的净化	√		√	√	√			√					√			电导率仪
基本化学原理	7. 过氧化氢分解热的测定	√			√											√	秒表 温度计
	8. 化学反应速率与活化能	√	√		√												秒表 温度计
	9. 醋酸电离度和电离常数的测定	√			√							√		√			pH 计

实验类型	实验名称	要求熟练掌握								要求初步训练					测试仪器
		仪器洗涤干燥	加热	常压过滤	试剂取用	台秤使用	玻璃管切割	配塞钻孔	试管操作	气体发生操作	抽滤	滴定	离心分离	溶液配制	玻璃管弯曲拔延	分析天平	
基本化学原理	10. 碘化铅溶度积的测定(微型实验)	√			√							√					
	11. 氧化还原反应和氧化还原平衡(微型实验)	√			√				√								伏特计
	15. $I_3^- \rightleftharpoons I^- + I_2$ 平衡常数的测定	√			√	√						√					
	16. 配位化合物和配位平衡	√			√				√								
	17. 磺基水杨酸合铁(Ⅲ)配合物的组成及其稳定常数的测定	√			√									√			分光光度计
元素性质	18. p 区非金属元素(一)(卤素、氧、硫)	√	√		√	√			√	√			√				
	19. p 区非金属元素(二)(氮族、硅、硼)	√	√		√				√				√				
	20. 常见非金属阴离子的分离与鉴定	√	√		√				√		√		√				
	21. 主族金属(碱金属、碱土金属、铝、锡、铅)	√	√		√				√				√				
	22. ds 区金属(铜、银、锌、镉)	√	√		√	√			√				√				
	23. 常见阳离子的分离与鉴定(一)	√	√		√								√				
	24. 第一过渡系元素(一)(铬、锰)	√	√		√				√				√				
	25. 第一过渡系元素(二)(铁、钴、镍)	√	√		√				√				√				
	26. 常见阳离子的分离与鉴定(二)	√	√		√				√				√				

续表

实验类型	实验名称	要求熟练掌握									要求初步训练						
		仪器洗涤干燥	加热	常压过滤	试剂取用	台秤使用	玻璃管切割	配塞钻孔	试管操作	气体发生操作	抽滤	滴定	离心分离	溶液配制	玻璃管弯曲拔延	分析天平	测试仪器
制备与综合性实验	27. 由海盐制备试剂级氯化钠	√	√	√	√	√			√		√		√				
	28. 重铬酸钾的制备	√	√	√	√	√			√		√	√					
	29. 高锰酸钾的制备	√	√	√	√	√			√		√	√					
	30. 离子配合物的离子交换分离及$[CrCl_2(H_2O)_4]^+$、$[CrCl(H_2O)_5]^{2+}$、$[Cr(H_2O)_6]^{3+}$的可见光谱	√	√		√									√			分光光度计
	31. 铬(Ⅲ)配合物的合成和分裂能的测定	√	√	√	√	√			√		√			√		√	分光光度计
	32. 从含银废液中回收金属银	√	√	√	√						√					√	
	33. 热致变色材料的合成	√			√	√					√			√			温度计
研究与设计性实验	34. 一种钴(Ⅲ)配合物的制备	√	√						√		√						电导率仪
	35. 四氧化三铅组成的测定	√		√	√								√				
	36. 硫酸亚铁铵的制备	√	√	√	√				√		√			√			分光光度计
	37. 离子鉴定和未知物的鉴别	√	√	√					√				√				
	38. 三草酸根合铁(Ⅲ)酸钾的制备及表征	√	√	√	√						√	√				√	
	39. 一种稀土铕纳米胶束荧光探针的制备和性能初探	√	√	√	√						√					√	紫外灯
	40. 碱式碳酸铜的制备	√	√	√	√				√		√						
	41. 从废铜液中回收硫酸铜	√	√	√	√						√					√	
	42. 废干电池的综合利用	√	√	√	√	√			√		√					√	
	43. 植物体中某些元素的分离与鉴定	√	√	√	√	√			√		√		√				

第二章　基础知识与基本操作

第一节　无机化学实验常用仪器

常用仪器主要以玻璃仪器为主，按其用途可分为容器类仪器、量器类仪器和其他类仪器。

一、常用玻璃仪器

（1）容器类　常温或加热条件下物质的反应容器、储存容器，包括试管、烧杯、烧瓶、锥形瓶、滴瓶、细口瓶、广口瓶、称量瓶、分液漏斗、洗气瓶等。每种类型又有许多不同的规格，使用时要根据用途和用量选择不同种类和不同规格的容器。注意阅读容器的使用说明和注意事项，特别要注意对容器加热的方法，以防损坏仪器。

（2）量器类　用于度量溶液体积。不可以作为实验（如溶解、稀释等）仪器，不可以量取热溶液，不可以加热，不可以长期存放溶液。量器类容器主要有量筒、移液管、吸量管、容量瓶、滴定管等。每种类型又有不同规格，应遵循保证实验结果精确度的原则选择度量容器。正确地选择和使用度量容器，反映了学生实验技能水平的高低。

二、其他仪器

其他仪器包括玻璃仪器和非玻璃仪器。

三、无机化学实验常用仪器

无机化学实验常用仪器的用途、使用方法、注意事项等见表 2 – 1 – 1。

表 2-1-1 无机化学实验常用仪器

仪 器	规 格	主要用途	使用方法和注意事项	理 由
试管 离心试管	玻璃质，分硬质和软质，有普通试管和离心试管（也叫离心机管）两种。普通试管又有翻口、平口、有刻度、无刻度、有支管、无支管、有塞、无塞等几种。离心试管也有有刻度和无刻度的 规格： 有刻度的试管和离心试管按容量（mL）分，常用的有 5、10、15、20、25、50…… 无刻度试管按管外径（mm）×管长（mm）分，有 8×70、10×75、10×100、12×100、12×120、15×150、30×200……	1. 在常温或加热条件下用作少量试剂反应容器，便于操作和观察 2. 收集少量气体用 3. 支管试管还可检验气体产物，也可接到装置中用 4. 离心试管还可用于沉淀分离	1. 反应液体不超过试管容积的 1/2，加热时不超过 1/3 2. 加热前试管外面要擦干；加热时要用试管夹 3. 加热液体时，管口不要对人，并将试管倾斜与桌面成 45°，同时不断振荡，火焰上端不能超过管里液面 4. 加热固体时，管口应略向下倾斜 5. 离心试管不可直接加热	1. 防止振荡时液体溅出或受热溢出 2. 防止有水滴附着受热不均，使试管破裂；以免烫手 3. 防止液体溅出伤人，并扩大加热面防止爆沸，防止受热不均匀使试管破裂 4. 增大受热面，避免管口冷凝水流回灼热管底而引起破裂 5. 防止破裂
烧杯	玻璃质，分硬质和软质，有一般型和高型，有刻度和无刻度等几种 规格： 按容量（mL）分，有 50、100、150、200、250、500…… 此外还有 1、5、10 的微量烧杯	1. 常温或加热条件下作大量物质反应容器，反应物易混合均匀 2. 配制溶液用 3. 代替水槽用	1. 反应液体不得超过烧杯容量的 2/3 2. 加热前要将烧杯外壁擦干，烧杯底要垫石棉网	1. 防止搅动时液体溅出或沸腾时液体溢出 2. 防止玻璃受热不均匀而遭破裂
圆底烧瓶 平底烧瓶 蒸馏烧瓶	玻璃质，分硬质和软质，有平底、圆底、长颈、短颈、细口、粗口和蒸馏烧瓶等几种 规格： 按容量（mL）分，有 50、100、250、500、1000…… 此外还有微量烧瓶	圆底烧瓶：在常温或加热条件下供化学反应用，因盛液是圆形故受热面大、耐压大 平底烧瓶：配制溶液或代替圆底烧瓶，因平底放置平稳 蒸馏烧瓶：液体蒸馏、少量气体发生装置用	1. 盛放液体的量不能超过烧瓶容量的 2/3，也不能太少 2. 固定在铁架台上，下垫石棉网再加热，不能直接加热，加热前外壁要擦干 3. 放在桌面上，下面要有木环或石棉环	1. 避免加热时喷溅或破裂 2. 避免受热不均匀而破裂 3. 防止滚动而打破
锥形瓶	玻璃质，分硬质和软质，有有塞和无塞，广口、细口和微型等几种 规格： 按容量（mL）分，有 50、100、150、200、250……	1. 用作反应容器 2. 振荡方便，适用于滴定操作	1. 盛液不能太多 2. 加热时应下垫石棉网或置于水浴中	1. 避免振荡时溅出液体 2. 防止受热不均而破裂

仪　器	规　格	主要用途	使用方法和注意事项	理　由
滴瓶	玻璃质，分棕色、无色两种，滴管上带有橡皮胶头 规格： 　按容量（mL）分，有 15、30、60、125……	盛放少量液体试剂或溶液，便于取用	1. 棕色瓶放见光易分解或不太稳定的物质 2. 滴管不能吸得太满，也不能倒置 3. 滴管专用，不得弄乱、弄脏	1. 防止物质分解或变质 2. 防止试剂侵蚀橡皮胶头 3. 防止沾污试剂
细口瓶	玻璃质，有磨口和非磨口，无色、棕色和蓝色等几种 规格： 　按容量（mL）分，有 100、125、250、500、1000……细口瓶又叫试剂瓶	储存溶液和液体药品	1. 不能直接加热 2. 瓶塞不能弄脏、弄乱 3. 盛放碱液应改用胶塞 4. 有磨口塞的细口瓶不用时应洗净并在磨口处垫上纸条 5. 有色瓶盛见光易分解或不太稳定的物质的溶液或液体	1. 防止玻璃破裂 2. 防止沾污试剂 3. 防止碱液与玻璃作用，使塞子打不开 4. 防止粘连，不易打开玻璃塞 5. 防止物质分解或变质
广口瓶	玻璃质，有无色、棕色的，有磨口、非磨口的，磨口有塞，若无塞的口上是磨砂的则为集气瓶 规格： 　按容量（mL）分，有 30、60、125、250、500……	1. 储存固体药品 2. 集气瓶还用于收集气体	1. 不能直接加热，不能放碱，瓶塞不得弄脏、弄乱 2. 做气体燃烧实验时瓶底应放少许砂子或水 3. 收集气体后，要用毛玻璃片盖住瓶口	1. 防止玻璃破裂、碱液与玻璃作用及沾污试剂 2. 防止瓶破裂 3. 防止气体逸出
量筒	玻璃质 规格： 　刻度按容量（mL）分，有 5、10、20、25、50、100、200…… 　上口大、下部小的叫量杯	用于量取一定体积的液体	1. 应竖直放在桌面上，读数时，视线应和液面水平，读数与弯月面底相切的刻度 2. 不可加热，不可作实验（如溶解、稀释等）容器 3. 不可量取热溶液或液体	1. 读数准确 2. 防止破裂 3. 容积不准确
称量瓶	玻璃质，分高型、矮型两种 规格［按容量（mL）分］： 高型有：10、20、25、40…… 矮型有：5、10、15、30……	准确称取一定量的固体药品时用	1. 不能加热 2. 盖子是磨口配套的，不得丢失、弄乱 3. 不用时应洗净，在磨口处垫上纸条	1. 防止玻璃破裂 2. 防止药品沾污 3. 防止粘连，不易打开玻璃盖

续表

仪　器	规　　格	主要用途	使用方法和注意事项	理　由
移液管　吸量管	玻璃质，分刻度管型和单刻度大肚型两种。此外还有完全流出式和不完全流出式。无刻度的也叫移液管，有刻度的也称吸量管 规格： 按刻度最大标度（mL）分，有1、2、5、10、25、50…… 微量的有0.1、0.2、0.25、0.5…… 此外还有自动移液管	精确移取一定体积的液体时用	1. 将液体吸入，使液面超过刻度，再用食指按住管口，轻轻转动放气，使液面降至刻度后，用食指按住管口，移往指定容器，放开食指，使液体注入 2. 用时先用少量所移取液淋洗三次 3. 一般吸管残留的最后一滴液体，不要吹出（完全流出式应吹出）	1. 确保量取准确 2. 确保所取液的浓度或纯度不变 3. 制管时已考虑
容量瓶	玻璃质 规格： 按刻度以下的容量（mL）分，有5、10、25、50、100、150、200、250…… 现在也有塑料塞的	配制准确浓度的溶液时用	1. 溶质先在烧杯内全部溶解，然后移入容量瓶 2. 不能加热，不能代替试剂瓶用来存放溶液	1. 确保配制准确 2. 避免影响容量瓶容积的精确度
酸碱通用滴定管	玻璃质，聚四氟乙烯活塞的酸碱通用滴定管 规格： 按刻度最大标度（mL）分，有25、50、100…… 微量的有1、2、3、4、5、10……	滴定时用，或用以量取较准确体积的液体时用	1. 用前洗净，装液前要用预装溶液淋洗三次 2. 使用滴定管滴定时，用左手开启旋塞，溶液即可放出。注意赶尽气泡	1. 保证溶液浓度不变 2. 防止将旋塞拉出而喷漏，便于操作。赶出气泡是为了读数准确
长颈漏斗　漏斗	玻璃质或搪瓷质，分长颈和短颈两种 规格： 按斗径（mm）分，有30、40、60、100、120…… 此外铜制热漏斗专用于热滤	1. 过滤液体 2. 倾注液体 3. 长颈漏斗常装配气体发生器，加液用	1. 不可直接加热 2. 过滤时漏斗颈尖端必须紧靠承接滤液的容器壁 3. 长颈漏斗用于加液时斗颈应插入液面内	1. 防止破裂 2. 防止滤液溅出 3. 防止气体自漏斗泄出

续表

仪　器	规　格	主要用途	使用方法和注意事项	理　由
分液漏斗	玻璃质，有球形、梨形、筒形和锥形等几种 规格： 按容量（mL）分，有 50、100、250、500……	1. 用于互不相溶的液－液分离 2. 气体发生器装置中加液用	1. 不能加热 2. 塞上涂一薄层凡士林，旋塞处不能漏液 3. 分液时，下层液体从漏斗管流出，上层液体从上口倒出 4. 装气体发生器时漏斗管应插入液面内（漏斗管不够长时可接管）或改装成恒压漏斗	1. 防止玻璃破裂 2. 保证旋塞旋转灵活，又不漏水 3. 防止分离不清 4. 防止气体自漏斗管喷出
吸滤瓶或布氏漏斗 抽滤瓶	布氏漏斗为瓷质，规格以直径（mm）表示。吸（抽）滤瓶为玻璃质，规格按容量（mL）分，有 50、100、250、500 等。两者配套使用	用于无机制备中晶体或沉淀的减压过滤（利用抽气管或真空泵降低抽滤瓶中压力来减压过滤）	1. 不能直接加热 2. 滤纸要略小于漏斗的内径，才能贴紧 3. 先开抽气管，后过滤。过滤完毕后，先分开抽气管与抽滤瓶的连接处，后关抽气管	1. 防止玻璃破裂 2. 防止过滤液由边上漏出，过滤不完全 3. 防止抽气管水流倒吸
干燥管	玻璃质，还有其他形状的 规格： 以大小表示	干燥气体	1. 干燥剂颗粒要大小适中，填充时松紧要适中，不与气体反应 2. 两端要放棉花团 3. 干燥剂变潮后应立即换干燥剂，用后应清洗 4. 两头要接对（大头进气，小头出气）并固定在铁架台上使用	1. 加强干燥效果，避免失效 2. 避免气流将干燥剂粉末带出 3. 避免沾污仪器，提高干燥效率 4. 防止漏气，防止打碎
洗气瓶	玻璃质，形状有多种 规格： 按容量（mL）分，有 125、250、500、1000……	净化气体用，反接也可作安全瓶（或缓冲瓶）用	1. 接法要正确（进气管通入液体中） 2. 洗涤液注入容器高度的 1/3，不得超过 1/2	1. 若接不对，达不到洗气目的 2. 防止洗涤液被气体冲出
表面皿	玻璃质 规格： 按直径（mm）分，有 45、65、75、90……	盖在烧杯上，防止液体迸溅或其他用途	不能用火直接加热	防止破裂

续表

仪 器	规 格	主要用途	使用方法和注意事项	理 由
蒸发皿	瓷质，也有玻璃、石英、铂制品，有平底和圆底两种规格： 按容量（mL）分，有 75、200、400……	口大底浅，蒸发速度大，所以作蒸发、浓缩溶液用。随液体性质不同可选用不同质的蒸发皿	1. 能耐高温，但不宜骤冷 2. 一般放在石棉网上加热	1. 防止破裂 2. 确保受热均匀
坩埚	瓷质，也有石墨、石英、氧化锆、铁、镍或铂制品规格： 以容量（mL）分，有 10、15、25、50……	强热、煅烧固体时用。随固体性质不同可选用不同质的坩埚	1. 放在泥三角上直接强热或煅烧 2. 加热或反应完毕后用坩埚钳取下时，坩埚钳应预热，取下后应放置在石棉网上	1. 瓷质、耐高温 2. 防止骤冷而破裂，防止烧坏桌面
持夹 单爪夹 铁圈 铁架台	铁制品，铁夹现在有铝制的。 铁架台有圆形的，也有长方形的	用于固定或放置反应容器。铁圈还可代替漏斗架使用	1. 仪器固定在铁架台上时，仪器和铁架的重心应落在铁架台底盘中部 2. 用铁夹夹持仪器时，应以仪器不能转动为宜，不能过紧或过松 3. 加热后的铁圈不能撞击或摔落在地上	1. 防止站立不稳而翻倒 2. 过松易脱落，过紧可能夹破仪器 3. 避免断裂
毛刷	以大小或用途表示，如试管刷、滴定管刷等	洗刷玻璃仪器	洗涤时手持刷子的部位要合适。要注意毛刷顶部竖毛的完整程度	避免洗不到仪器顶端，或刷顶撞破仪器
研钵	瓷质，也有玻璃、玛瑙或铁制品规格： 以口径大小表示	1. 研碎固体物质 2. 固体物质的混合 按固体的性质和硬度选用不同的研钵	1. 大块物质只能压碎，不能舂碎 2. 放入量不宜超过研钵容积的 1/3 3. 易爆物质只能轻轻压碎，不能研磨	1. 防止击碎研钵和杵，避免固体飞溅 2. 避免研磨时把物质甩出 3. 防止爆炸

续表

仪　器	规　格	主要用途	使用方法和注意事项	理　由
试管夹	有木制、竹制，也有金属丝（钢或铜）制品，形状也不同	夹持试管用	1. 夹在试管上端　2. 不要把拇指按在夹子的活动部分　3. 一定要从试管底部套上和取下试管夹	1. 便于摇动试管，避免烧焦夹子　2. 避免试管脱落　3. 操作规范化的要求
试管架	有木质、铝质和塑料的，有不同形状和大小的	放试管用	加热后的试管应用试管夹夹住悬放架上	避免骤冷或遇架上湿水使之炸裂
漏斗架	木质或金属制品，有螺丝可固定于铁架或木架上，也叫漏斗板	过滤时承接漏斗用	固定漏斗架时，不要倒放	避免损坏
电炉	电阻炉，分为直接加热和间接加热两种	使物料均匀加热	放置加热容器时应先放石棉网	使加热容器受热均匀
燃烧匙	匙头铜质，也有铁制品	检验可燃性，进行固气燃烧反应用	1. 放入集气瓶时应由上而下慢慢放入，且不要触及瓶壁　2. 做硫黄、钾、钠燃烧实验时，应在匙底垫上少许石棉或砂子　3. 用完立即洗净匙头并干燥	1. 保证充分燃烧，防止集气瓶破裂　2. 发生反应时，避免腐蚀燃烧匙　3. 避免腐蚀、损坏匙头

续表

仪　器	规　格	主要用途	使用方法和注意事项	理　由
石棉网	由铁丝编成，中间涂有石棉，有大、小之分	石棉是一种不良导体，它能使受热物体均匀受热，不致造成局部高温	1. 应先检查，石棉脱落的不能用 2. 不能与水接触 3. 不可卷折	1. 起不到作用 2. 避免石棉脱落或铁丝锈蚀 3. 石棉松脆，易损坏
泥三角	由铁丝扭成，套有瓷管，有大、小之分	灼烧坩埚时放置坩埚	1. 使用前应检查铁丝是否断裂，断裂的不能使用 2. 坩埚放置要正确，坩埚底应横着斜放在三个瓷管中的一个瓷管上 3. 灼烧后小心取下，不要摔落	1. 若铁丝断裂，灼烧时坩埚不稳也易脱落 2. 避免灼烧过快 3. 避免损坏
药匙	由牛角、瓷、塑料或不锈钢制成，现多数是塑料的	拿取固体药品用。药勺两端各有一个勺，一大一小，根据用药量大小分别选用	取用一种药品后，必须洗净，并用滤纸擦干后，才能取用另一种药品	避免沾污试剂，发生事故
电热恒温水浴锅	不锈钢或铝制品	用于间接加热。也可用于粗略控温实验中	1. 先加水，后通电 2. 应选择好圈环，使加热器皿的2/3没入锅中 3. 经常加水，防止将锅内水烧干 4. 用完将锅内剩水倒出并擦干水浴锅	1. 防止干烧，损坏仪器 2. 使加热物品受热上下均匀 3. 防止将水浴锅烧坏 4. 防止锈蚀
坩埚钳	铁制品，有大小、长短的不同（要求开启或关闭钳子时不要太紧和太松）	夹持坩埚加热或往高温电炉（马弗炉）中放、取坩埚（亦可用于夹取热的蒸发皿）	1. 使用时必须用干净的坩埚钳 2. 坩埚钳用后，应尖端向上平放在实验台上（如温度很高，则应放在石棉网上） 3. 实验完毕后，应将钳子擦干净，放入实验柜中，干燥放置	1. 防止弄脏坩埚中的药品 2. 保证坩埚钳尖端洁净，并防止烫坏实验台 3. 防止坩埚钳锈蚀

续表

仪　器	规　格	主要用途	使用方法和注意事项	理　由
自由夹（左）　螺旋夹（右）	铁制品，自由夹也叫弹簧夹、水止夹或皮管夹等，螺旋夹也叫节流夹	在蒸馏水储瓶、制气或其他实验装置中沟通或关闭流体的通路。螺旋夹还可控制流体的流量	一般将夹子夹在连接导管的胶管中部(关闭)，或夹在玻璃导管上(沟通)。螺旋夹还可随时夹上或取下。应注意：1. 应使胶管在自由夹的中间部位 2. 在蒸馏水储瓶的装置中，夹子夹持胶管的部位应常变动 3. 实验完毕，应及时拆卸装置，将夹子擦净放入柜中	1. 防止夹持不牢，漏液或漏气 2. 防止长期夹持，胶管黏结 3. 防止夹子弹性减小和夹子锈蚀

第二节　常用玻璃仪器的洗涤和干燥

一、常用玻璃仪器的洗涤

为了得到准确的实验结果，每次实验前和实验后必须将实验仪器洗涤干净。尤其是对于久置变硬不易洗掉的实验残渣和对玻璃仪器有腐蚀作用的废液，一定要在实验后立即清洗干净。常用洗涤方法有水洗涤、洗涤剂洗涤、洗液洗涤、超声波洗涤等，不管采用哪种方法洗涤仪器，均需先用自来水冲净，最后用蒸馏水(或去离子水)荡洗。洗涤过的仪器要求内壁被水均匀润湿而无条纹、不挂水珠，洗净的仪器不能用布或纸擦抹，否则内壁上粘上纤维反而会再次污染已洗净的仪器。

1. 水洗涤

对于普通玻璃仪器，倒掉容器内的物质后，向容器内加入约 1/3 容积的自来水，振荡片刻，并选用适当大小的毛刷直接用水刷洗，这样反复几次，至水倒出后仪器内壁不挂水珠为洗净，最后用少量蒸馏水冲洗 2~3 遍。用这种方法可洗去仪器中的可溶性物质、吸附在仪器上的尘土和某些易于脱落的不溶性物质。对于一般的试管反应及某些制备反应，当仪器污染不严重时，水洗就能满足要求。

2. 洗涤剂洗涤

常用的洗涤剂有去污粉、肥皂和合成洗涤剂(洗衣粉、洗涤精等)，可用于洗涤沾有不溶性污物、油污和有机物的无精确刻度的仪器，如烧杯、锥形瓶、量筒等。洗涤方法是先将要洗的仪器用水湿润，加入少许去污粉或滴入少量洗涤剂，然后用毛刷来回刷洗，再用自来水冲净，最后用少量蒸馏水润洗仪器 2~3 遍。

3. 洗液洗涤

当对仪器的洁净程度要求较高，用上述方法仍不能洗净，或仪器的形状特殊（如口小、管细）或准确度较高的量器（如容量瓶、移液管、滴定管），不便用毛刷刷洗时，可用铬酸洗液或王水洗涤。洗涤时先尽量倒净容器中的水，然后加入少量的铬酸洗液或王水，边倾斜边慢慢转动仪器，让仪器的内壁全部被洗液润湿，再转动几圈，使洗液与仪器内壁的污物充分作用，然后将洗液倒回原瓶。对于污染严重的仪器可用洗液浸泡一段时间，或用热的洗液洗涤。倒出洗液后，再用自来水冲洗，最后用少量蒸馏水润洗。切不可将毛刷放入洗液中！

铬酸洗液具有强酸性和强氧化性，能够有效地去除有机物和油污。其配制方法为：将25g重铬酸钾固体加入50mL热水中，搅拌溶解，冷却后，在不断搅拌下缓慢地加入450mL浓硫酸，切勿将重铬酸钾溶液加到浓硫酸中！配好的铬酸洗液为暗红色液体。

铬酸洗液的吸水性很强，使用后应随手将装洗液的瓶子盖好，以防吸水而降低去污能力。洗液可反复使用，直至溶液变为绿色（重铬酸钾还原到硫酸铬的颜色）时失去去污能力。

铬酸洗液具有很强的腐蚀性，会灼伤皮肤、损坏衣物，使用时需格外小心。同时，铬酸洗液中的铬属于有毒的重金属，对人体和环境有害，因此建议尽量少用。

王水是1体积浓硝酸和3体积浓盐酸的混合溶液，因王水不稳定，因此应现用现配。

其他洗液还有碱性高锰酸钾洗液、盐酸洗液、NaOH－乙醇洗液和HNO_3－乙醇洗液等。可根据污物的性质选择相应的洗液，采取浸泡的方法洗涤，浸泡一段时间后取出，再用自来水冲洗，最后用蒸馏水润洗。

4. 超声波洗涤

用超声波清洗器洗涤仪器，既省时又方便，只要把用过的仪器放在配有洗涤剂的溶液中，接通电源即可。其原理是利用声波的振动和能量，达到清洗仪器的目的。

5. 特殊污物的处理

处理特殊污物时，需根据污物的性质选择适当的试剂，将附在仪器内壁上的污物通过化学反应除去，见表2－2－1。

表2－2－1 一些特殊污物的处理方法

污染物	处理方法
MnO_2、$Fe(OH)_3$、碱土金属的碳酸盐	用盐酸处理。对 MnO_2 而言，盐酸浓度要大于$6mol \cdot L^{-1}$，也可用少量草酸加水，并加几滴浓硫酸来处理： $MnO_2 + H_2C_2O_4 + H_2SO_4 = MnSO_4 + 2CO_2\uparrow + 2H_2O$
沉淀在器壁上的银或铜	用硝酸处理

续表

污染物	处理方法
难溶的银盐	用 $Na_2S_2O_3$ 溶液清洗，Ag_2S 则用热浓硝酸处理
黏附在器壁上的硫黄	用煮沸的石灰水处理： $3Ca(OH)_2 + 12S = 2CaS_5 + CaS_2O_3 + 3H_2O$
残留在容器中的 Na_2SO_4 或 $NaHSO_4$ 固体	加水煮沸使其溶解，趁热倒掉
不溶于水、不溶于酸和碱的有机物或胶质等	用有机溶剂清洗或用热的浓碱液清洗。常用的有机溶剂有乙醇、丙酮、苯、四氯化碳、石油醚等
瓷研钵中的污迹	取少量食盐放在研钵中研洗，倒去食盐，再用水冲洗
蒸发皿和坩埚上的污迹	用浓硝酸、王水或铬酸洗液清洗

二、玻璃仪器的干燥

常用的仪器干燥方法有自然晾干、烘干、烤干、吹干、有机溶剂干燥等(图 2 - 2 - 1)。在无机化学实验中常用倒置自然晾干的方法干燥仪器，对于有特殊需要的则根据实际情况采用相应的干燥方法。

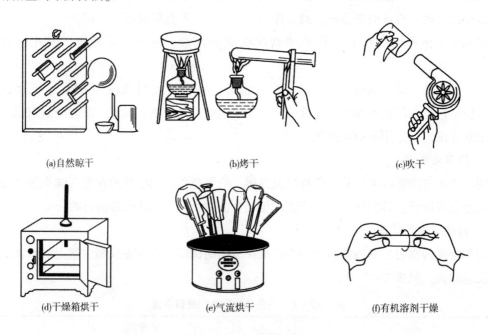

(a)自然晾干　　　　　　　(b)烤干　　　　　　　(c)吹干

(d)干燥箱烘干　　　　　　(e)气流烘干　　　　　　(f)有机溶剂干燥

图 2 - 2 - 1　仪器的干燥

1. 自然晾干

将洗涤后的仪器倒置在适当的仪器架上自然晾干。

2. 烘干

将洗净的仪器放入电热恒温干燥箱或红外灯干燥箱内烘干。注意应尽量将仪器内的水倒干，并开口朝上安放平稳，于105℃左右加热15min即可。厚壁玻璃仪器烘干时，应使烘箱的温度慢慢上升，不能直接放入温度高的烘箱中。称量用的称量瓶在烘干后要放在干燥器中冷却和保存。带有塞子的仪器(如分液漏斗、滴液漏斗等)，必须拔下塞子和旋塞并擦去或洗净油脂后才能放入烘箱中烘干。

3. 烤干

能够用于加热和耐高温的仪器，如试管、烧杯、蒸发皿等，可用烤干的方法使其干燥。加热前倒尽仪器内的水并擦干外壁，烧杯、蒸发皿可放在石棉网上用小火烤干。烤干试管时，应先用试管夹夹住试管的上部，并使管口朝下倾斜，以免水珠倒流炸裂试管。烤干时应从试管的底部开始，慢慢移向管口，烤干水珠后再将试管口朝上，赶尽水汽。

4. 吹干

用电吹风或气流烘干器吹干，注意先尽量将仪器内的水倒干。

5. 有机溶剂干燥

一些急于干燥的仪器可先用少量的乙醇、丙酮或乙醚等易挥发的溶剂润洗仪器内壁，再将淋洗液倒净(回收)，然后晾干或冷风吹干。此方法要求在通风好、没有明火的环境中进行。

带有刻度的仪器如量筒、吸量管、移液管、容量瓶、滴定管等不能用加热的方法干燥，以免影响仪器的精度。

第三节　灯的使用与常见的加热方法

一、灯的使用

化学实验室中常用的加热用灯具是酒精灯和酒精喷灯。

1. 酒精灯

1)构造

酒精灯的构造如图2-3-1所示。

2)使用方法(图2-3-2)

(1)检查灯芯，并修剪。

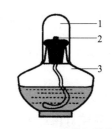

图2-3-1　酒精灯的构造
1—灯帽；2—灯芯；3—灯壶

(2)添加酒精：借助漏斗添加酒精，加入酒精量为灯壶容积的1/2~2/3。

(3)点燃：新灯芯要用酒精浸泡后才能点燃，一定要用燃着的火柴点燃，决不能用燃着的酒精灯对火。点燃后正常火焰为淡蓝色。灯焰由外焰(氧化焰)、内焰(还原焰)和焰心三部分组成(图2-3-3)。氧化焰温度最高，焰心温度最低。酒精灯的加热温度为400~500℃，适宜于温度不需要太高的实验。

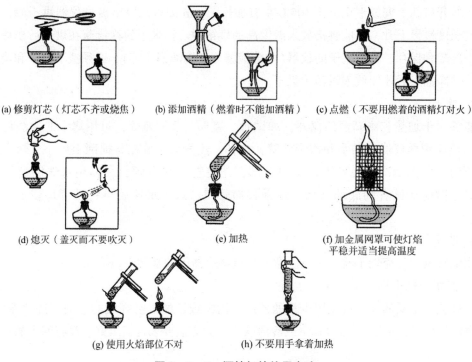

(a) 修剪灯芯（灯芯不齐或烧焦）　　(b) 添加酒精（燃着时不能加酒精）　　(c) 点燃（不要用燃着的酒精灯对火）

(d) 熄灭（盖灭而不要吹灭）　　　　(e) 加热　　　　　　　(f) 加金属网罩可使灯焰平稳并适当提高温度

(g) 使用火焰部位不对　　　　　　(h) 不要用手拿着加热

图2-3-2　酒精灯的使用方法

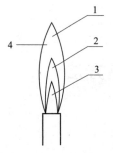

图2-3-3　灯焰的结构

1—外焰(氧化焰)；2—内焰(还原焰)；
3—焰心；4—最高温度点

　　(4)熄灭：用盖灭的方法熄灭酒精灯，并要重复盖几次，使酒精蒸气尽量挥发，防止再次点燃时引爆或者冷却后造成负压而不好打开灯帽。

　　必要时可使用防风罩，使酒精灯的火焰平稳，并适当提高酒精灯的火焰温度。

　　安全操作：酒精是易燃品，使用时一定要按规范操作，切勿将酒精溢出在容器外面，以免引起火灾。

2. 酒精喷灯

　　如果实验需使用较高温度进行加热，则可选用酒精喷灯。

1)构造(图2-3-4)

酒精喷灯由灯座、预热盘、灯管、空气调节器、铜帽(或盖子)、酒精储罐等组成。一般有挂式和座式两种，挂式的酒精储罐在上面，座式的酒精储罐在底座部位。

2)使用方法

(1)首先检查各部件是否正常，然后添加酒精，酒精量不超过壶容积的2/3。

(2)预热：在预热盘中加满酒精(不能溢出)，用火柴点燃，以预热铜制灯管。

(3)调节：当盘内酒精将近烧完时，打开灯上开关(左旋)，因预热产生的酒精蒸气由此上升至灯管，与来自气孔的空气混合，用火柴在灯管口点燃，调节开关螺丝位置即可控制火焰大小。

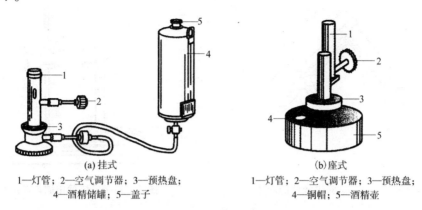

(a) 挂式   (b) 座式

1—灯管；2—空气调节器；3—预热盘；   1—灯管；2—空气调节器；3—预热盘；
4—酒精储罐；5—盖子   4—铜帽；5—酒精壶

图 2 - 3 - 4　酒精喷灯的类型和构造

点燃之前，灯管必须充分预热，否则酒精不能完全气化，酒精液体会从管口喷出，形成"火雨"，甚至引起火灾。遇到这种情况，应立即关闭灯上开关，使火焰熄灭，冷却后再重新预热。

正常酒精喷灯的加热温度为 800～900℃。酒精喷灯的火焰也明显分为外焰(氧化焰)、内焰(还原焰)和焰心三个锥形区域(图 2 - 3 - 3)。氧化焰温度最高，还原焰温度次之，焰心温度最低。

(4)熄灭：先关闭酒精储罐下面的开关(对挂式)，然后关闭空气调节器，使火焰熄灭。若关闭空气调节器仍不能熄灭火焰，可用石棉网置于灯管口盖灭。

二、加热方法

实验室常用的加热设备有酒精灯、酒精喷灯、电炉等。此外还采用水浴、油浴、沙浴等进行间接加热。实验中常用来加热的玻璃器皿有试管、烧杯、烧瓶、锥形瓶、蒸发皿、坩埚等。离心试管、表面皿、吸滤瓶等不能作为直接加热的容器。

1. 直接加热

(1)直接加热试管中的液体或固体　试管加热时，被加热的液体量不能超过试管高度的 1/3。加热前应先擦干试管外壁，加热时不要用手拿，应该用试管夹夹住试管的中上部(距试管口约 1/3 处)，试管与桌面约成 60°倾斜，如图 2 - 3 - 5 所示。试管口切勿对着别人或自己。先加热液体的中上部，再慢慢往下移动，并不时地上下移动或振摇试管，使液体各部分受热均匀，防止局部沸腾而发生迸溅，引起烫伤。

直接加热试管中的固体时，可以小心地将固体试样顺着试管壁滑下或者用长纸条装入试管底部，铺平，将试管固定在铁架台上，管口略向下倾斜(图 2 - 3 - 6)，以免管口冷凝的水珠倒流到灼热部位，使试管炸裂。加热时，先加热固体中下部，再慢慢移动火焰，使各部分受热均匀，最后将火焰固定在有固体物质的部位加热。

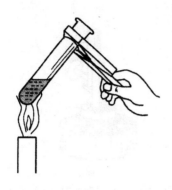

图2-3-5　试管中液体的加热

图2-3-6　试管中固体的加热

（2）加热烧杯、烧瓶中的液体　烧杯中所盛液体不超过其容积的1/2，烧瓶则不超过1/3。加热前应将容器外部擦干，再放在石棉网上，如图2-3-7所示，使其受热均匀，以免炸裂。

（3）固体物质的灼烧　灼烧可以使固体物质通过高温加热脱水、分解或除去挥发性物质。灼烧时，先将固体放在坩埚中，再将坩埚置于泥三角上（图2-3-8），先用低温烘烧，使其受热均匀，然后用氧化焰灼烧。不要让还原焰接触坩埚底部，以免坩埚底部结上炭黑。当夹取高温下的坩埚时，必须用干净的坩埚钳，先在火焰上预热钳的尖端，再去夹取。坩埚钳用后应平放在桌上或石棉网上，尖端向上，以保证坩埚钳尖端洁净。

图2-3-7　加热烧杯中的液体

图2-3-8　灼烧坩埚

2. 间接加热

（1）水浴加热　当要求被加热物质受热均匀、温度恒定且不超过100℃时，使用水浴加热。水浴加热时可使用水浴锅，如图2-3-9（a）所示。锅中水量不超过锅容积的2/3。在水浴锅上放置一套铜（或铝）制成的大小不等的同心圆圈，以承受各种器皿。将要加热的器皿浸入水中，进行加热。加热过程中要随时补充水，避免将锅烧干。实验中为方便起见，加热试管时常用烧杯代替水浴锅，如图2-3-9（b）所示。

实验室也常使用电热恒温水浴进行间接加热，如图2-3-10所示。它是内外双层箱式加热设备，电热丝安装在槽底部。槽的盖板上按不同规格开有一定数目的孔（常见有2

孔、4 孔、6 孔、8 孔，以单列或双列排列），每孔都配有几个同心圆圈和盖子，可放置大小不同的被加热仪器。使用前，要先向水浴锅内加水，加水量不超过内锅容积的 2/3，使用过程中要注意补充加水，避免将锅烧干。完成实验后，锅内的水可从水箱下侧的放水阀放出。使用电热恒温水浴锅时要特别注意不要将水溅到电器盒内，以免引起漏电造成危险。

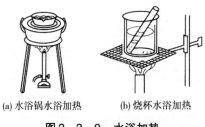
(a) 水浴锅水浴加热　　(b) 烧杯水浴加热
图 2 - 3 - 9　水浴加热

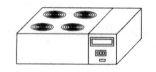
图 2 - 3 - 10　电热恒温水浴

（2）油浴或沙浴　当被加热物质要求受热均匀且温度高于 100℃ 时，可使用油浴或沙浴。油浴是以油代替水，使用时应防止着火。常用的油有甘油（150℃ 以下的加热）、液体石蜡（200℃ 以下的加热）等。

沙浴是用清洁、干燥的细沙铺在铁制器皿中，用灯焰或电炉加热，被加热容器部分埋入沙中，如图 2 - 3 - 11 所示。需要测量温度时，可将温度计的水银球埋在沙中靠近器皿处（不要触及底部）。沙浴的特点是升温比较缓慢，停止加热后，散热也较慢。

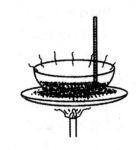
图 2 - 3 - 11　沙浴加热

第四节　试剂的取用和试管操作

一、化学试剂的级别
按杂质含量的多少，将化学试剂分为若干等级，见表 2 - 4 - 1。

表 2 - 4 - 1　化学试剂级别

级别	一级	二级	三级	四级
名称	优级纯	分析纯	化学纯	实验试剂
英文名称	Guarantee Reagent	Analytical Reagent	Chemical Pure	Laboratorial Reagent
英文缩写	G. R.	A. R.	C. P.	L. R.
标签颜色	绿色	红色	蓝色	黄色

化学试剂除上述等级外，还有基准试剂、光谱纯试剂及超纯试剂等。实验中应按要求

选用合适级别的化学试剂，一般来说，在无机化学实验中，化学纯级别的试剂就已能符合实验要求，但在有些实验中要使用分析纯级别的试剂。

二、试剂瓶的种类

（1）细口试剂瓶　用于保存试剂溶液，通常有无色和棕色两种。遇光易变化的试剂（如硝酸银等）用棕色瓶。通常为玻璃制品，也有聚乙烯制品。玻璃瓶的磨口塞各自成套，注意不要混淆，聚乙烯瓶盛苛性碱较好。

（2）广口试剂瓶　用于装少量固体试剂，有无色和棕色两种。

（3）滴瓶　用于盛逐滴滴加的试剂，如指示剂等，也有无色和棕色两种。使用时用中指和无名指夹住滴管乳胶头和滴管的连接处，拇指和食指捏住（松开）乳胶头，以吸取或放出试液。

（4）洗瓶　一般用于盛蒸馏水，主要用于洗涤沉淀或润洗仪器，以前是玻璃制品，目前几乎由聚乙烯瓶代替，只要用手捏一下瓶身即可出水。

三、试剂瓶塞子打开的方法

（1）欲打开固体试剂瓶上的软木塞，可手持瓶子，使瓶斜放在实验台上，然后用锥子斜插入软木塞将塞取出。即使软木塞渣附在瓶口，因瓶是斜放的，渣不会落入瓶中，可用卫生纸擦掉。

（2）盐酸、硫酸、硝酸等液体试剂瓶多用塑料塞（也有用玻璃磨口塞的）。塞子打不开时，可用热水浸过的布裹上塞子的头部，然后用力拧，一旦松动，就能拧开。

（3）细口试剂瓶塞也常有打不开的情况，此时可在水平方向用力转动塞子，或左右交替横向用力摇动塞子，若仍打不开，可紧握瓶的上部，用木柄或木棰侧面轻轻敲打塞子，也可在桌端轻轻叩敲。注意：绝不能手握瓶的下部或用铁锤敲打。

四、试剂的取用方法

化学实验中，一般将固体试剂装在广口瓶内，液体试剂装在细口瓶或滴瓶中。易见光分解的试剂（如 $AgNO_3$、$KMnO_4$）应装在棕色的试剂瓶内。装碱液的玻璃瓶不应使用玻璃塞，而要使用软木塞或橡皮塞。腐蚀玻璃的试剂（如氢氟酸、含氟盐）应保存在塑料瓶中。每一个试剂瓶上都贴有标签，上面标明试剂的名称、规格或浓度以及日期。

取用试剂时，不能用手接触化学药品，应本着节约的原则，根据实验的要求选用适当规格的药品，并按用量取用。从试剂瓶中取出的、没有用完的剩余试剂，不能倒回原瓶，应放在指定容器中或供他人使用。打开易挥发的试剂瓶塞时，应在通风橱（口）处进行操作，不可将瓶口对准自己或他人，更不可用鼻子对准试剂瓶口猛吸。如果需要嗅试剂的气味，可将瓶口远离鼻子，用手在试剂瓶的上方扇动，使气流吹向自己而闻出其味。

1. 固体试剂的取用

（1）要用干净的药匙取试剂。最好每种试剂有专用的药匙，否则用过的药匙必须洗净，擦干后才能再次使用。

（2）固体颗粒太大时，可用研钵研细后使用。

（3）常用的塑料匙和牛角匙的两端分别为大、小两个匙，取大量试剂用大匙，取小量试剂用小匙。向试管中加入固体，若试管干燥可用药匙送入（图 2 − 4 − 1）；若是湿的试管，可将试剂放在一张对折的干净纸条槽中，伸入试管深度的 2/3 处，扶正试管，使固体试剂滑下（图 2 − 4 − 2）；块状固体应沿管壁慢慢滑下，以免碰破管底（图 2 − 4 − 3）。

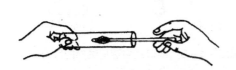
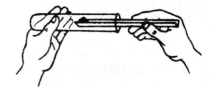

图 2 − 4 − 1　用药匙往试管中送入固体试剂　　　图 2 − 4 − 2　用纸槽往试管中送入固体试剂

图 2 − 4 − 3　块状固体沿管壁慢慢滑下

（4）取出试剂后应立即盖紧瓶盖，注意不要盖错塞子。

（5）一般的固体试剂可以放在干净的纸或表面皿上称量。具有腐蚀性或易潮解的固体不能放在纸上，而应放在玻璃容器内进行称量。

2. 液体试剂的取用

（1）从滴瓶中取用液体试剂时，要用滴瓶中的滴管，滴管决不能伸入所使用的容器中，以免接触器壁而沾污药品，如图 2 − 4 − 4 所示。滴管放回原瓶时，不要放错。不要用自己的滴管从试剂瓶中取药品。装有试剂的滴管不能平放或将滴管口向上斜放，以免试剂流入滴管的橡皮胶头内。

（2）从细口瓶中取用液体时，采用倾注法。先将瓶塞取下，反放在桌面上，拿试剂瓶时，瓶上标签面向手心，逐渐倾斜瓶子，让试剂沿着洁净的试管壁流入试管或沿着洁净的玻璃棒注入烧杯中（图 2 − 4 − 5）。注出所需量后，逐渐竖起瓶身，将试剂瓶口在容器上靠一下，以免遗留在瓶口的液滴流到瓶的外壁。用完后应立即盖上瓶盖。

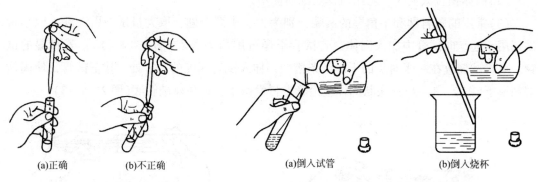

(a)正确　　　　(b)不正确　　　　　　(a)倒入试管　　　　(b)倒入烧杯

图2-4-4　往试管中滴加液体　　　图2-4-5　细口瓶中液体试剂的取用

（3）定量取液体时，可根据要求选用量筒、移液管（吸量管）或滴定管。若无须准确量取一定体积的试剂，可不必使用上述度量仪器，只要学会估计取用液体的量即可，如1mL相当于多少滴、2mL液体相当于一个试管容量的几分之几等。

第五节　基本度量仪器的使用

一、量筒

量筒是化学实验室中最常用的度量液体的仪器（图2-5-1）。它有各种不同的容量，可根据不同需要选用。例如，需要量取8.0mL液体时，为了提高测量的准确度，应选用10mL量筒（测量误差为±0.1mL），如果选用100mL量筒量取8.0mL液体体积，则至少有±1mL的误差。读取量筒的刻度值时，一定要使视线与量筒内液面（半月形弯曲面）的最低点处于同一水平线上（图2-5-2），否则会增加体积的测量误差。量筒不能作反应器用，不能装热的液体。

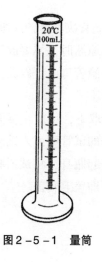

图2-5-1　量筒　　　　　　图2-5-2　量筒刻度的读法

二、滴定管

滴定管是滴定时准确测量溶液体积的量出式量器，它是具有精确刻度、内径均匀的细长玻璃管。常量分析的滴定管容积有 50mL 和 25mL，最小刻度为 0.1mL，读数可估计到 0.01mL。另外还有容积为 10mL、5mL、2mL、1mL 的半微量和微量滴定管。

滴定管一般分为酸式滴定管[图 2 - 5 - 3(a)]和碱式滴定管[图 2 - 5 - 3(b)]两种。现通用的滴定管是将酸式滴定管的玻璃活塞换成聚四氟乙烯活塞，该类滴定管可以酸、碱通用。

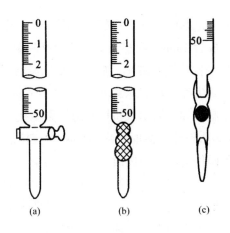

(a)　　　　　(b)　　　　　(c)

图 2 - 5 - 3　酸、碱滴定管

酸式滴定管下端有玻璃活塞开关，它用来装酸性溶液和氧化性溶液，不宜盛碱性溶液。碱式滴定管的下端连接一乳胶管，管内有玻璃珠以控制溶液的流出，乳胶管的下端再连一尖嘴玻璃管[图 2 - 5 - 3(c)]。凡是能与乳胶管起反应的氧化性溶液，如 $KMnO_4$、I_2、$AgNO_3$ 等，都不能装在碱式滴定管中。

1. 使用前的准备

(1)检查滴定管的密合性　将管中充水至最高标线，用滴定管夹将其固定。密合性良好的滴定管，15min 后漏水不应超过 1 个分度(50mL 滴定管为 0.1mL)。

(2)旋塞涂油(酸式滴定管)　旋塞涂油起密封和润滑作用，最常用的油是凡士林油。其做法是：将酸式滴定管平放在台面上，抽出旋塞，用滤纸将旋塞及塞槽内的水擦干，用手指蘸少许凡士林在旋塞的两侧涂上薄薄的一层(图 2 - 5 - 4)，在旋塞孔的两旁少涂一些，以免凡士林堵住塞孔。另一种涂油的做法是分别在旋塞粗的一端和塞槽细的一端内壁涂一薄层凡士林。涂好凡士林的旋塞插入旋塞槽内，沿同一方向旋转旋塞，直到旋塞部位的油膜均匀透明。如发现转动不灵活或旋塞上出现纹路，表示油涂得不够；如有凡士林从旋塞缝挤出，或旋塞孔被堵，表示凡士林涂得太多。遇到这些情况，都必须把旋塞和塞槽擦干净后重新处理。应注意：在涂油过程中，滴定管始终要平放、平拿，不要直立，以免擦干的塞槽又沾湿。涂好凡士林后，用乳胶圈套在旋塞的末端，以防活塞脱落破损。

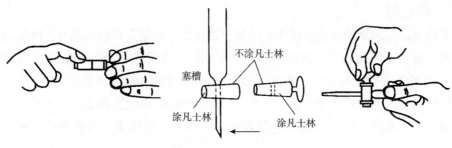

图2-5-4　旋塞涂油

涂好油的滴定管要试漏。试漏的方法是将旋塞关闭，管中充水至最高刻度，然后将滴定管垂直夹在滴定管架上，放置2min，观察尖嘴口及旋塞两端是否有水渗出；将旋塞转动180°，再放置2min，若前后两次均无水渗出，旋塞转动也灵活，即可洗净使用。

碱式滴定管应选择合适的尖嘴、玻璃珠和乳胶管(长约6cm)，组装后应检查滴定管是否漏水、液滴是否能灵活控制。如有漏水或挤压吃力，则更换合适的玻璃珠或胶管。

(3)装入操作溶液　在装入操作溶液时，应由储液瓶直接灌入，不得借用任何别的器皿，例如漏斗或烧杯，以免操作溶液的浓度改变或造成污染。装入前应先将储液瓶中的操作溶液摇匀，使凝结在瓶内壁的水珠混入溶液。为除去滴定管内残留的水膜，确保操作溶液的浓度不变，应用该溶液涮洗滴定管2~3次，每次用量约10mL。涮洗的操作要求是：先关好旋塞，倒入溶液，两手平端滴定管，即右手拿住滴定管上端无刻度部位，左手拿住旋塞无刻度部位，边转边向管口倾斜，使溶液流遍全管，然后打开滴定管的旋塞，使涮洗液由下端流出。涮洗之后，随即装入溶液。用左手拇指、中指和食指自然垂直地拿住滴定管无刻度部位，右手拿储液瓶，将溶液直接加入滴定管至最高标线以上。装满溶液的滴定管，应检查滴定管尖嘴内有无气泡，如有气泡，必须排出。对于酸式滴定管和酸碱两用滴定管，可用右手拿住滴定管无刻度部位使其倾斜约30°，左手迅速打开旋塞，使溶液快速冲出，将气泡带走；对于碱式滴定管，可把乳胶管向上弯曲，出口上斜，挤捏玻璃珠右上方，使溶液从尖嘴快速冲出，即可排除气泡(图2-5-5)。

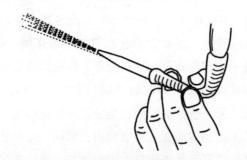

图2-5-5　碱式滴定管排出气泡

(4)滴定管的读数　将装满溶液的滴定管垂直地夹在滴定管架上。由于附着力和内聚力的作用，滴定管内的液面呈弯月形。无色水溶液的弯月面比较清晰，而有色溶液的弯月面清晰度较差。因此，两种情况的读数方法稍有不同。为了正确读数，应遵守下列原则：

①读数时滴定管应垂直放置，注入溶液或放出溶液后，需等待 1～2min 后才能读数。

②无色溶液或浅色溶液，应读弯月面下缘实线的最低点，因此读数时，视线应与弯月面下缘实线的最低点在同一水平上，如图 2-5-6(a) 所示。有色溶液，如 $KMnO_4$、I_2 溶液等，视线应与液面两侧的最高点相切，如图 2-5-6(b) 所示。

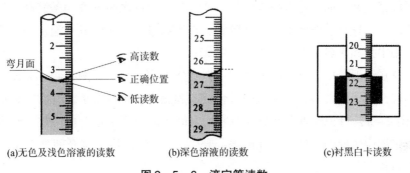

(a)无色及浅色溶液的读数　　　(b)深色溶液的读数　　　(c)衬黑白卡读数

图 2-5-6　滴定管读数

③滴定时，最好每次从 0.00mL 开始，或从接近"0"的任一刻度开始，这样可以固定在某一体积范围内量度滴定时所消耗的标准溶液，减少体积误差。读数必须准确至 0.01mL。

④为了协助读数，可采用读数卡。这种方法有利于初学者练习读数。读数卡可用黑纸或用一中间涂有一黑长方形(约 3cm×1.5cm)的白纸制成。读数时，将读数卡放在滴定管背后，使黑色部分在弯月面下约 1mm 处，此时即可看到弯月面的反射层成为黑色，然后读此黑色弯月面下缘的最低点，如图 2-5-6(c) 所示，读数应准确到 0.01mL。

2. 滴定操作

使用酸式滴定管[图 2-5-7(a)]时，应用左手控制滴定管旋塞，大拇指在前，食指和中指在后，手指略微弯曲，轻轻向内扣住旋塞，手心空握，以免触碰旋塞使其松动，甚

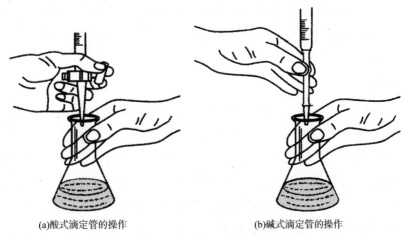

(a)酸式滴定管的操作　　　　　(b)碱式滴定管的操作

图 2-5-7　滴定管的操作

至可能顶出旋塞。右手握持锥形瓶，边滴边摇动，向同一方向作圆周旋转，而不能前后振动，否则会溅出溶液。滴定速度一般为 $10mL \cdot min^{-1}$，即每秒 $3 \sim 4$ 滴。临近滴定终点时，应一滴或半滴地加入，并用洗瓶吹入少量水冲洗锥形瓶内壁，使附着的溶液全部流下，然后摇动锥形瓶。如此继续滴定直至准确到达终点为止。

使用碱式滴定管时 [图 2-5-7(b)]，左手拇指在前，食指在后，捏住乳胶管中的玻璃球所在部位稍上处，向手心捏挤乳胶管，使其与玻璃球之间形成一条缝隙，溶液即可流出。应注意，不能捏挤玻璃球下方的乳胶管，否则易进入空气形成气泡。为防止乳胶管来回摆动，可用中指和无名指夹住尖嘴的上部。

滴定通常在锥形瓶中进行，必要时也可以在烧杯中进行，如图 2-5-8 所示。对于滴定碘法、溴酸钾法等，则需在碘量瓶中进行反应和滴定。碘量瓶是带有磨口玻璃塞和水槽的锥形瓶（图 2-5-9），喇叭形瓶口与瓶塞柄之间形成一圈水槽。槽中加入纯水可形成水封，防止瓶中反应生成的气体（I_2、Br_2 等）逸失。反应完成后，打开瓶塞，水即流下并可冲洗瓶塞和瓶壁。

图 2-5-8　在烧杯中滴定

图 2-5-9　碘量瓶

3. 滴定结束后滴定管的处理

滴定结束后，把滴定管中剩余的溶液倒掉（不能倒回原储液瓶），依次用自来水和纯水洗净，然后用纯水充满滴定管并垂直夹在滴定管架上，下尖嘴口距台底座 $1 \sim 2cm$，上管口用一滴定管帽盖住。

三、容量瓶

容量瓶是一种细颈梨形的平底瓶，带有磨口塞。瓶颈上刻有环形标线，表示在所指温度下（一般为 $20℃$）液体充满至标线时的容积，这种容量瓶一般是"量入"的容量瓶。但也有刻有两条标线的，上面一条表示量出的容积。容量瓶主要是用来把精密称量的物质配制成准确浓度的溶液，或是将准确容积及浓度的浓溶液稀释成准确浓度及容积的稀溶液。常用的容量瓶有 $25mL$、$50mL$、$100mL$、$250mL$、$500mL$、$1000mL$ 等规格，如图 2-5-10 所示。

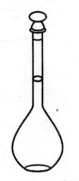

图 2-5-10　容量瓶

容量瓶的使用：

（1）容量瓶使用前应检查是否漏水　检查的方法如下：注入自来水至标线附近，盖好瓶塞，右手托住瓶底，将其倒立 2min，观察瓶塞周围是否有水渗出。如果不漏，再把塞子旋转 180°、塞紧、倒置，如仍不漏水，则可使用。使用前必须把容量瓶按容量器皿洗涤要求洗涤干净。

容量瓶与瓶塞要配套使用。瓶塞须用尼龙绳把它系在瓶颈上，以防掉下摔碎。系绳不要太长，约 2～3cm，以可启开塞子为限。

（2）配制溶液的操作方法　将准确称量的试剂放在小烧杯中，加入适量水，搅拌使其溶解（若难溶，可盖上表面皿，稍加热，但须放冷后才能转移），沿玻璃棒把溶液转移至容量瓶中，如图 2－5－11（a）所示。烧杯中的溶液倒尽后烧杯不要直接离开玻璃棒，而应在烧杯扶正的同时使杯嘴沿玻璃棒上提 1～2cm，随后烧杯即离开玻璃棒，这样可避免杯嘴与玻璃棒之间的溶液流到烧杯外面。然后再用少量水涮洗杯壁 3～4 次，每次的涮洗液按同样操作转移至容量瓶中。当溶液达到容量瓶的 2/3 容量时，应将容量瓶沿水平方向摇晃使溶液初步混匀（注意：不能倒转容量瓶），再加水至接近标线，最后用滴管从刻线以上 1cm 处沿颈壁缓缓滴加纯水至溶液弯月面最低点恰好与标线相切。盖紧瓶塞，用食指压住瓶塞，另一只手托住容量瓶底部，倒转容量瓶，使瓶内气泡上升到顶部，边倒转边摇动，如此反复倒转摇动多次，使瓶内溶液充分混合均匀，如图 2－5－11（b）、（c）所示。

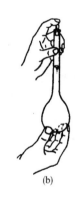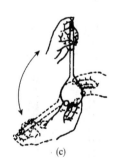

图 2－5－11　容量瓶的使用

容量瓶是量器而不是容器，不宜长期存放溶液，如溶液需使用一段时间，应将溶液转移至试剂瓶中储存，试剂瓶应先用该溶液涮洗 2～3 次，以保证浓度不变。

容量瓶不得在烘箱中烘烤，也不许以任何方式对其加热。

四、移液管、吸量管

移液管和吸量管是用于准确移取一定体积的量出式的玻璃量器。移液管是中间有一膨大部分（称为球部）的玻璃管，球部上面和下面均为较细窄的管颈，上端管颈刻有一条标线，亦称单标线吸量管，如图 2－5－12（a）所示。常用的移液管有 2mL、5mL、10mL、

25mL、50mL 等规格。

吸量管是具有分刻度的玻璃管，如图2-5-12(b)所示，亦称分度吸量管，用于移取非固定量的溶液。常用的吸量管有 1mL、2mL、5mL、10mL 等规格。

移液管移取溶液的操作：移取溶液前，必须用滤纸将管尖端内外的水吸去，然后用欲移取的溶液涮洗 2~3 次，以确保所移取溶液的浓度不变。移取溶液时，用右手的大拇指和中指拿住管颈上方，下部的尖端插入溶液中约 1cm，左手拿洗耳球，先把球中空气压出，然后将球的尖端接在移液管口，慢慢松开左手使溶液吸入管内[图2-5-13(a)]。当液面升高到刻度以上时，移去洗耳球，立即用右手的食指按住管口，将移液管下口提出液面，管的末端仍靠在盛溶液器皿的内壁上，略微放松食指，用拇指和中指轻轻捻转管身，使液面平稳下降，直到溶液的弯月面与标线相切时，立即用食指压紧管口，使液体不再流出。取出移液管，以干净滤纸擦去移液管末端外部的溶液，但不得接触下口，然后插入承接溶液的器皿中，使管的末端靠在器皿内壁上。此时移液管应垂直，承接的器皿倾斜，松开食指，让管内溶液自然地全部沿器壁流下[图2-5-13(b)]。等待 10~15s 后，拿出移液管。如移液管未标"吹"字，残留在移液管末端的溶液不可用外力使其流出，因移液管的容积不包括末端残留的溶液。

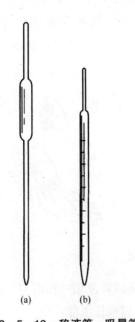

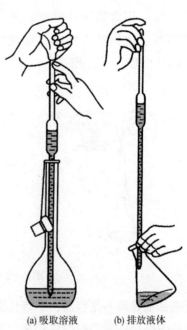

(a)　　　(b)

图2-5-12　移液管、吸量管

(a) 吸取溶液　(b) 排放液体

图2-5-13　移液管的使用

有一种 0.1mL 的吸量管，管口上刻有"吹"字，使用时，末端的溶液必须吹出，不允许保留。

第六节 溶解、蒸发和结晶

一、溶解

将溶质(常为固体物质)溶于水、酸或碱等溶剂的过程称为溶解。溶解固体物质时需要根据其性质和实验的要求选择适当的溶剂，所加溶剂的量应使固体物质完全溶解。为加快溶解的速度，常需借助加热、搅拌等方法。

搅拌液体时，应手持玻璃棒并转动手腕，用微力使玻璃棒在容器中部的液体中均匀转动，让固体与溶剂充分接触而溶解。在搅拌时不可用玻璃棒沿容器壁划动，更不可用力过猛，大力搅动液体，甚至使液体溅出或戳破容器。

若需加热溶解，可根据被溶解物质的热稳定性，选择直接加热或间接加热的方法。

二、蒸发(浓缩)

当溶液很稀而所制备的无机物的溶解度又较大时，为了能从溶液中析出该物质的晶体，必须通过加热，使溶液浓缩到一定程度后，经冷却，方可析出晶体。当物质的溶解度较大时，要蒸发到溶液表面出现晶膜才可停止加热；当物质的溶解度较小或高温下溶解度大而室温下溶解度小时，不必蒸发到液面出现晶膜就可冷却。蒸发通常在蒸发皿中进行，这样蒸发的面积大，有利于快速浓缩。蒸发皿中所盛的液体不要超过其容积的2/3。若液体量较多，蒸发皿一次盛不下，可随着水分的不断蒸发继续添加液体。注意不要使瓷蒸发皿骤冷，以免炸裂。若无机物是稳定的，可以直接加热，否则应用水浴等间接加热。

三、结晶

当溶液蒸发到一定浓度后冷却，此时溶质超过其在溶剂中的溶解度(过饱和状态)，晶体即从溶液中析出。结晶是提纯固态物质的重要方法之一，通常有两种方法：一种是蒸发法，即通过蒸发或气化，减少一部分溶剂使溶液达到饱和而析出晶体，此法主要用于溶解度随温度改变而变化不大的物质(如氯化钠)；另一种是冷却法，即通过降低温度使溶液冷却达到饱和而析出晶体，这种方法主要用于溶解度随温度下降而明显减小的物质(如硝酸钾)。有时需将两种方法结合使用。

当溶液蒸发到一定浓度后经冷却仍无结晶析出，可采用下列办法：

(1)用玻璃棒摩擦容器内壁。

(2)投入一小粒晶体(即"晶种")。

(3)用冰水浴冷却溶液，当晶体开始析出后，仍然使溶液保持静止状态。

析出晶体颗粒的大小与结晶的条件有关。如果溶液的浓度较高、溶质的溶解度较小、冷却的速度较快，若用快速结晶法(即蒸发浓缩至表面有晶膜，然后用冷水或冰水浴强制冷却)，且一边冷却一边不停地搅拌，这样析出的晶体颗粒较细小，不易在晶体中裹入其他杂质。相反，若将溶液慢慢冷却或静置，得到的晶体颗粒较大，但易裹入其他杂质。如果不是需要在纯溶液中制备大晶体，一般的无机制备中为提高纯度通常要求制得的晶体不要过于粗大。

如果第一次结晶所得物质的纯度不符合要求，可重新加入少量的溶剂，加热溶解，然后进行蒸发、结晶、分离母液，这种操作过程称为重结晶。重结晶是提纯固体物质常用的重要方法，它只适用于溶解度随温度变化较大的物质。

第七节　固液分离和沉淀的洗涤

溶液与沉淀的分离方法有倾析法、过滤法、离心分离法三种。

一、倾析法

当沉淀的相对密度较大或晶体的颗粒较大，静止后能很快沉降至容器的底部时，常用

图 2-7-1　倾析法

倾析法进行分离和洗涤。倾析法的操作如图 2-7-1 所示。将沉淀上部的溶液倾入另一容器中而使沉淀与溶液分离。如需洗涤沉淀，只要向盛沉淀的容器内加入少量洗涤液，将沉淀和洗涤液充分搅拌均匀，待沉淀沉降到容器的底部后，再用倾析法，倾去溶液。如此反复操作两三遍，即能将沉淀洗净。

二、过滤法

过滤是最常用的分离方法之一。当沉淀和溶液经过过滤器时，沉淀留在过滤器上，溶液通过过滤器而进入容器中，所得溶液称作滤液。

常用的过滤方法有常压过滤（普通过滤）、减压过滤和热过滤三种。

1. 常压过滤

选用的漏斗大小应以能容纳沉淀为宜。滤纸有定性滤纸和定量滤纸两种，可根据需要选用。在无机定性实验中常用定性滤纸。

（1）滤纸的选择　滤纸按孔隙大小分为快速、中速和慢速三种；按直径大小分为 7cm、9cm、11cm 等几种。应根据沉淀的性质选择滤纸的类型，如 $BaSO_4$ 细晶形沉淀，应选用慢速滤纸；NH_4MgPO_4 粗晶形沉淀，宜选用中速滤纸；$Fe_2O_3 \cdot nH_2O$ 为胶状沉淀，需选用快速滤纸。应根据沉淀量的多少选择滤纸的大小，一般要求沉淀的总体积不得超过滤纸锥体高度的 1/3。滤纸的大小还应与漏斗的大小相适应，一般滤纸上沿应低于漏斗上沿约 1cm。

（2）漏斗　普通漏斗大多是用玻璃做的，但也有用搪瓷做的。通常分为长颈和短颈两种。在热过滤时，必须用短颈漏斗；在重量分析时，必须用长颈漏斗。漏斗示意图如图 2-7-2 所示。

普通漏斗的规格按斗径（深）划分，常用的有 30mm、

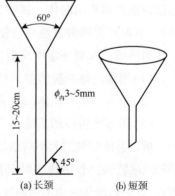

图 2-7-2　漏斗

（图中标注：60°，$\phi_内$3~5mm，15~20cm，45°，(a) 长颈，(b) 短颈）

40mm、60mm、100mm、120mm 等几种。过滤后欲获取滤液时，应先按过滤溶液的体积选择斗径大小适当的漏斗。

(3)滤纸的折叠　折叠滤纸前应先把手洗净擦干，以免弄脏滤纸。按四折法折成圆锥形，如图 2 - 7 - 3 所示。如果漏斗正好为 60°角，则滤纸锥体角度应稍大于 60°。其做法是先把滤纸对折，然后再对折，为保证滤纸与漏斗密合，第二次对折时不要折死，先把锥体打开，放入漏斗(漏斗应干净而且干燥)，如果上边缘不十分密合，可以稍微改变滤纸的折叠角度，直到与漏斗密合为止，此时可以把第二次的折边折死。

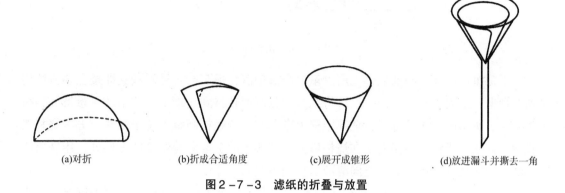

(a)对折　　　　　(b)折成合适角度　　　　(c)展开成锥形　　　　(d)放进漏斗并撕去一角

图 2 - 7 - 3　滤纸的折叠与放置

滤纸锥体一个半边为三层，另一个半边为一层。为了使滤纸和漏斗内壁贴紧而无气泡，常在三层厚的外层滤纸折角处撕下一小块，此小块滤纸保存在洁净干燥的表面皿上，以备擦拭烧杯中残留的沉淀用。

滤纸应低于漏斗边缘 0.5 ~ 1cm。滤纸放入漏斗后，用手按紧使之密合。然后用洗瓶加少量水润湿滤纸，轻压滤纸赶去气泡，加水至滤纸边缘。这时漏斗颈内应全部充满水，形成水柱。由于液柱的重力可起抽滤作用，从而加快过滤速度。若不能形成水柱，可用手指堵住漏斗下口，稍掀起滤纸的一边，用洗瓶向滤纸和漏斗的空隙处加水，使漏斗充满水，压紧滤纸边，慢慢松开堵住下口的手指，此时应形成水柱，如仍不能形成水柱，可能是漏斗形状不规范。如果漏斗颈不干净也会影响形成水柱，这时应重新清洗。

将准备好的漏斗放在漏斗架上，漏斗下面放一承接滤液的洁净烧杯，其容积应为滤液总量的 5 ~ 10 倍，并斜盖以表面皿。漏斗颈口(长的一边)紧贴杯壁，使滤液沿烧杯壁流下。漏斗放置位置的高低，以漏斗颈下口不接触滤液为度。在同时进行几份平行测定时，应把装有待滤溶液的烧杯分别放在相应的漏斗之前，按顺序过滤，不要弄错。

(4)过滤和转移　过滤操作多采用倾析法，如图 2 - 7 - 4 所示。即待烧杯中的沉淀下沉以后只将清液倾入漏斗中，而不是一开始就将沉淀和溶液搅混后过滤。溶液应沿着玻璃棒流入漏斗中，而玻璃棒的下端对着三层滤纸处，但不要接触滤纸。一次倾入的溶液一般最多只充满滤纸的 2/3，以免少量沉淀因毛细作用越过滤纸上沿而损失。倾析完成后，在烧杯内将沉淀进行初步洗涤，再用倾析法过滤，如此重复 3 ~ 4 次。

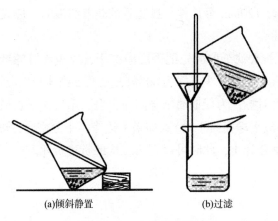

(a)倾斜静置   (b)过滤

图2-7-4 沉淀过滤

为了把沉淀转移到滤纸上，先用少量洗涤液把沉淀搅起，将悬浮液立即按上述方法转移到滤纸上，如此重复几次，一般可将绝大部分沉淀转移到滤纸上。残留的少量沉淀，按图2-7-5所示的方法可将沉淀全部转移干净。左手持烧杯倾斜着位于漏斗上方，烧杯嘴向着漏斗。用食指将玻璃棒横架在烧杯口上，玻璃棒的下端向着滤纸的三层处，用洗瓶吹出洗液，冲洗烧杯内壁，沉淀连同溶液沿玻璃棒流入漏斗中。

(5)洗涤 沉淀全部转移到滤纸上以后，仍需在滤纸上洗涤沉淀，以除去沉淀表面吸附的杂质和残留的母液。其方法是从滤纸边沿稍下部位开始，用洗瓶吹出的水流，按螺旋形向下移动，如图2-7-6所示，并借此将沉淀集中到滤纸锥体的下部。洗涤时应注意，切勿使洗涤液突然冲在沉淀上，这样容易溅失。

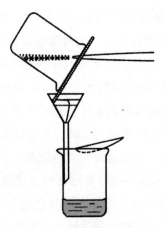   

图2-7-5 沉淀的转移   图2-7-6 沉淀的洗涤

为了提高洗涤效率，每次使用少量洗涤液，洗后尽量沥干，多洗几次，通常称为"少量多次"的原则。

沉淀洗涤至最后，用干净的试管接取几滴滤液，选择灵敏的定性反应来检验共存离子，以判断洗涤是否完成。

2. 减压过滤（抽滤）

为了加快过滤的速度，常采用减压过滤（也叫吸滤或抽滤），如图2-7-7所示。该方法不宜用于过滤胶状沉淀和颗粒太小的沉淀，因为胶状沉淀在快速过滤时易透过滤纸；颗粒太小的沉淀易在滤纸上形成一层密实的沉淀，溶液不易透过。水泵一般装在实验室中的自来水龙头上。以前常用玻璃制的水泵进行抽滤，但因浪费水过多因而现在很少用，目前多采用循环水式真空泵。

减压过滤的原理是利用水泵把吸滤瓶中的空气抽出，使吸滤瓶内呈负压，由于瓶内和布氏漏斗液面上的压力差，从而使过滤的速度大大加快。

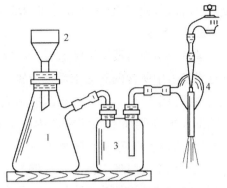

图2-7-7　减压过滤的装置
1—吸滤瓶；2—布氏漏斗；
3—安全瓶；4—水泵

布氏漏斗是瓷质的，中间为具有许多小孔的瓷板，以便使溶液通过滤纸从小孔流出。布氏漏斗必须安装在与吸滤瓶口径相匹配的橡皮塞上。橡皮塞塞进吸滤瓶的部分不超过整个橡皮塞高度的2/3，吸滤瓶用来承接滤液。安全瓶的作用是防止水泵中的水发生外溢而倒灌入吸滤瓶中把溶液弄脏（此现象称为反吸或倒吸）。这是由于水泵中的水压在发生变动时，常会有水溢流出来。当发生这种情况时，可将吸滤瓶与安全瓶拆开，倒出安全瓶中的水，再重新把它们连接起来。如果不要滤液，也可不装安全瓶。

吸滤器操作的步骤如下：

（1）安装仪器：安全瓶的长管接水泵，短管接吸滤瓶；布氏漏斗的颈口应与吸滤瓶的支管相对，便于吸滤。

（2）贴好滤纸：滤纸的直径应略小于布氏漏斗的内径，但要能盖住瓷板上所有的小孔。把滤纸放在漏斗内，先用少量蒸馏水润湿滤纸，再开启水泵，使滤纸紧贴在瓷板上。

（3）过滤时，采用倾析法，先将澄清的溶液沿玻璃棒倒入漏斗中，然后再将沉淀移入滤纸的中间部分。在过滤过程中，需留心观察，当滤液快上升到吸滤瓶的支管处时，应停止倾倒溶液和沉淀的混合物，拔去吸滤瓶上的胶皮管，取下漏斗，将吸滤瓶的支管朝上，从瓶口倒出滤液。重新安装好装置，可继续吸滤。应注意，在过滤的过程中切勿突然关小或关闭水泵，以防自来水倒流。如需中途停止抽滤，可先拔去吸滤瓶支管上的胶皮管，再关水泵。

（4）当要在布氏漏斗内洗涤沉淀时，应停止吸滤，让少量洗涤液慢慢浸过沉淀，然后再抽滤。

（5）抽滤结束时，应先拔去吸滤瓶上的胶皮管，再关闭水泵，以防反吸。取下漏斗，用玻璃棒撬起滤纸边，取下滤纸和沉淀。或者将漏斗颈口朝上，轻轻敲打漏斗的边缘，使沉淀脱离漏斗，落入准备好的滤纸或容器中。

如果过滤的溶液具有强酸性或强氧化性，溶液会破坏滤纸，此时可采用玻璃砂漏斗。

41

玻璃砂漏斗也叫垂熔漏斗或砂芯漏斗，是一种耐酸的过滤器，不能过滤强碱性溶液。过滤强碱性溶液可使用玻璃纤维代替滤纸。

3. 热过滤

某些溶质在溶液温度降低时，易成晶体析出，为了滤除这类溶液中所含的其他难溶性杂质，通常使用热滤漏斗进行过滤(图2-7-8)，防止溶质结晶析出。过滤时，把玻璃漏斗放在铜质的热滤漏斗内，热滤漏斗内装有热水(水不要太满，以免水加热至沸后溢出)以维持溶液的温度。也可以事先将玻璃漏斗在水浴上用蒸气加热，然后再使用。热过滤选用的玻璃漏斗颈越短越好(为什么?)。

图2-7-8 热过滤

三、离心分离法

当被分离的沉淀量很少时，使用上述方法过滤，沉淀会粘在滤纸上难以取下，这时可以采用离心分离法。实验室常用电动离心机，如图2-7-9所示。电动离心机使用时，将装试样的离心管放在离心机的套管中，为了使离心机旋转时保持平稳，几支离心试管应放在对称的位置上，如果只有一个试样，则在对称的位置上放一支离心试管，管内装等量的水，以避免由于重量不平衡而使离心机"走动"或轴弯曲磨损。放妥离心试管后，需盖好离心机的顶盖，开动离心机时，应由最慢速挡开始，待转动平衡后再逐步过渡到快速挡。离心机的转动速率和时间视沉淀的性状而定，一般调至2000r·min^{-1}左右，运转2~3min后，可停止离心。停止时应逐步减速调慢至零，待其自停，决不能用手强制它停止，以避免发生事故或降低机件平稳性。待其停转后，才能开盖，取出离心试管。

离心沉降后，要将沉淀和溶液分离时，应左手持离心管，右手拿小滴管，先捏紧橡皮头，把滴管伸入离心试管内，末端恰好进入液面，然后慢慢放松橡皮头，取出清液，如图2-7-10所示。在滴管末端接近沉淀时，要特别小心，以免沉淀也被取出。沉淀和溶液分离后，沉淀表面仍含有少量溶液，必须经过洗涤才能得到纯净的沉淀。为此，往盛沉淀的离心管中加入适量的蒸馏水或洗涤用的溶液，搅拌，离心分离，吸出上层清液，如此重复洗涤2~3次。

图2-7-9 离心机

图2-7-10 用吸管吸去上层清液

第八节 试纸的使用

实验中常用试纸来定性地检验某些溶液的性质或某种物质的存在，试纸的种类很多，常用的有以下几种。

一、pH 试纸

pH 试纸常用于测定溶液的酸碱性，并能测出溶液的 pH 值。pH 试纸分广泛试纸和精密试纸两种。广泛试纸的 pH 范围为 1 ~ 14，只能粗略地测定溶液的 pH。精密 pH 试纸在酸碱度变化较小的情况下就有颜色变化，所以能较精确地测定溶液的 pH。根据试纸的变色范围，精密 pH 试纸可分为多种，如 pH 为 1.4 ~ 3.0、3.8 ~ 5.4、5.3 ~ 7.0、6.4 ~ 8.0、8.2 ~ 10.0、9.5 ~ 13.0 等。

使用时，将一小块试纸放在洁净且干燥的表面皿上，用玻璃棒蘸取要试验的溶液，点在试纸中部，观察颜色变化，并与标准色板对比，确定 pH 或 pH 范围。切勿把试纸直接浸泡在待测溶液中。

二、KI – 淀粉试纸

KI – 淀粉试纸是滤纸在 KI – 淀粉溶液中浸泡后晾干而制得的。使用时要用蒸馏水将试纸润湿。有时为了方便，将 KI 和淀粉溶液直接滴到滤纸上，即可使用。KI – 淀粉试纸用以定性地检验氧化性气体（如 Cl_2、Br_2 等）。氧化性气体将试纸上的 I^- 氧化成 I_2，I_2 立即与淀粉作用，使试纸变为蓝紫色。

使用 KI – 淀粉试纸时，可将一小块试纸润湿后粘在一洁净的玻璃棒的一端，然后用此玻璃棒将试纸横放到管口，如有待测气体逸出，则试纸变色。

三、醋酸铅试纸

醋酸铅试纸是将滤纸在醋酸铅溶液中浸泡晾干后制成的。使用时要用蒸馏水润湿试纸，也可以取一小块滤纸在上面直接滴加醋酸铅溶液。醋酸铅试纸可用于定性地检验反应中是否有 H_2S 气体产生（即溶液中是否有 S^{2-} 存在）。H_2S 气体遇到试纸，即溶于试纸上的水中，然后与试纸上的醋酸铅反应，生成黑色的 PbS 沉淀：

$$Pb(Ac)_2 + H_2S =\!=\!= PbS\downarrow (黑色) + 2HAc$$

PbS 使试纸呈黑褐色并有金属光泽，若溶液中 S^{2-} 的浓度较小，用此试纸就不易检出。醋酸铅试纸的使用方法与 KI – 淀粉试纸的使用方法相同。

四、石蕊试纸

用于检验溶液的酸碱性，有红色石蕊试纸和蓝色石蕊试纸两种。红色石蕊试纸用于检验碱性溶液（或气体）（遇碱时变蓝），蓝色石蕊试纸用于检验酸性溶液（或气体）（遇酸时变红）。使用时，用镊子取一小块试纸放在干燥清洁的点滴板或表面皿上，用蘸有待测液的玻璃棒点在试纸的中部，观察被润湿试纸的颜色变化。如果检验的是气体，则先将试纸用蒸馏水润湿，再用镊子夹持横放在试管口上方，观察试纸颜色的变化。

使用试纸时要注意节约，除把试纸剪成小条外，用时不要多取，用多少取多少。取用后马上盖好瓶盖，以免试纸被污染变质。用后的试纸要放在废物桶内，不要丢在水池里，以免堵塞下水道。

第九节　干燥剂及干燥器的使用

一、干燥剂

干燥是指除去样品中的水分或防止一些物品吸收水分的过程。凡能够吸收水分的物质都可用作干燥剂。

干燥剂可分为酸性、中性和碱性物质干燥剂，以及金属干燥剂等。在选择干燥剂时应注意选用的干燥剂不能与被干燥的物质发生任何反应，同时还要考虑干燥的速率、效果和干燥剂的吸水量。一般来说，酸性物质的干燥选用酸性物质干燥剂，中性物质的干燥选用中性物质干燥剂，碱性物质的干燥常用碱性物质干燥剂。表2-9-1列出了一些常用干燥剂的性能。

表2-9-1　一些常用干燥剂的性能

干燥剂	吸水量/干燥速度	酸碱性	适用范围	不适用范围	备　注
P_2O_5	大/快	酸性	大多数中性和酸性气体、C_2H_2、CS_2、烃、卤代烃、酸与酸酐、腈	碱性物质、醇、酮、易发生聚合的物质、HCl、HF	一般先用其他干燥剂预干燥；潮解
浓H_2SO_4	大/快	酸性	大多数中性或酸性气体(干燥器、洗气瓶)、饱和烃、卤代烃、芳烃	不饱和化合物、醇、酮、酚、碱性物质、H_2S、HI	不适用于升温真空干燥
CaO	大/慢	碱性	中性和碱性气体、胺、醇	醛、酮、酸性物质	特别适用于干燥气体
NaOH KOH	大/较快(均为熔融过的)	碱性	NH_3、胺、醚、烃(干燥器)、肼	醛、酮、酸性物质	潮解
$CaCl_2$	大/快(熔融过的)	含碱性杂质(CaO)	HCl、烃、链烯烃、醚、卤代烃、酯、腈、中性气体	NH_3、醇、胺、酸、酸性物质、某些醛、酮及酯	价廉；能与许多含氮和氧的化合物生成溶剂化物、配合物或发生反应
Na_2SO_4	大/慢	中性	普遍适用；特别适用于酯及敏感物质溶液		价廉；常用作预干燥剂

续表

干燥剂	吸水量/干燥速度	酸碱性	适用范围	不适用范围	备 注
$MgSO_4$	大/较快	中性，有的微酸性	普遍适用；特别适用于酯及敏感物质溶液		价廉
硅胶	大/快	酸性	普遍适用（干燥器）	HF	常先用 Na_2SO_4 预干燥；可加 $CoCl_2$ 制成变色硅胶，干燥时，无水 $CoCl_2$ 呈蓝色，吸水后 $CoCl_2 \cdot 6H_2O$ 呈粉红色
分子筛	大/较快	酸性	温度在100℃以下的大多数流动气体，有机溶剂（干燥器）	不饱和烃	一般先用其他干燥剂预干燥；特别适用于低分压的干燥

二、干燥器的使用

由于空气中总含有一定量的水分，为防止一些易吸潮的物品及灼烧过的坩埚和样品吸收水分，应将它们放入干燥器内。

干燥器是一种具有磨口盖子的厚质玻璃器皿，盖子磨口处涂以一层薄薄的凡士林，使其更好地密合，底部放适当的干燥剂，其上架有洁净的带孔瓷板，以便放置需干燥保存的物品，如图2-9-1所示。

准备干燥器时要用干的抹布将内壁和瓷板擦抹干净，一般不用水洗，以免不能很快干燥。放入干燥剂时按图2-9-2所示方法进行，干燥剂不要放得太满，一般装至干燥器下室的一半即可。

开启干燥器时，应左手按住干燥器的下部，右手握住盖的圆顶，向前小心推开器盖，如图2-9-3所示。盖取下时，将盖倒置在安全处。放入物体后，应及时加盖。加盖时也应该拿住盖上圆顶，平推盖严。灼烧过的样品应稍冷却后才能放入干燥器内，并在冷却的过程中每隔一定时间打开一下盖子，以调节干燥器内压力，防止热的物品冷却后，干燥器内部产生负压，使盖子难以打开。搬动干燥器时，应用两手的拇指按住盖子，以防盖子滑落打碎。

图2-9-1 干燥器

图2-9-2 装干燥剂

图2-9-3 启盖方法

第十节 气体的制备、净化及气体钢瓶的使用

一、气体的制备

实验中需用少量气体时，可以在实验室中制备，常用的制备方法见表 2 – 10 – 1。

表 2 – 10 – 1 气体制备的方法

气体发生的方法	实验装置图	适用气体	注意事项
加热试管中的固体制备气体		氧气、氨、氮气等	①管口略向下倾斜，以免管口冷凝的水珠倒流到试管的灼烧处而使试管炸裂 ②检查气密性
利用启普气体发生器制备气体		氢气、二氧化碳、硫化氢等	①启普气体发生器适用于不溶于水的块状或较大颗粒固体与液体反应物(常是酸溶液)在常温下的反应 ②启普气体发生器不能受热，也不适用于小颗粒或粉末状固体反应物 ③使用前必须检查装置气密性
利用蒸馏烧瓶和分液漏斗的装置制备气体		一氧化碳、二氧化硫、氯气、氯化氢等	①分液漏斗管应插入液体中(或一个小试管内)，否则漏斗中的液体不易流下来 ②必要时可稍微加热 ③必要时可用三通玻璃管将蒸馏烧瓶支管与分液漏斗上口相通，防止蒸馏烧瓶内气体压力太大
从钢瓶直接获得气体		氮气、氧气、氢气、氨、二氧化碳、氯气、乙炔、空气等	见第二章第十节"五、气体钢瓶的使用"

在实验室中常常利用启普气体发生器制备 H_2、CO_2、H_2S、NO_2 和 NO 等气体。

启普气体发生器适用于不溶于水的块状或较大颗粒固体与液体反应物(常是酸溶液)在常温下的反应。它由一个葫芦状的玻璃容器(由球体和半球体构成)和球形漏斗组成(图 2 – 10 – 1)。球形漏斗插入葫芦状玻璃容器下端的半球体中，葫芦状的容器底部有一液体出口，平常用玻璃塞(有的用橡皮塞)塞紧，球体的上部有一气体出口(也兼作固体试剂的加入口和反应渣的出口)，与带有玻璃旋塞的导气管相连(图 2 – 10 – 2)。

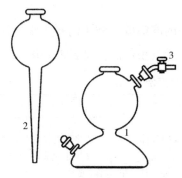

图2-10-1 启普气体发生器分部图
1—葫芦状容器；2—球形漏斗；3—旋塞导管

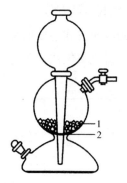

图2-10-2 启普气体发生器装置
1—固体药品；2—玻璃棉(或橡皮垫圈)

移动启普气体发生器时，应用两手握住球体下部，切勿只握住球形漏斗，以免葫芦状容器落下而打碎。

启普气体发生器不能受热，也不适用于小颗粒或粉末状固体反应物。其使用方法如下：

(1)装配　在球形漏斗颈和玻璃旋塞磨口处涂一薄层凡士林油，插好球形漏斗和玻璃旋塞，转动几次，使其严密。

(2)检查气密性　开启旋塞，从球形漏斗口注水至充满半球体时，关闭旋塞。继续加水，待水从漏斗管上升到漏斗球体内时，停止加水。在水面处做一记号，静置片刻，如水面不下降，证明不漏气，可以使用。

(3)加试剂　在葫芦状容器的球体下部先放些玻璃棉(或橡皮垫圈)，然后从气体出口加入固体药品。玻璃棉(或橡皮垫圈)的作用是避免固体掉入半球体底部。加入固体的量不宜过多，以不超过中间球体容积的1/3为宜，否则固液反应激烈，酸液很容易被气体从导管冲出。再从球形漏斗加入适量稀酸(约$6mol \cdot L^{-1}$)。

(4)发生气体　使用时，打开旋塞，由于中间球体内压力降低，酸液即从底部通过狭缝进入中间球体与固体接触而产生气体。停止使用时，关闭旋塞，由于中间球体内产生的气体压力增大，就会将酸液压回到球形漏斗中，使固体与酸液不再接触而停止反应。下次再用时，只要打开旋塞即可。使用非常方便，还可通过调节旋塞来控制气体的流速。

(5)添加或更换试剂　发生器中的酸液长期使用会变稀。换酸液时，可先用塞子将球形漏斗上口塞紧，然后把液体出口的塞子拔下，让废酸缓缓流出后，将葫芦状容器洗净，再塞紧塞子，向球形漏斗中加入酸液。需要更换或添加固体时，可先把导气管旋塞关好，将酸液压入半球体后，用塞子将球形漏斗上口塞紧，再把装有玻璃旋塞的橡皮塞取下，更换或添加固体。

实验结束后，将废酸倒入废液缸内(或回收)，剩余固体(如锌粒)倒出洗净回收。仪器洗涤后，在球形漏斗与球形容器连接处以及在液体出口和玻璃塞之间夹一纸条，以免时间过久，磨口黏结在一起而拔不出来。

二、气体的收集

气体的收集方式主要取决于气体的密度和在水中的溶解度，常用的有排水集气法和排气集气法，排气集气法又分为向上排气集气法和向下排气集气法，见表2-10-2。

表2-10-2　气体的收集方法

收集方法		实验装置	适用气体	注意事项
排水集气法			难溶于水的气体，如氢气、氧气、氮气、一氧化氮、一氧化碳、甲烷、乙烯、乙炔等	①集气瓶装满水不应有气泡 ②停止收集时，应先拔出导管(或移走水槽)后才能移开灯具
排气集气法	瓶口向下，排气取比空气轻的气体法		比空气轻的气体，如氨等	①集气导管应尽量接近集气瓶底 ②密度与空气接近或在空气中易氧化的气体不宜用排气法，如一氧化氮等
	瓶口向上，排气取比空气重的气体法		比空气重的气体，如氯化氢、氯气、二氧化碳、二氧化硫等	

不溶于水、又不与水反应的气体(如 O_2、H_2、N_2、NO、CO 等)，可用排水集气法收集。不与空气反应、密度又与空气相差较大的气体，可用排气集气法收集。密度小于空气的气体(如 H_2、NH_3、CH_4 等)可用向下排气集气法收集，密度大于空气的气体(如 HCl、CO_2、SO_2、H_2S、NO_2 等)可用向上排气集气法收集。

通常气体的收集尽量采用排水集气法，因为排水集气法收集的气体浓度大、纯度高，而且容易观察集气瓶中的气体是否已充满。而排气集气法收集的气体容易混入空气，所以收集大量易爆气体时，不宜采用排气集气法，这是因为易爆气体混入空气后，如达到爆炸极限，遇火即会发生爆炸。

三、气体的净化和干燥

实验室制备的气体常常带有酸雾、水汽和其他杂质。为了得到比较纯净的气体，通常根据气体的性质及所含杂质的种类选择不同的吸收剂和干燥剂，要求既除去杂质又不损失制备的气体。酸雾可用水或玻璃棉去除；水汽可用浓硫酸、无水氯化钙或硅胶吸收。其他杂质需根据具体情况分别处理：还原性的杂质(如 SO_2、H_2S 等)用氧化性试剂($K_2Cr_2O_7$、$KMnO_4$ 等)去除；氧化性的杂质用还原性试剂去除，如通过灼热的还原铜粉可除去 O_2 杂质；酸性的 CO_2 可用 NaOH 或石灰水去除；碱性的 NH_3 可用稀硫酸去除。气体干燥时也应注意具有碱性或还原性的气体不能用浓硫酸干燥，如 NH_3 和 H_2S。

一般情况下使用洗气瓶(图2-10-3)、干燥塔(图2-10-4)、U形管(图2-10-5)或干燥管(图 2 - 10 - 6)等仪器进行净化或干燥。液体(如水、浓硫酸等)装在洗气瓶内,无水氯化钙和硅胶装在干燥塔或 U 形管内,玻璃棉装在 U 形管或干燥管内。

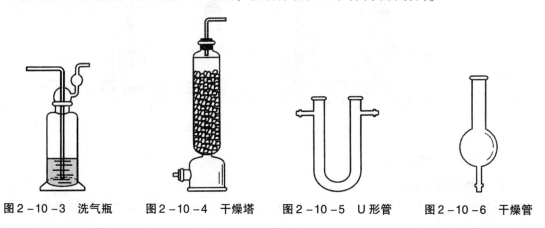

图 2 - 10 - 3　洗气瓶　　　图 2 - 10 - 4　干燥塔　　　图 2 - 10 - 5　U 形管　　　图 2 - 10 - 6　干燥管

用锌粒与酸作用制备氢气时,由于制备氢气的锌粒中常含有硫、砷等杂质,所以在气体发生过程中常夹杂有硫化氢、砷化氢等气体。硫化氢、砷化氢和酸雾可通过高锰酸钾溶液、醋酸铅溶液去除,再通过装有无水氯化钙的干燥管进行干燥。其化学反应方程式为:

$$H_2S + Pb(Ac)_2 \Longrightarrow PbS\downarrow + 2HAc$$

$$AsH_3 + 2KMnO_4 \Longrightarrow K_2HAsO_4 + Mn_2O_3 + H_2O$$

不同性质的气体应根据具体情况,分别采用不同的洗涤液和干燥剂进行处理(表 2 - 10 - 3)。

表 2 - 10 - 3　常用气体的干燥剂

气体	干燥剂	气体	干燥剂
H_2	$CaCl_2$、P_2O_5、H_2SO_4(浓)	H_2S	$CaCl_2$
O_2	$CaCl_2$、P_2O_5、H_2SO_4(浓)	NH_3	CaO 或 CaO 与 KOH 的混合物
Cl_2	$CaCl_2$	NO	$Ca(NO_3)_2$
N_2	H_2SO_4(浓)、$CaCl_2$、P_2O_5	HCl	$CaCl_2$
O_3	$CaCl_2$	HBr	$CaBr_2$
CO	H_2SO_4(浓)、$CaCl_2$、P_2O_5	HI	CaI_2
CO_2	H_2SO_4(浓)、$CaCl_2$、P_2O_5	SO_2	H_2SO_4(浓)、$CaCl_2$、P_2O_5

四、实验装置气密性的检查

要检查图 2 - 10 - 7 的装置是不是漏气,可把导管的一端浸入水中,用手掌紧贴烧瓶或试管的外壁。如果装置不漏气,则烧瓶或试管里的空气受热膨胀,导管口就有气泡冒出[图 2 - 10 - 7(a)],把手移开,过一会儿烧瓶或试管冷却,水就会沿管上升,形成一段水柱[图 2 - 10 - 7(b)]。若此法现象不明显,可改用热水浸湿的毛巾温热烧瓶或试管的外壁,检查试验装置是否漏气。

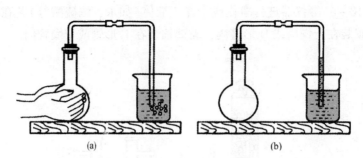

(a)   (b)

图 2 – 10 – 7   检查装置的气密性

五、气体钢瓶的使用

1. 气体钢瓶的标识

当需要大量气体或者需要经常使用气体时，可以从压缩气体钢瓶中直接获得气体。高压钢瓶的容积一般为 40 ~ 60L，最高工作压力为 15MPa，最低工作压力在 0.6MPa 以上。钢瓶中的气体一般由气体厂生产，经高压压缩后储存在气体钢瓶中。根据储存气体的性质，钢瓶内装气体可分为压缩气体、液化气体和溶解气体三类。压缩气体是指临界温度 $< -10℃$，经高压压缩后仍处于气态的气体，如 O_2、H_2、N_2、空气等。液化气体是指临界温度 $\geq 10℃$，经高压压缩后，转为液态与其蒸气处于平衡状态的气体，如 CO_2、NH_3、Cl_2、H_2S 等。溶解气体是指单纯加高压压缩可能产生分解、爆炸等危险的气体，这类气体必须在加高压的同时，将其溶解在适当的溶剂中，并由多孔性固体填充物吸收。如乙炔钢瓶是将颗粒活性炭、木炭、石棉或硅藻土等多孔性物质填充在钢瓶内，再掺入丙酮，通入乙炔气使之溶解在丙酮中。为了避免各种钢瓶使用时发生混淆，常将钢瓶漆上不同颜色，写明瓶内气体名称。表 2 – 10 – 4 列出了部分高压气体钢瓶的颜色和标志。

表 2 – 10 – 4   部分高压气体钢瓶的颜色和标志

气瓶名称	瓶身颜色	字样	字样颜色	横条颜色	瓶内气体状态
氧气瓶	天蓝	氧	黑	—	压缩气体
氢气瓶	深绿	氢	红	红	压缩气体
氮气瓶	黑	氮	黄	棕	压缩气体
氩气瓶	灰	氩	绿	—	压缩气体
氦气瓶	棕	氦	白	—	压缩气体
压缩空气瓶	黑	压缩空气	白	—	压缩气体
二氧化碳气瓶	铝白	二氧化碳	黄	—	液化气体
氨气瓶	黄	氨	黑	—	液化气体
氯气瓶	草绿(保护色)	氯	白	白	液化气体
硫化氢气瓶	白	硫化氢	红	红	液化气体

气瓶名称	瓶身颜色	字样	字样颜色	横条颜色	瓶内气体状态
乙炔气瓶	白	乙炔	红	—	溶解气体
其他可燃气体	红	气体名称	白	—	—
其他不可燃气体	黑	气体名称	黄	—	—

2. 气体钢瓶的使用

气体钢瓶是用无缝合金或锰钢钢管制成的圆柱形的高压容器。其底部呈半球形，为便于竖放，通常还配有钢制底座。气瓶的顶部有开关阀（总压阀），其侧面接头（支管）有与减压器相连的连接螺纹。为避免把可燃气体压缩到空气或氧气钢瓶中的可能性，以及防止偶然把可燃气体连接到有爆炸危险的装置上的可能性，用于可燃气体的为左旋螺纹，非可燃气体的为右旋螺纹。使用钢瓶中气体时，还应安装配套的减压器，以使瓶内高压气体的压力降到实验所需的压力。不同的气体有不同的减压器。不同减压器的外表涂以不同的颜色加以标识，且要与各种气体的气瓶颜色标识一致。但应注意的是：用于氧气的减压器可用于装氮气或空气的钢瓶上，而用于氮气的减压器只有在充分清除了油脂之后，才可用于氧气瓶上。图 2 - 10 - 8 为以氧气表为例的钢瓶气表示意图。

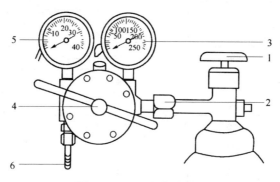

图 2 - 10 - 8　氧气表结构
1—总压阀；2—气表和钢瓶连接螺丝；3—总压表；4—调节阀门；5—分压表；6—供气阀门

安装减压器时应先将钢瓶侧面支管的灰尘、脏物等清理干净，并检查支管接头上的丝扣不应有滑牙，然后将减压器与钢瓶侧面的支管连接，拧紧，在确保安装牢固后，才能打开钢瓶的开关阀。

安装好减压器后先开钢瓶开关阀，并注意高压压力计的指示压力。然后慢慢旋紧减压器的调压螺杆，此时减压阀开启，气体由此经过低压室通向出口，从低压压力计上可读取出口气体的压力，转动调压螺杆至所需的压力为止。当气体流入低压室时要注意有无漏气现象。使用完毕，应先关钢瓶的总压阀，放尽减压器内的气体，然后旋松调压螺杆。

安全使用气体钢瓶还应注意以下事项：

（1）钢瓶应安置在阴凉、通风、远离热源及避免强烈振动和暴晒的地方，并将之直立固定放置。

（2）室内存放的钢瓶不得多于两瓶。氧气瓶不可与易燃性气体钢瓶同放一室，也严禁与油类接触，绝对不可使油或其他易燃物、有机物沾在气体钢瓶上（特别是气门嘴和减压器处）。也不得用棉、麻等物堵漏，以防燃烧引起事故。操作人员不能穿戴沾有油污的衣物和手套，以免引起燃烧。氢气钢瓶应存放在远离烟火的地方，且要经常检查是否漏气（用肥皂水检查法），避免氢气与其他气体混合发生爆炸。乙炔瓶应放在通风、温度低于35℃的地方，充灌后的乙炔钢瓶需静置24h后才能使用。使用时气速不可太快，以防带出丙酮。如发现瓶身发热，应立即停止使用，并用水冷却。

（3）开启钢瓶时，人应站在出气口的侧面，动作要慢，避免被气流射伤。

（4）钢瓶内的气体不可完全用尽，其余压一般不应低于 $9.8 \times 10^5 Pa$，以防空气倒灌，再次充气时发生危险。

（5）搬运钢瓶时要用专用气瓶车，轻拿轻放，防止剧烈振动、撞击。乙炔钢瓶严禁横卧滚动。

（6）钢瓶应定期进行安全检查，如耐压试验、气密性检查和壁厚测定等。

【附注】

表1　可燃性气体的燃点和混合气体的爆炸范围（在 101.325kPa 压力下）

气体（蒸气）	燃点/℃	混合物中爆炸限度（体积分数）/%	
		与空气混合	与氧气混合
一氧化碳 CO	650	12.5 ~ 75	13 ~ 96
氢气 H_2	585	4.1 ~ 75	4.5 ~ 9.5
硫化氢 H_2S	260	4.3 ~ 45.4	4.3 ~ 46
氨 NH_3	650	15.7 ~ 27.4	14.8 ~ 79
甲烷 CH_4	537	5.0 ~ 15	5 ~ 60
乙醇 C_2H_5OH	558	4.0 ~ 18	3.3 ~ 55

第三章　常用测量仪器的使用

第一节　称量仪器

天平是进行化学实验不可缺少的重要称量仪器。由于对质量准确度的要求不同，需要使用不同类型的天平进行称量。常用的天平种类有很多，如台秤、电光天平、单盘分析天平等，它们都是根据杠杆原理设计而制成的。20世纪90年代开始使用的电子天平则是精确地用电磁力平衡样品的重力，从而测得样品精确的质量（一般可精确到万分之一克）。

一、台秤

台秤（又叫托盘天平）常用于一般称量。它能迅速地称量物体的质量，但精确度不高。最大载荷为200g的台秤能称准至0.2g，最大载荷为500g的台秤能称准至0.5g。

1. 台秤的构造

如图3-1-1所示，台秤的横梁架在台秤座上，横梁的左右有两个盘子，横梁的中部有指针与刻度盘相对，根据指针在刻度盘左右摆动情况，可以看出台秤是否处于平衡状态。

2. 称量

在称量物体之前，要先调整台秤的零点。将游码拨到游码标尺的"0"位处，检查台秤的指针是否停在刻度盘的中间位置。如果不在中间位置，可调节台秤托盘下侧的平

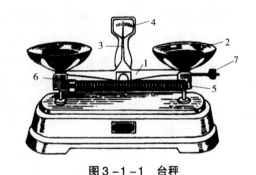

图3-1-1　台秤
1—横梁；2—盘；3—指针；4—刻度盘；5—游码标尺；
6—游码；7—平衡调节螺丝

衡调节螺丝。当指针在刻度盘的中间左右摆动大致相等时，则台秤即处于平衡状态，此时指针就能停在刻度盘的中间位置，将此中间位置称为台秤的零点。

称量时，左盘放称量物，右盘放砝码。砝码用镊子夹取，10g或5g以下的质量，可移动游码标尺上的游码。当添加砝码到台秤的指针停在刻度盘的中间位置时，台秤处于平衡状态，此时指针所停的位置称为停点。零点与停点相符时（零点与停点之间允许偏差1小格以内），砝码的质量就是称量物的质量。

3. 称量注意事项

称量时应注意以下几点：

(1)不能称量热的物品。

(2)化学药品不能直接放在托盘上，应根据情况决定称量物放在已称量的、洁净的表面皿、烧杯或光洁的称量纸上。

(3)称量完毕，应将砝码放回砝码盒中，将游码拨到"0"位处，并将托盘放在一侧，或用橡皮圈架起，以免台秤摆动。

(4)保持台秤整洁。

二、电子天平

1. 电子天平简介和使用方法

1)电子天平简介

电子天平是天平中最新发展的一种，是一般实验室配备的最常用的仪器，具有称量准确、灵敏度高、性能稳定、操作简便快捷、使用寿命长等优点。电子天平称量时不需要砝码，放上被称物后，在几秒钟内即达到平衡，显示被称物质量，称量速度快，精度高。此外电子天平还具有自动检测、自动调零、自动校准、自动去皮、自动显示称量结果、超载保护等功能。由于电子天平具有电光天平无法比拟的优点，因此其应用越来越广泛，并逐渐取代了电光天平。

随着现代科学技术的不断发展，电子天平产品的结构设计一直在不断改进和提高，向着功能多、平衡快、体积小、质量轻和操作简便的趋势发展。但就其基本结构和称量原理而言，各种型号的电子天平都是大同小异。其基本原理是利用电子装置完成电磁力补偿的调节，使物体在重力场中实现力的平衡，或通过电磁力矩的调节，使物体在重力场中实现力矩的平衡。

按电子天平的精度可分为超微量电子天平(最大称量2～5g)、微量电子天平(最大称量3～50g)、半微量电子天平(最大称量20～100g)、常量电子天平(最大称量100～200g)。按电子天平的结构可分为顶部承载式(下皿式)和底部承载式(上皿式)两类，目前常见的是上皿式电子天平，图3-1-2和图3-1-3分别是常见的0.01g电子天平和0.0001g电子天平。

图3-1-2　0.01g电子天平

图3-1-3　0.0001g电子天平

2）电子天平的使用方法（Sartorius BSA 系列）

一般情况下，只使用开/关键、除皮/调零键和校准/调整键。使用时的操作步骤如下：

（1）调水平　在使用前观察水平仪是否水平，若不水平，需调整地脚螺栓，使水平仪内气泡在圆环中央。

（2）预热　接通电源，电子天平在初次接通电源或长时间断电后，至少需预热 30min。为提高测量精度，天平应保持待机状态。

（3）开机　接通电源，轻按开关键后，显示屏全亮，电子天平自动初始化功能之后，自动去皮。电子显示屏上出现 0.0000g 闪动，待数字稳定下来，表示天平已经稳定，进入准备称量状态。如果显示不是 0.0000g，则需按一下去皮键"Tare"键。

（4）称量　打开天平侧门，将容器（或被称量物）轻轻放在秤盘正中（化学试剂不能直接接触托盘）。关闭天平侧门，待电子显示屏上闪动的数字稳定下来，读取数字，即为样品的称量值。

若需清零、去皮重，轻按"Tare"键，显示消隐，随即出现全零状态，容器质量显示值已去除，即为去皮重。可继续在容器中加入药品进行称量，显示出的是药品的质量，当拿走称量物后，就出现容器质量的负值。

（5）称量完毕，取下被称物，按一下开关键（如不久还要称量，可不拔掉电源），让天平处于待命状态；再次称量时按一下开关键就可使用。最后使用完毕，应拔下电源插头，盖上防尘罩。

2. 电子天平的使用规则和维护

（1）天平室应避免阳光照射，保持干燥，防止腐蚀性气体的侵蚀。天平应放在牢固的台上避免震动。

（2）天平箱内应保持清洁，要定期放置和更换吸湿变色干燥剂（硅胶），以保持干燥。

（3）称量物体不得超过天平的载荷。称量的样品，必须放在适当的容器中，不得直接放在天平盘上。

（4）不得在天平上称量热的或散发腐蚀性气体的物质。称量易挥发和具有腐蚀性的物品时，要盛放在密闭容器中，以免腐蚀和损坏天平。

（5）使用台秤加减砝码时，必须用镊子夹取，取下的砝码应放回砝码盒内的固定位置，不能乱放，也不能放其他天平的砝码。

（6）电子天平必须小心使用，动作要轻缓，并经常对电子天平进行自校或定期外校，保证其处于最佳状态。

（7）电子天平若长时间不使用，应定时通电预热，每周一次，每次预热 2h，以确保仪器处于良好使用状态。

三、试样的称量方法

1. 直接称量法

对于不易吸湿、在空气中性质稳定的一些固体试样，如金属、矿物等，可采用直接称量法。其方法是：先准确称出容器或称量纸的质量 m_1，然后用药匙将一定量的试样置于容器或称量纸上，再准确称量出总质量 m_2，则（$m_2 - m_1$）即为试样的质量。称量完毕，将试样全部转移到准备好的容器中。

如为电子天平，则置容器或称量纸于秤盘上，待示值稳定后，按去皮键"Tare"，显示零，即去皮重，再用药匙慢慢加试样，天平即显示所加试样的质量，直至天平显示所需试样的质量为止。

2. 差减法（或递减法、减量法）

对于易吸湿、在空气中性质不稳定的样品宜用减量法进行称量。其方法是：先在一个干燥的称量瓶中装一些试样，在天平上准确称量，设称得的质量为 m_3。再从称量瓶中倾倒出一部分试样于容器内，然后再准确称量，设称得的质量为 m_4。前后两次称量的质量之差（$m_3 - m_4$），即为所取出的试样质量。

称量时，用干净的纸带套在称量瓶上（图3-1-4）（或戴上手套），从干燥器中取出称量瓶，准确称量，然后将称量瓶置于洗净的盛放试样的容器（如小烧杯）上方，用一小块纸包住瓶盖，右手将瓶盖轻轻打开，将称量瓶倾斜，用瓶盖轻敲瓶口上方，使试样慢慢落入容器中（图3-1-5）。当倾出的试样已接近所需要的质量时，慢慢将瓶竖起，再用称量瓶瓶盖轻敲瓶口上部，使沾在瓶口和内壁的试样落在称量瓶或容器中，然后盖好瓶盖（上述操作都应在容器上方进行，防止试样丢失），将称量瓶再放回天平盘，准确称量。如此继续进行，可称取多份试样。如果倾出的试样量太少，则按上述方法再倒一些。如果倾出的试样质量超出所需称量范围，决不可将试样再倒回称量瓶中，只能弃之重新称量。

图3-1-4 取放称量瓶的方法

图3-1-5 倾倒试样的方法

如果是采用电子天平称量，则只要准确称出称量瓶与试样的总质量，按去除皮键"Tare"去皮后，再按上述方法倾出试样后，将称量瓶再放回秤盘，倾出的试样质量直接以负值显示在电子天平的显示屏上。

3. 固定质量称量法

此法可用于称量不易吸湿、在空气中性质稳定的试样。其方法是：先准确称出容器或称量纸的质量，然后根据所需试样的质量，先放好砝码，再用药匙慢慢加试样，直至天平平衡。

4. 称量规则

称量时必须严格遵守以下规则:

(1)工作天平必须处于完好待用状态。不称过冷过热物体,被称物的温度应与天平箱内的温度一致。试样应盛在洁净器皿中,必要时加盖。取放被称物时用纸条或戴手套,不得徒手操作,要始终保持称量容器内外均是干净的,以免沾污秤盘。要求称量器皿均放在干净的培养皿中。

(2)同一实验中,所有的称量应使用同一台天平,称量的原始数据必须即刻正确地记录在报告本上。称量完毕,一定要检查天平是否一切复原(即保持称量前天平的完好状态、将塑料罩罩好天平等),是否清洁,并在使用登记本上登记。

(3)要保证天平室的整洁与安静,不必要的东西不得带入天平室。

第二节　酸度计

酸度计也称 pH 计,是一种通过测量电势差的方法测定溶液的 pH 的仪器,除测量溶液的酸度外,还可以粗略地测量氧化还原电对的电极电势及配合电磁搅拌器进行电位滴定等。实验室常用的酸度计型号有雷磁 pHS – 25 型、pHS – 3D 型和 Sartorius PB – 10 型等。它们的原理相同,只是结构和精密度不同。下面主要介绍 pHS – 25 型和 Sartorius PB – 10 型。

一、基本原理

酸度计测 pH 方法是一种电位测定法,它除了测量溶液的酸度外,还可以测量电池电动势。酸度计主要是由参比电极(饱和甘汞电极,图 3 – 2 – 1)、测量电极(玻璃电极,图 3 – 2 – 2)和精密电位计三部分组成。现在常使用的是将参比电极和测量电极组合在一起的复合电极(图 3 – 2 – 3)。

1. 饱和甘汞电极

它由金属汞、氯化亚汞和饱和氯化钾溶液组成,它的电极反应为:

$$Hg_2Cl_2 + 2e === 2Hg + 2Cl^-$$

饱和甘汞电极的电极电势不随溶液的 pH 变化而变化,在一定的温度和浓度下是一定值,在 25℃时为 0.245V。

2. 玻璃电极

玻璃电极的电极电势随溶液的 pH 变化而改变。它的主要部分是头部的玻璃球泡,它是由特殊的敏感玻璃膜构成。薄玻璃膜对氢离子有敏感作用,当它浸入被测溶液中时,被测溶液的氢离子与电极玻璃球泡表面水化层进行离子交换,玻璃球泡内层也同样产生电极电势。由于内层氢离子浓度不变,而外层氢离子浓度在变化,因此内外层的电势差也在变化,所以该电极电势随待测溶液的 pH 不同而改变。

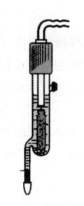

图 3 - 2 - 1　饱和甘汞电极　　　图 3 - 2 - 2　玻璃电极　　　图 3 - 2 - 3　复合电极

$$E_{玻} = E_{玻}^{\ominus} + 0.0591 \lg[H^+] = E_{玻}^{\ominus} - 0.0591 pH$$

将玻璃电极和饱和甘汞电极一起浸在被测溶液中组成电池，并连接精密电位计，即可测定电池电动势 E。在 25℃时，

$$E = E_{正} - E_{负} = E_{甘汞} - E_{玻} = 0.245 - E_{玻}^{\ominus} + 0.0591 pH$$

整理上式得：

$$pH = \frac{E + E_{玻}^{\ominus} - 0.245}{0.0591}$$

$E_{玻}$ 可以用一个已知 pH 的缓冲溶液代替待测溶液而求得。

综上所述可知，酸度计的主体是精密电位计，用来测量电池的电动势，为了省去计算的繁琐，酸度计把测得的电池电动势直接用 pH 值表示出来。因而从酸度计上可以直接读出溶液的 pH。

二、Sartorius PB - 10 型 pH 计使用方法

1. 准备(图 3 - 2 - 4)

(1)连接电极到仪表的 BNC 插头，连接温度传感器到"ATC"。

(2)用变压器把仪表连接到电源。

(3)按模式键设置 pH 模式。

2. 校准

(1)按"Setup"键，显示屏显示"Clear buffer"。按"Enter"键确认，清除以前的校准数据。

(2)按"Setup"键，直至显示屏显示缓冲液组"1.68，4.01，6.86，9.18，12.46"或所要求的其他缓冲液组，按"Enter"键确认。

(3)将复合电极用蒸馏水或去离子水清洗，滤纸吸干后浸入第一种缓冲液(pH = 6.86)，等到数值达到稳定并出现"S"时，按"Standardize"键，仪器将自动校准，如果校准时间较长，可按"Enter"键进行手动校准。数值作为第一校准点被存储，显示"6.86"。

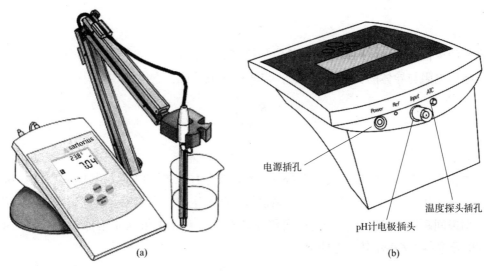

电源插孔

温度探头插孔

pH计电极插头

(a)　(b)

图 3 - 2 - 4　Sartorius PB - 10 型

（4）用蒸馏水或去离子水清洗电极，滤纸吸干后浸入第二种缓冲液（pH = 4.01），等到数值达到稳定并出现"S"时，按"Standardize"键，仪器将自动校准，如果校准时间较长，可按"Enter"键手动校准。数值作为第二校准点被存储，显示"4.01　6.86"和信息"% Slope × × Good Electrode"。其中 × × 为测量的电极斜率值，如该测量值在 90% ~ 105% 范围内，可接受。如果与理论值有更大的偏差，将显示错误信息（Err），电极应清洗，并重复上述步骤重新校准。

（5）重复以上操作，完成第三点（9.18）校准（若需要）。

3. 测量

用蒸馏水或去离子水清洗电极，用滤纸吸干后将电极浸入待测溶液，等到数值达到稳定，出现"S"时，即可读取测量值。

4. 保养

（1）测量完成后，电极用蒸馏水或去离子水清洗后，浸入 3 mol·L^{-1} KCl 溶液中保存。

（2）测量完成后，不用拔下变压器，应待机或关闭总电源，以保护仪器。

（3）如发现电极有问题，可用 0.1 mol·L^{-1} HCl 溶液浸泡电极半小时后，再放入 3 mol·L^{-1} KCl 溶液中保存。

第三节　电导率仪

一、基本原理

导体导电能力的大小，通常用电阻（R）或电导（G）表示。电导是电阻的倒数，两者的关系式为：

$$G = \frac{1}{R} \tag{1}$$

电阻的单位是欧姆(Ω)，电导的单位是西[门子](S)。

导体的电阻与导体的长度 l 成正比，与面积 A 成反比：

$$R \propto \frac{l}{A}$$

或

$$R = \rho \frac{l}{A} \tag{2}$$

式中 ρ 为电阻率，它表示长度为 1cm、截面积为 $1cm^2$ 时的电阻，其单位为 $\Omega \cdot cm$。

与金属导体一样，电解质水溶液体系也符合欧姆定律。当温度一定时，两极间溶液的电阻与两极间距离 l 成正比，与电极面积 A 成反比。对于电解质水溶液体系，常用电导(G)和电导率(κ)来表示其导电能力。

$$G = \frac{1}{\rho} \cdot \frac{A}{l} \tag{3}$$

令

$$\frac{1}{\rho} = \kappa$$

则

$$G = \kappa \cdot \frac{A}{l} \tag{4}$$

式中 κ 为电阻率的倒数，称为电导率，它表示在相距 1cm、面积为 $1cm^2$ 的两极之间溶液的电导，其单位为 $S \cdot cm^{-1}$。

在电导池中，电极距离和面积是一定的，所以对某一电极来说，$\frac{l}{A}$ 是常数，常称其为电极常数或电导池常数。

令

$$K = \frac{l}{A}$$

则

$$G = \kappa \frac{1}{K} \tag{5}$$

即

$$\kappa = K \cdot G \tag{6}$$

不同的电极，其电极常数 K 不同，因此测出同一溶液的电导 G 也就不同。通过式(6)换算成电导率 κ，由于 κ 的值与电极本身无关，因此用电导率可以比较溶液电导的大小。而电解质水溶液导电能力的大小正比于溶液中电解质的含量，因此通过对电解质水溶液电导率的测量可以测定水溶液中电解质的含量。

二、DDS-11A 型电导率仪

DDS-11A 型电导率仪是常用的电导率测量仪器。它除能测量一般液体的电导率外，还能测量高纯水的电导率，被广泛用于水质检测、水中含盐量、大气中 SO_2 含量等的测定和电导滴定等方面。

国产 DDS-11A 型电导率仪(图 3-3-1)的使用方法如下：

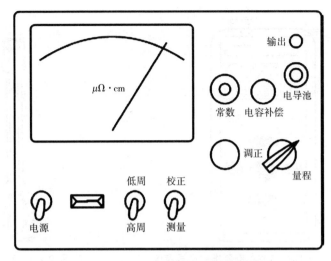

图 3 - 3 - 1　DDS - 11A 型电导率仪

(1)按电导率仪使用说明书的规定选用电极,放在盛有待测溶液的烧杯中数分钟。

(2)未打开电源开关前,观察表头指针是否指零。如不指零,可调整表头螺丝使指针指零。

(3)将"校正、测量"开关扳到"校正"位置。

(4)打开电源开关,预热 5min,调节"调正"旋钮使表针满度指示。

(5)将"高周、低周"开关扳到"低周"位置。

(6)"量程"扳到最大挡,"校正、测量"开关扳到"测量"位置,选择量程由大至小,直至可读出数值。

(7)用电极夹夹紧电极胶木帽,固定在电极杆上。选取电极后,调节与之对应的电极常数。

(8)将电极插头插入电极插口内,紧固螺丝,将电极插入待测液中。

(9)再调节"调正"调节器旋钮使指针满刻度,然后将"校正、测量"开关扳到"测量"位置。读取表针指示数,再乘上量程选择开关所指的倍率,即为被测溶液的实际电导率。将"校正、测量"开关再扳回"校正"位置,看指针是否满刻度。再扳回"测量"位置,重复测定一次,取其平均值。

(10)将"校正、测量"开关扳到"校正"位置,取出电极,用蒸馏水冲洗后,放回盒中。

(11)关闭电源,拔下插头。

三、DDB - 303A 型便携式电导率仪

DDB - 303A 型便携式电导率仪(图 3 - 3 - 2)是实验室测量水溶液电导率的仪器,它广泛应用于石油化工、生物医药、污水处理、环境监测、矿山冶炼等行业及大专院校和科研单位。若配用适当常数的电导电极(图 3 - 3 - 3),还可用于测量电子半导体、核能工业和电厂纯水或超纯水的电导率(表 3 - 3 - 1)。

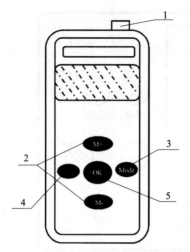

图3-3-2 DDB-303A型便携式电导率仪　　　　图3-3-3 电导电极

1—电极插口；2—数字增加(减小)键；

3—模式键；4—电源开关；5—确定键

表3-3-1 溶液电导率与配套电极

序号	溶液电导率/ $\mu S \cdot cm^{-1}$	对应电阻率/ $\Omega \cdot m$	配套电极	常数	被测溶液实际电导率/ $\mu S \cdot cm^{-1}$
1	0~0.2	∞~5000000	钛合金电极	0.01	显示数字×0.01
2	0~2	∞~500000	钛合金电极	0.01	显示数字×0.01
3	0~20	∞~50000	钛合金电极	0.01	显示数字×0.01
4	0~200	∞~5000	钛合金电极	0.01	显示数字×0.01
5	0~20	∞~50000	DJS-1C 光亮电极	1	显示数字×1
6	0~200	∞~5000	DJS-1C 光亮电极	1	显示数字×1
7	0~2000	∞~500	DJS-1C 铂黑电极	1	显示数字×1
8	0~10000	∞~100	DJS-1C 铂黑电极	1	显示数字×1
9	0~200	∞~5000	DJS-10C 铂黑电极	10	显示数字×10
10	0~2000	∞~500	DJS-10C 铂黑电极	10	显示数字×10
11	0~20000	∞~50	DJS-10C 铂黑电极	10	显示数字×10
12	0~100000	∞~10	DJS-10C 铂黑电极	10	显示数字×10

　　DDB-303A型便携式电导率仪的使用方法如下：

（1）装入五号干电池两节，打开电源，预热15min。

（2）按被测介质电阻或电导率的高低，选用不同常数的电极和不同的测量方式。

注1：在电导率测量过程中，正确选择电导电极常数，对获得较高的测量精度是非常重要的。可配用电极常数为0.01、1、10的三种不同类型电导电极。应根据测量范围参照表3-3-1选择相应常数的电导电极。

注2：对常数为1、10类型的电导电极有"光亮"和"铂黑"两种形式，镀铂电极习惯称作铂黑电极，对光亮电极其测量范围以 0～300μS/cm 为宜。

（3）在测量状态（左下角显示"测量"）下按"▲"或"▼"键进入温度调节状态（右上角显示"℃"），再按"▲"或"▼"键调节至所需温度值，按"模式"键退出温度调节状态，进入测量状态。

（4）对于电极常数为 0.01、1、10 的三种类型电极，其准确值在出厂时已经过严格校准，校准好的电极常数是一个常数值，并在电极上贴有标签（电极出厂时都贴有常数标签）。本仪器通过按"模式"键进入校准状态（左下角显示"校准"），再按"▲"或"▼"键调节，直至正确显示电极常数值。

调整方法：如常数为 0.95 的电极，则调节使数字显示为".950"；如常数为 11 的电极，则调节使数字显示为"1.100"；如常数为 0.012 的钛合金电极，则调节使数字显示为"1.200"。

（5）按不同常数的测量电极校准好后，按"模式"键退出校准状态进入测量状态，把电极浸入溶液中，此时显示数值即为被测溶液的电导率值。对于测量电极常数，在用于测量溶液的电导率前，一般都要在"校准"位校准一次，特别是连续使用时间较长或温度变化较大时更应重新校准一次。

（6）用常数为 1 的电极测量时，仪器显示的数值就是被测溶液的实际电导率。用常数为 10 的电极测量时，显示的数值应再乘以 10 就是被测溶液的实际电导率。

第四节　分光光度计

实验室常用的有 721 型、751 型、7200 型分光光度计。其原理基本相同，只是结构、测量精度、测量范围有差别。本节只对 7200 型分光光度计进行介绍。

7200 型光栅分光光度计是一种固定狭缝宽度的单光束仪器，其主要测量的波长范围为 360～800nm。7200 型分光光度计的仪器面板如图 3-4-1 所示。

图 3-4-1　7200 型分光光度计的仪器面板

一、仪器的原理

光通过有色溶液后有一部分被有色物质的质点吸收。如果 I_0 为入射光的强度，I_t 为透射光的强度，则 I_0/I_t 为透光率，将 $\lg(I_0/I_t)$ 定义为吸光度 A，实验证明，当一束单色光通过厚度为 b 的有色溶液时，有色溶液的吸光度 A 与溶液中有色物质的浓度 c 符合朗伯 – 比尔定律：

$$A = \varepsilon bc$$

式中　A——吸光度；

　　　ε——摩尔吸光系数；

　　　b——比色皿厚度；

　　　c——有色物质的物质的量浓度。

其中摩尔吸光系数（ε）与入射光的波长以及溶液的性质有关。当入射光的波长一定时，ε 即为溶液中有色物质的一个特征常数。

有色物质对光的吸收具有选择性，通常用光的吸收曲线（A – λ）来描述有色溶液对光的吸收情况。选用最大吸收峰处对应的单色光波长 λ_{max} 进行测量，光的吸收程度最大，测定的灵敏度最高。在样品测定前，先要绘制工作曲线（A – c），测出试样的 A 值后，就可以从工作曲线上求出相应的浓度。

二、仪器的使用方法

（1）连接仪器电源线，确保仪器供电电源有良好的接地性能。

（2）接通电源，使仪器预热 20min（不包括仪器自检时间）。

（3）用 < MODE > 键设置测试方式：透射比（T）、吸光度（A）、已知标准样品浓度值方式（c）和已知标准样品斜率方式（F）。

（4）用波长选择旋钮设置所需的分析波长。

（5）将 0% T 校对工具（黑体）置入光路中，在 T 方式下按"0% T"键，此时显示器显示"000.0"。

（6）将参比样品溶液和待测溶液分别倒入比色皿中，打开样品室盖，将盛有溶液的比色皿分别插入比色皿槽架内。合上样品室盖，将参比样品推（拉）入光路，按"0A/100% T"键调 0A/100% T，此时显示器显示"BLA"直至显示"100.0"% T 或"0.000"A，稳定后，即可进行测量工作。

（7）将待测样品推（拉）入光路，读取吸光度值，重复此操作 1 ~ 2 次，求出读数平均值，作为测定数据。

三、仪器使用注意事项

（1）读完读数后要立即打开样品盖，以免因光电管的"疲劳"而造成吸光度读数漂移。

（2）比色皿的透射比是经过配对测试的，未经过配对处理的比色皿将影响样品的测试精度。

四、比色皿使用注意事项

（1）拿取比色皿时，应用手捏住比色皿的毛面，切勿触及透光面，以免光面被沾污或磨损。

（2）待测液以装至比色皿约 3/4 高度处为宜。

（3）在测定一系列溶液的吸光度时，通常都是按从稀到浓的顺序进行。使用的比色皿必须先用待测溶液润洗 2～3 次。

（4）比色皿外壁的液体应用吸水纸吸干。

（5）清洗比色皿时，一般用水冲洗。如比色皿被有机物沾污，宜用盐酸－乙醇混合物浸泡，再用水冲洗。不能用碱液或强氧化性洗涤液清洗，也不能用毛刷刷洗，以免损伤比色皿。

第五节　其他测量仪器

一、温度计的使用

一般玻璃温度计可精确到 1℃，精密温度计可精确到 0.1℃，应根据测温范围和对精密度的要求选择使用温度计。

测量溶液的温度一般应将温度计悬挂起来，并使水银球处于溶液中的一定位置，不要靠在容器上或插到容器底部。不可将温度计当搅棒使用。刚测量过高温的温度计不可立即用于测量低温或用自来水冲洗，以免温度计炸裂。

将温度计穿过塞子时，其操作方法与玻璃棒或玻璃管穿塞的方法一样。使用温度计要轻拿轻放，用后要及时洗净、擦干、放回原处。

如果要测量高温，可使用热电偶和高温计。

二、气压计的使用

气压计的种类有很多，以下介绍一种常用的 DYM2 型定槽水银气压计。

DYM2 型定槽水银气压计是用来测量大气压的仪器（图 3－5－1）。它是以水银柱平衡大气压强，即以水银柱的高度来表示大气压强的大小。其主要结构是一根一端密封的长玻璃管，里面装满水银。开口的一端插入水银槽内，玻璃管内顶部水银面以上是真空。当拧松通气螺钉后，大气压强就作用在水银槽内的水银面上，玻璃管中的水银高度即与大气压相平衡。拧转游尺调节手柄使游尺零线基面与玻璃管内水银弯月面相切，即可进行读数。

当大气压发生变化时，玻璃管内水银柱的高度和水银槽内水银液面的位置也发生相应的变化。由于在计算气压表的游尺时已补偿了水银槽内水银液面的变化量，因而游标尺所示值经校正后，即为当时的大气压值。

附属温度表是用来测定玻璃管内水银柱和外管的温度，以便对气压计的值进行温度校正。

气压计的观测按下列步骤进行：

（1）用手指轻敲外管，使玻璃管内水银柱的弯月面处于正常状态。

（2）转动游尺调节手柄，使游尺移到稍高水银柱顶端的位置，然后慢慢移下游尺，使游尺基面与水银柱弯月面顶端刚好相切。

（3）在外管的标尺上读取游尺零线以下最接近的毫巴 [1mbar（毫巴）= 100Pa] 整数，再读游尺上正好与外管标尺上某一刻度相吻合的刻度线的数值，即为毫巴读数的十分位小数。

（4）读取附属温度计的温度，准确到 0.1℃。水银气压计因受温度和悬挂地区等影响，有一定的误差，当需要精密的气压数值时，则需要做温度、器差、重力（纬度的高度）等项校正，但由于校正后的数值与气压表读数相差甚微，故在通常情况下可不进行校正。

三、比重计的使用

比重计是用来测定溶液相对密度的仪器。它是一支中空的玻璃浮柱，上部有标线，下部为一重锤，内装铅粒。根据溶液相对密度的不同而选用相适应的比重计。通常将比重计分为两种：一种是测量相对密度大于 $1g \cdot mL^{-1}$ 的液体，称作重表；另一种是测量相对密度小于 $1g \cdot mL^{-1}$ 的液体，称作轻表。

测定液体相对密度时，将待测液体注入大量筒中，待测溶液要有足够的深度，将清洁干燥的比重计慢慢放入液体中，为了避免比重计在液体中上下沉浮和左右摇动与量筒壁接触以至打破，故在浸入时，应该用手扶住比重计的上端，并让它浮在液面上，待比重计不再摇动而且不与器壁相碰时，即可读数，读数时视线要与凹液面最低处相切。用完比重计要洗净，擦干，放回盒内。由于液体相对密度的不同，可选用不同量程的比重计。测定相对密度的方法如图 3 - 5 - 2 所示。

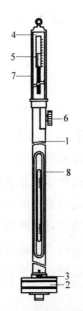

图 3 - 5 - 1　定槽水银气压计

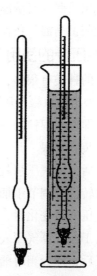

图 3 - 5 - 2　比重计和液体相对密度的测定

1—玻璃管；2—水银槽；3—通气螺钉；4—外管（刻有标尺）；
5—游尺；6—游尺调节手柄；7—玻璃筒套；8—温度计

【附注】

　　生产上常用波美度(°Be)来表示溶液浓度，它是用波美(Baume)比重计，简称波美计，或称波美表来测定的。波美度测定简单，数值规整，故在工业生产中应用比较方便。通常使用的比重计，有的也有两行刻度，一行是相对密度，一行是波美度。在15℃时相对密度和波美度的换算公式为：

　　相对密度大于 1 的液体：相对密度 $d = 144.3/(144.3 - °Be)$

　　相对密度小于 1 的液体：相对密度 $d = 144.3/(144.3 + °Be)$

　　需要指出的是波美表种类有很多，标尺均不同，常见的有美国标尺、合理标尺、荷兰标尺等。我国用得较多的是美国标尺和合理标尺。上述换算公式为合理标尺波美度与相对密度的换算公式。

第四章　实验结果的表达与数据处理

第一节　测定中的误差

在测量实验中，取同一试样进行多次重复测试，其测定结果常常不会完全一致，这说明测量误差是普遍存在的。人们在进行各项测试工作中，既要掌握各种测定方法，又要对测量结果进行评价，分析测量结果的准确性、误差的大小及其产生的原因，以求不断提高测量结果的准确性。

一、误差与偏差

1. 准确度与误差

准确度是指测量值与真实值之间相差的程度，用误差表示。误差越小，表明测量结果的准确度越高。反之，准确度就越低。误差可以表示为绝对误差和相对误差：

$$绝对误差(E) = 测量值(x) - 真实值(x_\mathrm{T})$$

$$相对误差 = \frac{绝对误差}{真实值} \times 100\% = \frac{x - x_\mathrm{T}}{x_\mathrm{T}} \times 100\%$$

绝对误差只能显示出误差变化的范围，不能确切地表示测量精度。相对误差表示误差在测量结果中所占的百分率，测量结果的准确度常用相对误差表示。绝对误差可以是正值或者负值，正值表示测量值较真实值偏高，负值表示测量值较真实值偏低。

2. 精密度与偏差

精密度是指在相同条件下多次测量结果互相吻合的程度，表现了测定结果的再现性。精密度用偏差表示，偏差愈小，说明测定结果的精密度愈高。

设一组多次平行测量测得的数据为 x_1，x_2，$\cdots$，x_n，则各单次测量值与平均值 $\bar{x}$ 的绝对偏差为：

$$d_1 = x_1 - \bar{x};\quad d_2 = x_2 - \bar{x};\quad \cdots;\quad d_n = x_n - \bar{x}$$

$$平均值\ \bar{x} = \frac{x_1 + x_2 + \cdots + x_n}{n} = \frac{1}{n} \sum_{i=1}^{n} x_i$$

单次测量值的相对偏差为：

$$单次测量值的相对偏差 = \frac{d_i}{\bar{x}} \times 100\%$$

偏差不计正负号。

为了说明测量结果的精密度，可以用平均偏差表示：

$$\bar{d} = \frac{|d_1| + |d_2| + \cdots + |d_n|}{n} = \frac{1}{n}\sum_{i=1}^{n}|x_i - \bar{x}|$$

也可用相对平均偏差来表示：

$$相对平均偏差 = \frac{\bar{d}}{\bar{x}} \times 100\%$$

由以上分析可知，误差是以真实值为标准，偏差是以多次测量结果的平均值为标准。误差与偏差以及准确度与精密度的含义不同，必须加以区别。但是由于在一般情况下，真实值是不知道的(测量的目的就是为了测得真实值)，因此处理实际问题时，常常在尽量减小系统误差的前提下，把多次平行测得结果的平均值当作真实值，把偏差作为误差。

二、误差的种类及其产生原因

1. 系统误差

这种误差是由某种固定的原因造成的，如方法误差(由测定方法本身引起的)、仪器误差(仪器本身不够准确)、试剂误差(试剂不够纯)、操作误差(正常操作情况下操作者本身的原因)。这些情况产生的误差在同一条件下重复测定时会重复出现。

2. 偶然误差

这是由于一些难以控制的偶然因素引起的误差，如测定时的温度、大气压的微小波动、仪器性能的微小变化、操作人员对各份试样处理时的微小差别等。由于引起的原因有偶然性，所以误差是可变的，有时大，有时小，有时是正值，有时是负值。

除上述两类误差外，还有因工作疏忽、操作马虎而引起的过失误差。如试剂用错、刻度读错、砝码认错、计算错误等，均可引起很大误差，这些都应力求避免。

3. 准确度与精密度的关系

系统误差是测量中误差的主要来源，它影响测定结果的准确度，偶然误差影响测定结果的精密度。测定结果要想准确度高，一定要精密度好，表明每次测定结果的再现性好。若精密度很差，说明测定结果不可靠，已失去衡量准确度的前提。

有时测量结果精密度很好，说明它的偶然误差很小，但不一定准确度就高。只有在系统误差小时或相互抵消之后，才能做到精密度既好准确度又高。因此，在评价测量结果的时候，必须将系统误差和偶然误差的影响结合起来考虑，以提高测定结果的准确性。

三、提高测量结果准确度的方法

为了提高测量结果的准确度，应尽量减小系统误差、偶然误差和过失误差。应认真仔细地进行多次测量，取其平均值作为测量结果，这样可以减少偶然误差并消除过失误差。在测量过程中，提高准确度的关键是尽可能地减少系统误差。

1. 校正测量仪器和测量方法

用国家标准方法与选用的测量方法相比较，以校正所选用的测量方法。对准确度要求较高的测量，要对选用的仪器，如天平砝码、滴定管、移液管、容量瓶、温度计等进行校正。但准确度要求不高时(如允许相对误差 <1%)，一般不必校正仪器。

2. 空白实验

空白实验是在相同的测定条件下，如用蒸馏水代替试液，用同样的方法进行实验。其目的是消除由试剂(或蒸馏水)和仪器带进杂质所造成的系统误差。

3. 对照实验

对照实验是用已知准确成分或含量的标准样品代替试样，在相同的测定条件下，用同样的方法进行测定的一种方法。其目的是判断试剂是否失效、反应条件是否控制适当、操作是否正确、仪器是否正常等。

对照实验也可以用不同的测定方法，或由不同单位、不同人员对同一试样进行测定来互相对照，以说明所选方法的可靠性。是否善于利用空白实验和对照实验，是分析问题和解决问题能力大小的主要标志之一。

第二节　有效数字

一、有效数字位数的确定

在化学实验中，经常需要对某些物理量进行测量并根据测得的数据进行计算。但在测定物理量时，应采用几位数字？在数据处理时又应保留几位数字？为了合理地取值并能正确运算，需了解有效数字的概念。

有效数字是实际能够测量到的数字。到底要采取几位有效数字，这要根据测量仪器和观察的精确程度来决定。例如，在台秤上称量某物为 7.8g，因为台秤称量时只能准确到 0.1g，所以该物的质量可表示为 (7.8 ± 0.1)g，它的有效数字是 2 位；如果将该物放在分析天平上称量，得到的结果是 7.8125g，由于分析天平称量时能准确到 0.0001g，所以该物的质量可以表示为 (7.8125 ± 0.0001)g，它的有效数字是 5 位。又如，在用最小刻度为 1mL 的量筒测量液体体积时，测得体积为 17.5mL，其中 17mL 是直接由量筒的刻度读出的，而 0.5mL 是估计的，所以该液体在量筒中的准确读数可表示为 (17.5 ± 0.1)mL，它的有效数字是 3 位；如果将该液体用最小刻度为 0.1mL 的滴定管测量，则其体积为 17.56mL，其中 17.5mL 是直接从滴定管的刻度读出的，而 0.06mL 是估计的，所以该液体的体积可以表示为 (17.56 ± 0.01)mL，它的有效数字是 4 位。

从上面的例子可以看出，有效数字与仪器的精确程度有关，其最后一位数字是估计的(可疑数)，其他的数字都是准确的。因此，在记录测量数据时，任何超过或低于仪器精确程度的有效位数的数字都是不恰当的。如果在台秤上称得某物的质量为 7.8g，不可计为 7.800g，在分析天平称得某物的质量为 7.800g，亦不可记为 7.8g，因为前者夸大了仪器的精确度，后者缩小了仪器的精确度。

常用仪器的精度见表 4 – 2 – 1。

表 4 – 2 – 1　常用仪器的精度

仪器名称	仪器精度	例子	有效数字
托盘天平	0.1g	15.6g	3
电光天平	0.0001g	15.6068g	6
10mL 量筒	0.1mL	7.5mL	2
100mL 量筒	1mL	74mL	2
25mL 移液管	0.01mL	25.00mL	4
50mL 滴定管	0.01mL	50.00mL	4
250mL 容量瓶	0.01mL	250.00mL	5

有效数字的位数确定原则：

（1）"0"的意义：在数字前面的"0"起定位作用，用来表示小数点的位置，不是有效数字，如 0.000153 的有效数字为 3 位，可表示为 1.53×10^{-4}；数字中间的或数字后面的"0"都是有效数字，如 1.080 的有效数字为 4 位。

（2）对数中的有效数字：由尾数确定，首数是起定位作用的。如 pH = 10.42 时，尾数为 2 位有效数字，则换算成氢离子浓度为 $c(H^+) = 3.8 \times 10^{-11}$；因此，若计算 $\lg N = 8.9$，则尾数为 1 位有效数字，$N = 7.9 \times 10^8$。

（3）如果有效数字位数最少的因数的首位数大于或等于 8，在积或商的运算中可多算一位有效数字。如 $9.0 \times 0.241 \div 2.84$，结果的有效数值位数可取 3 位。

（4）对于非测量所得的数字，如倍数、分数关系和一些常数 π，它们没有不确定性，其有效数字可视为无限多位。

在记录实验数据和有关的化学计算中，要特别注意有效数字的运用，否则会使计算结果不准确。

二、有效数字修约规则

在确定了有效数字保留的位数后，按"四舍六入五成双"的原则弃去多余的数字，即当尾数 ≤4 时将其舍去；尾数 ≥6 时就进一位；如果尾数为 5，若进位后得偶数，则进位，若弃去后得偶数，则弃去。例如将 1.644、1.648、1.615 和 1.625 分别整理为 3 位数，按"四舍六入五成双"的原则，分别得 1.64、1.65、1.62 和 1.62。

注意：进行数字修约时只能一次修约到指定的位数，不能数次修约。

三、有效数字的运算规则

1. 加减运算

在进行加减运算时，所得结果的小数点后面的位数应与各加减数中小数点后面位数最少者相同。

例如将 28.3、0.17、6.39 三数相加，它们的和为：

$$
\begin{array}{r}
28.\underline{3} \\
0.1\underline{7} \\
+\ 6.3\underline{9} \\
\hline
34.\underline{86}
\end{array}
\quad \text{应改为 34.9}
$$

显然，在三个相加数值中，28.3 是小数点后面位数最少者，该数的精确度只到小数点后一位，即 28.3 ± 0.1，所以在其余两个数值中，小数点后的第二位数是没有意义的。显然答数中小数点后第二位数值也是没有意义的，因此应当用修约规则弃去多余的数字。另外习惯上首位数字大于 8 时也可进一位。

在计算时，为简便起见，可以在进行加减前就将各数值简化，再进行计算。例如上述三个数值之和可化简为：

$$
\begin{array}{r}
28.3 \\
0.2 \\
+\ 6.4 \\
\hline
34.9
\end{array}
$$

2. 乘除运算

在进行乘除运算时，所得的有效数字的位数应与各数中最少的有效数字位数相同，而与小数点的位置无关。

例如将 0.0121、25.64、1.05782 三个数相乘，其积为：

$$0.012\underline{1} \times 25.6\underline{4} \times 1.05782 = 0.32818230808$$

所得结果的有效数字的位数应与三个数值中最少的有效数字 0.0121 的位数（3 位）相同，故结果应改为 0.328。这是因为，在数值 0.0121 中，0.0001 是不太准确的，它和其他数值相乘时，直接影响到结果的第三位数字，显然第三位以后的数字是没有意义的。

在进行一连串数值的乘（除）运算时，也可以先将各数化简，然后运算。例如上述三个数值连乘可先简化为：

$$0.0121 \times 25.6 \times 1.06$$

在最后答数中应保留三位有效数字。需要说明的是，在进行计算的中间过程中，可多保留一位有效数字运算，以消除在简化数字中累积的误差。

3. 对数运算

在对数运算中，真数有效数字的位数与对数的尾数的位数相同，而与首数无关。首数是供定位用的，不是有效数字。

例如 $\lg 15.36 = 1.1864$ 是四位有效数字，不能写成 $\lg 15.36 = 1.186$ 或 $\lg 15.36 = 1.18639$。

只有在涉及直接或间接测定的物理量时才考虑有效数字，对那些非测量的数值如 1/2 等不连续物理量以及从理论计算出的数值（如 π、e 等）没有可疑数字，其有效数字位数可以认为是无限的，所以取用时可以根据需要保留。其他如相对原子质量、摩尔气体常数等基本数值，如需要的有效数字少于公布的数值，可以根据需要保留数值。

需要注意的是，由于电子计算器的普遍使用，在计算过程中，虽然不需要对每一计算过程的有效数字进行整理，但应注意在确定最后计算结果时，必须保留正确的有效数字的位数。因为测量结果的数值、计算的精确度均不能超过测量的精确度。

第三节　实验数据的表达与处理

为了表示实验结果，分析其中规律，需要将实验数据归纳和整理。在无机化学实验中主要采用列表法和作图法。

一、列表法

在无机化学实验中，最常用的是函数表。将自变量 x 和因变量 y 一一对应排列成表格，以表示二者的关系。列表时应注意以下几点：

（1）每一表格必须有简明的名称。

（2）行名与量纲。将表格分为若干行，每一变量应占表格中一行，每一行的第一列写上该行变量的名称及量纲。

（3）每一行所记数字应注意其有效数字的位数。当用指数表示数据时，为简便起见，可将指数放在行名旁。

（4）自变量的选择有一定灵活性。通常选择较简单的变量（如温度、时间、浓度等）作为自变量。

二、作图法

实验数据常要用作图来处理，作图可直接显示出数据的特点和数据变化的规律。根据作图还可求得斜率、截距、外推值等。因此，作图好坏与实验结果有着直接的关系。以下简要介绍一般的作图方法。

（1）准备材料　作图需要应用直角坐标纸、铅笔（以 1H 的硬铅为好）、透明直角三角板、曲线尺等。

（2）选取坐标轴　在坐标纸上画两条互相垂直的直线，一条为横坐标，一条为纵坐标，分别代表实验数据的两个变量，习惯上以自变量为横坐标，因变量为纵坐标。坐标轴旁需要标明变量的名称和单位。

坐标轴上比例尺的选择原则如下：

①从图上读出有效数字与实验测量的有效数字要一致；

②每一格所对应的数值要易读，以便于计算；

③要考虑图的大小布局，要能使数据的点分散开，有些图不必把数据的零值放在坐标原点上。

（3）标定坐标点　根据数据的两个变量在坐标内确定坐标点，符号可用 ×、⊙、△ 等表示。同一曲线上各个相应的标定点要用同一种符号表示。

(4)画出图线　用均匀光滑的曲线(或直线)连接坐标点,要求这条线能通过较多的点,但不要求通过所有的点。没有被连上的点,也要均匀地分布在靠近曲线的两边。

复杂的数据可使用作图软件 Origin 或者 Microsoft Excel 处理,利用软件的公式功能,画出图形、拟合数据等。

【origin 软件】

Origin 是 OriginLab 公司开发的一个科研绘图、数据分析软件,支持在 Microsoft Windows 下运行,利用 Origin 可以分析数据并画出各式各样的 2D/3D 图形(https://www.originlab.com)。

第五章　基本操作和基本原理实验

实验 1　化学实验室安全基本规则和实验仪器的认领

一、实验目的

熟悉无机化学实验室安全规则和要求；领取无机化学实验常用仪器并熟悉其名称、规格，熟悉各仪器的使用规则。

二、实验室安全基本规则

1. 实验室规则

实验室规则是人们从长期的实验室工作中总结出来的。它是保持正常从事实验的环境和工作秩序，防止意外事故，做好实验的一个重要前提，人人必须做到，必须遵守。

(1)实验前一定要做好预习和实验准备工作，检查实验所需的药品、仪器是否齐全。如做规定以外的实验，应先经教师允许。

(2)实验时要集中精神，认真操作，仔细观察，积极思考，如实详细地做好记录。

(3)实验中必须保持肃静，不准大声喧哗，不得到处乱走。不得无故缺席，因故缺席未做的实验应该补做。

(4)爱护国家财物，小心使用仪器和实验室设备，注意节约水、电。每人应取用自己的仪器，未经允许不得动用他人的仪器；公用仪器和临时借用的仪器用毕应洗净，并立即送回原处。如有损坏，必须及时登记补领并且按照规定赔偿。

(5)加强环境保护意识，采取积极措施，减少有毒气体和废液对大气、水和周围环境的污染。

(6)剧毒药品必须有严格的管理、使用制度，领用时要登记，用完后要回收或销毁，并把洒落过毒物的桌子和地面擦净，洗净双手(A 级无机剧毒药品品名见本书附录 13)。

(7)实验台上的仪器、药品应整齐地放在一定的位置上并保持台面的清洁。每人准备一个废品杯，实验中的废纸、火柴梗和碎玻璃等应随时放入废品杯中，待实验结束后，集中倒入垃圾箱。酸性溶液应倒入废液缸，切勿倒入水槽，以防腐蚀下水管道。碱性废液倒入水槽并用水冲洗。

(8)按规定的量取用药品，注意节约。称取药品后，及时盖好瓶盖。放在指定地方的药品不得擅自拿走。

(9)使用精密仪器时，必须严格按照操作规程进行操作，细心谨慎，避免粗枝大叶而损坏仪器。如发现仪器有故障，应立即停止使用，报告教师，及时排除故障。

(10)在使用天然气时要严防泄漏，火源要与其他物品保持一定的距离，用后要关闭天然气阀门。

(11)实验后，应将所用仪器洗净并整齐地放回实验柜内；实验台和试剂架必须擦净，最后关好电闸、水和天然气开关。实验柜内仪器应存放有序，清洁整齐。

(12)每次实验后由学生轮流值勤，负责打扫和整理实验室，并检查水龙头、天然气开关、门、窗是否关紧，电闸是否拉掉，以保持实验室的整洁和安全。教师检查合格后方可离去。

(13)如果发生意外事故，应保持镇静，不要惊慌失措；遇有烧伤、烫伤、割伤时应立即报告教师，及时救治。

(14)认识常见的 GHS 化学品标签标志与象形符号，识别危害：GHS 制度是建立在 16 个物理、10 个健康和 3 个环境危险种类以及包括图 5 - 1 - 1 所示的通信元素(9 个象形符号)之上的。

易燃物	氧化性物质	急性毒性
腐蚀性，严重眼损伤	爆炸物	刺激性物质，急性毒性
环境危害物质	健康危害物质	压力下气体

图 5 - 1 - 1　GHS 化学品标签标志与象形符号

2. 实验室安全守则和意外事故的处理

进行化学实验时，要严格遵守关于水、电、天然气和各种仪器、药品的使用规定。化学药品中，很多是易燃、易爆、有腐蚀性和有毒的。因此，重视安全操作，熟悉一般的安全知识是非常必要的。

注意安全不仅是个人的事情。发生了事故不仅损害个人的健康，还会危及周围的人，并使国家的财产受到损失，影响工作的正常进行。因此，首先需要从思想上重视实验安全工作，决不能麻痹大意。其次，在实验前应了解仪器的性能、药品的性质以及本实验中的安全事项。在实验过程中，应集中注意力，并严格遵守实验安全守则，以防意外事故的发生。第三，要学会一般救护措施，一旦发生意外事故，可进行及时处理。最后，对于实验室的废液，也要知道一些处理方法，以保持实验室环境不受污染。

1）实验室安全守则

（1）不要用湿的手、物接触电源。水、电、天然气一经使用完毕，就立即关闭水龙头、天然气开关，拉掉电闸。点燃的火柴用后立即熄火，不得乱扔。

（2）严禁在实验室内饮食、吸烟，或把食具带进实验室。实验完毕，必须洗净双手。

（3）绝对不允许随意混合各种化学药品，以免发生意外事故。

（4）金属钾、钠和白磷等暴露在空气中易燃烧，所以金属钾、钠应保存在煤油中，白磷则可保存在水中，取用时要用镊子。一些有机溶剂（如乙醚、乙醇、丙酮、苯等）极易引燃，使用时必须远离明火、热源，用毕立即盖紧瓶塞。

（5）含氧气的氢气遇火易爆炸，操作时必须严禁接近明火。在点燃氢气前，必须先检查并确保纯度符合要求。银氨溶液不能留存，因久置后会变成氮化银，也易爆炸。某些强氧化剂（如氯酸钾、硝酸钾、高锰酸钾等）或其混合物不能研磨，否则会引起爆炸。

（6）应配备必要的护目镜。倾注药剂或加热液体时，容易溅出，不要俯视容器。尤其是浓酸、浓碱具有强腐蚀性，切勿使其溅在皮肤或衣服上，眼睛更应注意防护。稀释酸、碱（特别是浓硫酸）时，应将它们慢慢倒入水中，而不能反向进行，以避免迸溅。加热试管时，切记不要使试管口向着自己或别人。

（7）不要俯向容器去嗅放出的气味。面部应远离容器，用手把逸出容器的气体慢慢地扇向自己的鼻孔。能产生有刺激性或有毒气体（如 H_2S、HF、Cl_2、CO、NO_2、SO_2、Br_2 等）的实验必须在通风橱内进行。

（8）有毒药品（如重铬酸钾、钡盐、铅盐、砷的化合物、汞的化合物，特别是氰化物）不得进入口内或接触伤口。剩余的废液也不能随便倒入下水道，应倒入废液缸或教师指定的容器里。

（9）金属汞易挥发，并通过呼吸道进入人体，逐渐积累会引起慢性中毒。所以做金属汞的实验应特别小心，不得把金属汞洒落在桌上或地上。一旦洒落，必须尽可能收集起来，并用硫黄粉盖在洒落的地方，使金属汞转变成不挥发的硫化汞。

（10）实验室内的所有药品不得带出室外。用剩的有毒药品应交还给教师。

2）实验室事故的处理

（1）创伤 伤处不能用手抚摸，也不能用水洗涤。若是玻璃创伤，应先把碎玻璃从伤处挑出。轻伤可涂碘酒或碘伏，必要时撒些消炎粉或敷些消炎膏，用绷带包扎。

（2）烫伤 不要用冷水洗涤伤处。一般用浓的（90%~95%）酒精消毒后，涂上苦味酸软膏。如果伤处红痛或红肿（一级灼伤），可涂擦饱和碳酸氢钠溶液或用碳酸氢钠粉调成糊状敷于伤处，或用橄榄油敷盖伤处，也可抹獾油或烫伤膏；如果皮肤起泡（二级灼伤），不要弄破水泡，防止感染；如果伤处皮肤已破，可涂些紫药水或1%高锰酸钾溶液，用干燥无菌的消毒纱布轻轻包扎好，急送医院治疗。

（3）受酸腐蚀致伤 先用大量水冲洗，再用饱和碳酸氢钠溶液（或稀氨水、肥皂水）清洗，最后再用水冲洗。如果酸液溅入眼内，用大量水冲洗后，送医院诊治。

（4）受碱腐蚀致伤 先用大量水冲洗，再用2%醋酸溶液或饱和硼酸溶液清洗，最后用水冲洗。如果碱液溅入眼中，用硼酸溶液冲洗。

（5）受溴腐蚀致伤 用苯或甘油清洗伤口，再用水冲洗。

（6）受磷灼伤 用1%硝酸银、5%硫酸铜或浓高锰酸钾溶液清洗伤口，然后包扎。

（7）吸入刺激性或有毒气体 吸入氯气、氯化氢气体时，可吸入少量酒精和乙醚的混合蒸气解毒。吸入硫化氢或一氧化碳气体而感到不适时，应立即到室外呼吸新鲜空气。但应注意氯气、溴中毒时不可进行人工呼吸，一氧化碳中毒时不可使用兴奋剂。

（8）毒物进入口内 将5~10mL稀硫酸铜溶液加入一杯温水中，内服后，用手指伸入咽喉部，促使呕吐，吐出毒物后立即送医院。

（9）水银中毒 水银容易由呼吸道进入人体，也可以经皮肤直接吸收而引起积累性中毒。严重中毒的征象是口中有金属气味，呼出气体也有气味；流唾液，牙床及嘴唇上有硫化汞的黑色；淋巴腺及唾液腺肿大。若不慎中毒，应立即送医院急救。急性中毒时，通常用碳粉或呕吐剂彻底洗胃，或者食入蛋白（如1升牛奶加3个鸡蛋清）或蓖麻油解毒并使之呕吐。

（10）触电 首先切断电源，然后在必要时进行人工呼吸。

（11）起火 起火后，要立即一边灭火，一边防止火势蔓延（如采取切断电源、移走易燃药品等措施）。灭火的方法要针对起因选用合适的方法和灭火设备（表5-1-1）。一般的小火使用湿布、石棉布或沙子覆盖燃烧物，即可灭火。火势大时可使用泡沫灭火器。但电气设备所引起的火灾，只能使用二氧化碳或四氯化碳灭火器灭火，不能使用泡沫灭火器，以免触电。实验人员衣服着火时，切勿惊慌乱跑，应赶快脱下衣服，或用石棉布覆盖着火处。

表 5 - 1 - 1 常见的灭火器及其使用范围

灭火器类型	药液成分	适 用 范 围
酸碱式灭火器	H_2SO_4、$NaHCO_3$	非油类和非电气类失火的一般火灾
泡沫灭火器	$Al_2(SO)_3$、$NaHCO_3$	油类起火
二氧化碳灭火器	液态 CO_2	电气类、小范围油类和忌水的化学品失火
干粉灭火器	$NaHCO_3$ 等盐类、润滑剂、防潮剂	油类、可燃性气体、电气设备、精密仪器、图书文件和遇水易燃烧药品引起的火灾

（12）伤势较重者，应立即送医院。

【附注】实验室急救药箱

为了对实验室内意外事故进行紧急处理，应该在每个实验室内准备一个急救药箱。可准备下列药品：

碘伏   碘酒(3%)

獾油或烫伤膏   碳酸氢钠溶液(饱和)

饱和硼酸溶液   醋酸溶液(2%)

氨水(5%)   硫酸铜溶液(5%)

高锰酸钾晶体(需要时再制成溶液)   氯酸铁溶液(止血剂)

甘油   消炎粉

另外，消毒纱布、消毒棉(均放在玻璃瓶内，磨口塞紧)、剪刀、氧化锌橡皮膏、棉花棍等，也是不可缺少的。

3. 实验室"三废"物质的处理

实验中经常会产生某些有毒的气体、液体和固体，都需要及时排弃，特别是某些剧毒物质，如果直接排出就可能污染周围空气和水源，损害人体健康。因此，对废液、废气和废渣要经过一定的处理后，才能排弃。

产生少量有毒气体的实验应在通风橱内进行。通过排风设备将少量毒气排到室外，使排出气在外面大量空气中稀释，以免污染室内空气。产生毒气量大的实验必须备有吸收或处理装置。如二氧化氮、二氧化硫、氯气、硫化氢、氯化氢等可用导管通入碱液中，使其大部分吸收后排出；一氧化碳可点燃转成二氧化碳。少量有毒的废渣常埋于地下(应有固定地点)。一些常见废液处理的方法如下：

（1）废酸液 无机实验中通常大量的废液是废酸液。废酸缸中的废酸液可先用耐酸塑料网纱或玻璃纤维过滤，滤液加碱中和，调 pH 至 6 ~ 8 后就可排出。少量滤渣可埋于地下。

（2）废铬酸洗液 可以用高锰酸钾氧化法使其再生，重复使用。氧化方法：先在 110 ~ 130℃下将其不断搅拌、加热、浓缩，除去水分后，冷却至室温，缓缓加入高锰酸钾粉末，每 1000mL 加入 10g 左右，边加边搅拌直至溶液呈深褐色或微紫色，不要过量；然后直接加热至有三氧化硫出现，停止加热；稍冷后，通过玻璃砂芯漏斗过滤，除去沉淀；冷却后析出红色三氧化铬沉淀，再加适量硫酸使其溶解即可使用。少量的废铬酸洗液可加入废碱液或石灰使其生成氢氧化铬(Ⅲ)沉淀，再将此废渣埋于地下。

（3）氰化物　氰化物是剧毒物质，含氰废液必须认真处理。对于少量的含氰废液，可先加氢氧化钠调至 pH > 10，再加入几克高锰酸钾使 CN⁻ 氧化分解。大量的含氰废液可先用碱将废液调至 pH > 10，再加入漂白粉，使 CN⁻ 氧化成氰酸盐，并进一步分解为二氧化碳和氮气。

（4）含汞盐废液　应先调 pH 至 8 ~ 10，然后加适当过量的硫化钠生成硫化汞沉淀，并加硫酸亚铁生成硫化亚铁沉淀，从而吸附硫化汞共同沉淀下来。静置后分离，再离心、过滤，清液汞含量降到 0.02mg·L⁻¹ 以下时可排放。少量残渣可埋于地下，大量残渣可用焙烧法回收汞，但要注意一定要在通风橱内进行。

（5）含重金属离子的废液　最有效和最经济的处理方法是加碱或加硫化钠把重金属离子变成难溶性的氢氧化物或硫化物沉积下来，然后过滤分离，少量残渣可埋于地下。

三、实验内容

按仪器清单（表 5 - 1 - 2）逐个认领无机实验中的常用仪器。

表 5 - 1 - 2　仪器清单

名称	规格	数量	名称	规格	数量
烧杯	100mL	2	带柄蒸发皿	125mL	1
烧杯	250mL	1	表面皿	9cm	1
烧杯	500mL	1	表面皿	12cm	1
试管	1.5cm×15cm	10	点滴板		1
硬质试管	2.0cm×20cm	2	玻璃棒		1
离心试管	10mL	4	滴定管夹		1
量筒	10mL	1	木质试管夹		1
量筒	25ml	1	陶土网		1
量筒	100mL	1	洗耳球		1
刻度吸管	5mL	1	塑料洗瓶		1
刻度吸管	10mL	1	玻璃滴管		1
移液管	25mL	1	酒精灯		1
容量瓶	50mL	1	漏斗		1
容量瓶	100mL	1	铁圈	铁质	1
酸碱两用滴定管	50mL	1	十字夹	铁质	1
锥形瓶	250mL	3	烧瓶夹	铁质	1
蒸发皿	125mL	1			

四、实验习题

指出下列仪器的名称、用途及使用时的注意事项。

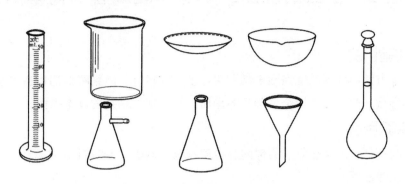

实验 2　仪器的洗涤、干燥和玻璃管的简单加工

一、实验目的

学习并练习常用仪器的洗涤和干燥方法；了解酒精灯、酒精喷灯的构造并掌握正确使用方法；学会截、弯、拉、熔烧玻璃管的操作；练习塞子钻孔的基本操作。

二、实验用品

仪器：酒精灯、酒精喷灯、石棉网、橡皮胶头(胶帽)、玻璃棒、玻璃管、三角锉、圆锉、打孔器、橡皮塞。

三、实验步骤

1. 玻璃仪器的一般洗涤方法(参见如下二维码)

(1)振荡洗涤　注入少一半水，稍用力振荡后把水倒掉(图5-2-1)。照此连洗数次。

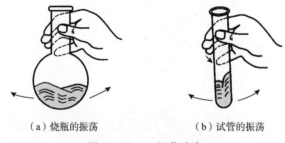

(a)烧瓶的振荡　　　　(b)试管的振荡

图5-2-1　振荡洗涤

(2)毛刷刷洗　当内壁附有不易洗掉的物质时，可用毛刷刷洗(图5-2-2)。

2. 玻璃仪器的干燥方法

常用的仪器干燥方法有自然晾干、烘干、烤干、吹干、有机溶剂干燥等，如图5-2-3所示。在无机化学实验中常用倒置自然晾干的方法干燥仪器，对于有特殊需要的根据实际情况采用相应的干燥方法。

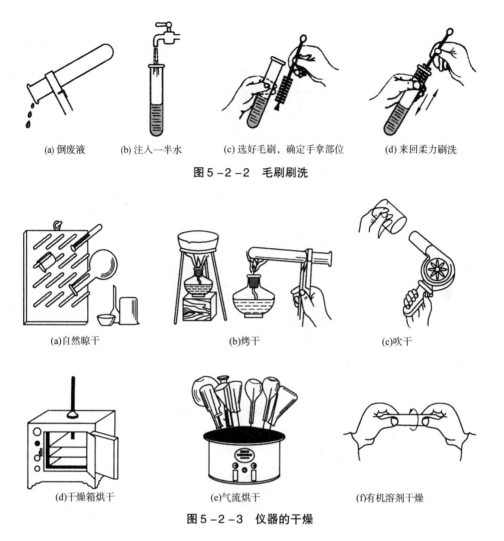

(a) 倒废液　　(b) 注入一半水　　(c) 选好毛刷，确定手拿部位　　(d) 来回柔力刷洗

图 5 - 2 - 2　毛刷刷洗

(a)自然晾干　　　　　　(b)烤干　　　　　　(c)吹干

(d)干燥箱烘干　　　　(e)气流烘干　　　　(f)有机溶剂干燥

图 5 - 2 - 3　仪器的干燥

　　注意：带有刻度的度量仪器，例如移液管、滴定管等不能用加热的方法进行干燥，因为这会影响仪器的精度。

3. 玻璃管的简单加工(参见如下二维码)

玻璃管的简单加工

(1)截割和熔烧玻璃管，如图 5 - 2 - 4 所示。

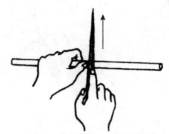

(a)锉痕：向前划痕，不是往复锯

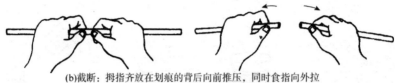

(b)截断：拇指齐放在划痕的背后向前推压，同时食指向外拉

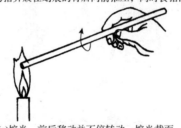

(c)熔光：前后移动并不停转动，熔光截面

图5-2-4　截割和熔烧玻璃管

（2）弯曲玻璃管，如图5-2-5所示。

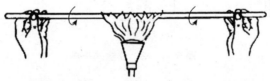

(a)烧管：加热时均匀转动，左右移动用力匀称，稍向中间渐推

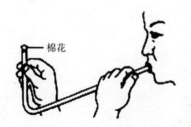

棉花

吹气法，用棉球堵住一端掌握火候，取离火焰，迅速弯管

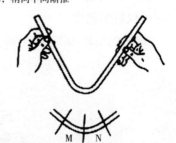

M　N

不吹气法，掌握火候，取离火焰用"V"字形手法，弯好后冷却变硬再撒手（小角度可多次弯成，如图先弯成M部位的形状，再弯成N部位的形状）

(b)弯管

图5-2-5　弯曲玻璃管

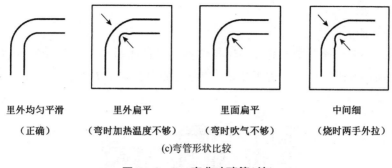

里外均匀平滑　　　里外扁平　　　里面扁平　　　中间细

（正确）　　（弯时加热温度不够）　（弯时吹气不够）　（烧时两手外拉）

(c)弯管形状比较

图5－2－5　弯曲玻璃管(续)

（3）制备滴管，如图5－2－6所示。

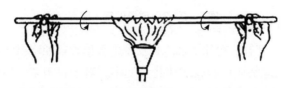

(a)烧管：方法同图5-2-5(a)，但要烧的时间更长，玻璃软化程度大些

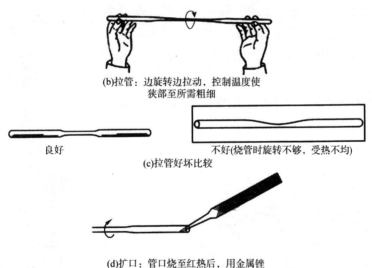

(b)拉管：边旋转边拉动，控制温度使
狭部至所需粗细

良好　　　　不好(烧管时旋转不够，受热不均)

(c)拉管好坏比较

(d)扩口：管口烧至红热后，用金属锉
刀柄斜放管口内迅速而均匀旋转

图5－2－6　制备滴管

4. 塞子的选择和钻孔

化学实验室常用的塞子有玻璃磨口塞、橡皮塞、塑料塞和软木塞。玻璃磨口塞能与带有磨口的瓶口很好地密合，密封性好。但不同瓶子的磨口塞不能任意调换，否则不能很好密合，使用前最好用塑料绳将瓶塞与瓶体系好。带有磨口的瓶子不适于装碱性物质，不用时洗净后应在塞与瓶口中间用纸条夹住，防止久置后塞与瓶口黏住打不开。橡皮塞可以把瓶子塞得很严密，并且可以耐强碱性物质的侵蚀，但它易被酸、氧化剂和某些有机物(如汽油、苯、丙酮、二硫化碳等)侵蚀溶胀。软木塞质地松软，严密性差，不易与有机物质

作用，但易被酸碱所侵蚀。

钻孔的步骤如下：

（1）塞子大小的选择　塞子的大小应与仪器的口径相适合，塞子进入瓶颈或管颈部分不能少于塞子本身高度的1/2，也不能多于2/3，如图5－2－7所示。

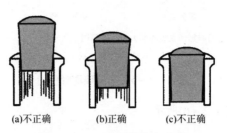

(a)不正确　　(b)正确　　(c)不正确

图5－2－7　塞子的塞入深度

（2）钻孔器的选择　选择一个比要插入橡皮塞的玻璃管口径略粗的钻孔器（图5－2－8），因为橡皮塞有弹性，孔道钻成后会收缩使孔径变小。对于软木塞，应选用比管径稍小的钻孔器，因为软木质软而疏松，导管可稍用力挤插进去而保持严密。

（3）钻孔的方法　将塞子小的一端朝上，平放在桌面上的一块木板上（避免钻坏桌面），左手持塞，右手握住钻孔器的柄，并在钻孔器前端涂点甘油或水，将钻孔器按在选定的位置上，以顺时针的方向，一面旋转，一面用力下压向下钻动（图5－2－9）。钻孔器要垂直于塞子的表面，不能左右摆动，更不能倾斜，以免把孔钻斜。钻至超过塞子高度的2/3时，以反时针的方向一面旋转，一面向上拉，拔出钻孔器。

图5－2－8　钻孔器

图5－2－9　钻孔的方法

按相同方法从塞子大的一端钻孔，注意对准小的那端的孔位，直到两端的圆孔贯穿为止。拔出钻孔器，插出钻孔器内嵌入的橡皮。

钻孔后，检查孔道是否合用，如果玻璃管可以毫不费力地插入圆塞孔，说明塞孔太大，塞孔和玻璃管之间不够严密，塞子不能使用；若塞孔稍小或不光滑时，可用圆锉修整。

（4）玻璃管插入橡皮塞的方法　用甘油或水把玻璃管的前端湿润后，先用布包住玻璃管，然后手握玻璃管的前半部，把玻璃管慢慢旋入塞孔内合适的位置。如果用力过猛或者手离橡皮塞太远，很可能把玻璃管折断，刺伤手掌，务必注意(图5-2-10)。

(a) 正确的手法　　　　　　　　　　　　(b) 不正确的手法

图5-2-10　玻璃管插入橡皮塞的方法

四、实验内容

1. 仪器洗涤

用水和洗涤剂将领取的仪器洗涤干净，抽取两件交教师检查。将洗净的仪器合理地放于柜内。

2. 仪器干燥

烘干两支试管交给教师检查。

3. 酒精喷灯的使用(参见如下二维码)

酒精喷灯的使用

(1)打开酒精喷灯，观察各部分的构造(图5-2-11)。

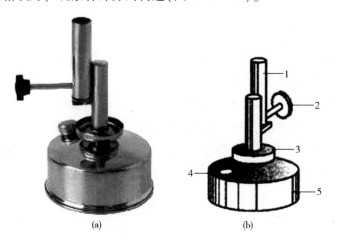

(a)　　　　　　　　(b)

图5-2-11　酒精喷灯

1—灯管；2—空气调节器；3—预热盘；4—铜帽；5—酒精壶

(2)正确点燃酒精喷灯，观察正常火焰的颜色，把一张硬纸片竖插入火焰中部，1~2s后取出，观察纸片被烧焦的部位和程度。

(3)正常关闭酒精喷灯。

【思考题】

(1)正常火焰哪一部位温度最高？哪一部位温度最低？各部位的温度为何不同？

(2)指出下图操作中的错误之处。

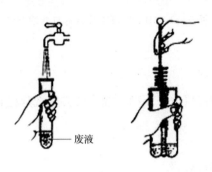

4. 玻璃管的简单加工

(1)练习玻璃管的截断、熔光、弯曲、拉管。

(2)按教师的要求制作一定角度的弯管，为后续实验备用。制作2支搅拌棒，其中1支拉细成小头搅拌棒。制作2~4支滴管，要求自滴管中每滴出20~25滴水的体积约等于1mL。

注意：受热玻璃管不能直接放实验台上而要放在陶土网上。

5. 塞子的钻孔

(1)练习塞子的钻孔操作。

(2)按教师要求选取一橡皮塞，并钻合适的孔径，为后续实验备用。

【思考题】

烤干试管时，为什么试管口要略向下倾斜？

五、实验习题

(1)如何熄灭酒精喷灯？为什么？

(2)不正常的火焰有几种？若实验出现不正常火焰，如何处理？

(3)有人说，试验中用小火加热，就是用还原焰加热，因还原焰温度相对较低，这种说法对吗？用还原焰直接加热反应容器会出现什么问题？

(4)当把玻璃管插入已打好孔的塞子中时，要注意什么问题？

实验 3　台秤和分析天平的使用

一、实验目的

了解台秤和分析天平的基本构造及使用规则,掌握天平的使用方法;学习正确的称量方法;学习实验中有效数字的正确表达和处理。

二、实验用品

(1)仪器:台秤、分析天平、称量瓶、小烧杯。

(2)试样:$NaCl(s)$ 或其他固体粉末试样。

(3)材料:称量纸。

三、仪器操作

(1)台秤的使用,参见第三章第一节。

(2)电子天平的使用,参见第三章第一节。

(3)试样的称量方法,参见第三章第一节。

四、实验内容

1. 称量前天平的检查

检查天平是否正常、是否水平、天平盘是否干净(若不干净可用软毛刷刷净)。

2. 接通电源

电光天平需要调节零点。电子天平需要预热 30min 以上,轻按开关键,使电子天平处于称量状态。

3. 直接法称量练习

取两只洁净、干燥并编号的 50mL 小烧杯,用台秤或 0.01g 电子天平分别粗称其质量,并采用有效数字记录质量 $m_{杯1}$、$m_{杯2}$。然后在分析天平上精确称量,要求准确至 ±0.1mg,分别记录其质量 $m_{杯3}$、$m_{杯4}$,比较 $m_{杯1}$ 和 $m_{杯3}$、$m_{杯2}$ 和 $m_{杯4}$ 的差别,明确有效数字在记录实验数据中的重要性。

4. 差减法(或减量法)称量练习

取一洁净、干燥的称量瓶(带称量瓶盖),先在台秤上粗称,记录称量数据后,再在分析天平上准确称量,记录称量数据。在称量瓶中加入约2g固体 NaCl(用台秤粗称,准确到0.1g),再在分析天平上称出称量瓶和 NaCl 的总质量,记录称量数据(m_1)。

从称量瓶中转移 0.2~0.3g NaCl 于 1 号小烧杯中,再准确称出余下的 NaCl 和称量瓶的总质量,记录称量数据(m_2)。

再从称量瓶中转移 0.2~0.3g NaCl 于 2 号小烧杯中,然后准确称出余下的 NaCl 和称量瓶的总质量,记录称量数据(m_3)。

在天平上分别准确称量 1 号和 2 号小烧杯加入试样后的质量 $m_{杯5}$、$m_{杯6}$，则 1 号小烧杯中试样的质量为 $(m_{杯5} - m_{杯3})$，2 号小烧杯中试样的质量为 $(m_{杯6} - m_{杯4})$，要求从称量瓶中转移的试样质量与转移至小烧杯中的试样质量之间的绝对差值 ≤ 0.3mg。若大于此值，实验不合要求。

5. 固定质量法称量练习

取一称量纸或表面皿，准确称量后（若使用电子天平则在"除皮清零"后），将要称量的试样加到称量纸或表面皿上，准确称取 0.2000g NaCl 试样（$\Delta m \leq \pm 0.2mg$）。

6. 称量结束后天平的检查

（1）关闭电源，拔下插头。

（2）取出物品和砝码，砝码放回砝码盒。如使用电光天平，还应使指数盘回零。

（3）检查天平箱内及桌面上有无残留物等，若有要及时清理干净；关好天平边门。

（4）罩好天平罩，在实验记录本上登记、签名。

五、数据记录与结果处理

将实验数据和计算结果填写在表 5-3-1~表 5-3-3 中。

表 5-3-1 直接称量法称量记录表

记录项目	1 号小烧杯	2 号小烧杯
粗称质量/g	$m_{杯1}$	$m_{杯2}$
准确称量质量/g	$m_{杯3}$	$m_{杯4}$
（烧杯 + 试样）质量/g	$m_{杯5}$	$m_{杯6}$

表 5-3-2 差减法称量记录表

称量物		称量物质量/g
称量瓶 + 试样（倾样前）	m_1	
称量瓶 + 试样（第 1 次倾样）	m_2	
称量瓶 + 试样（第 2 次倾样）	m_3	
试样（1 号烧杯）	$m_2 - m_1$	
	$m_{杯5} - m_{杯3}$	
试样（2 号烧杯）	$m_3 - m_2$	
	$m_{杯6} - m_{杯4}$	

表 5-3-3 固定质量称量法记录表

被称物	试样质量/g	与指定质量差 Δm/g
试样		

六、实验习题

（1）为了保护天平的玛瑙刀口，操作时应注意什么？

（2）试样的称量方法有几种？分别如何操作？各有什么优缺点？

（3）下列情况对称量结果有无影响？

①用手直接拿砝码；

②未关闭天平门；

③天平水平仪的气泡不在中心位置；

④未调节零点；

⑤称量时，被称物的温度高于室温。

实验 4   溶液的配制

一、实验目的

学习比重计、移液管、容量瓶的使用方法；掌握溶液的质量分数、质量摩尔浓度、物质的量浓度等一般配制方法和基本操作；了解特殊溶液的配制。

二、实验原理

在化学实验中，常常需要配制各种溶液来满足不同实验的要求。如果实验对溶液浓度的准确性要求不高，一般利用台秤、量筒、带刻度烧杯等低准确度的仪器就能够满足需要。如果实验对溶液浓度的准确性要求较高，如定量分析实验，这就须使用分析天平、移液管、容量瓶等高准确度的仪器配制溶液。对于易水解的物质，在配制溶液时还要考虑先以相应的酸溶液溶解易水解的物质，再加水稀释。无论是粗配还是准确地配制一定体积、一定浓度的溶液，首先要计算所需的试剂的用量，包括固体试剂的质量或液体的体积，然后再进行配制。

不同浓度的溶液在配制时的具体计算及配制步骤如下。

1. 由固体试剂配制溶液

1) 质量分数

因为
$$x = \frac{m_{溶质}}{m_{溶液}}$$

所以
$$m_{溶质} = \frac{x \cdot m_{溶剂}}{1-x} = \frac{x \cdot \rho_{溶剂} \cdot V_{溶剂}}{1-x}$$

如溶剂为水，则
$$m_{溶质} = \frac{x \cdot V_{溶剂}}{1-x}$$

式中　$m_{溶质}$——固体试剂的质量；

　　　x——溶质的质量分数；

　　　$m_{溶剂}$——溶剂的质量；

　　　$\rho_{溶剂}$——溶剂的密度，3.98℃时，水的 $\rho = 1.00\,\text{g} \cdot \text{mL}^{-1}$；

　　　$V_{溶剂}$——溶剂的体积。

计算出配制一定质量分数的溶液所需固体试剂的质量，用台秤称取，倒入烧杯，再用量筒量取所需蒸馏水也倒入烧杯，搅动，当固体完全溶解时即得所需溶液，将溶液倒入试剂瓶中，贴上标签备用。

2) 质量摩尔浓度

因为
$$b = \frac{n_{溶质}}{m_{溶剂}/1000} = \frac{m_{溶质}/M}{m_{溶剂}/1000}$$

所以
$$m_{溶质} = \frac{M \cdot b \cdot m_{溶剂}}{1000}$$

如以水为溶剂，则
$$m_{溶质} = \frac{M \cdot b \cdot V_{溶剂}}{1000}$$

式中　b——质量摩尔溶度，$mol \cdot kg^{-1}$；

M——固体试剂的摩尔质量，$g \cdot mol^{-1}$；

其他符号说明同前。

质量摩尔浓度的配制方法同质量分数。

3）物质的量浓度
$$m_{溶质} = c \cdot V \cdot M$$

式中　c——物质的量浓度，$mol \cdot L^{-1}$；

V——溶液的体积，L；

其他符号说明同前。

（1）粗略配制　计算出配制一定体积溶液所需固体试剂的质量，用台秤称取所需固体试剂，倒入带刻度烧杯中，然后将溶液移入试剂瓶中，贴上标签备用。

（2）准确配制　先计算出配制给定体积准确浓度的溶液所需固体试剂用量，并在分析天平上准确称出它的质量，再加蒸馏水至标线处，盖上塞子，将溶液摇匀即为所配溶液，贴上标签备用。

2. 由液体试剂配制溶液

1）质量分数

（1）混合两种已知浓度的溶液，配置所需浓度溶液的计算方法是：把所需的溶液浓度放在两直线交叉点上（即中间位置），已知溶液浓度放在两条直线的左端（较大的在上，较小的在下），然后每条直线上两个数字相减，差额写在同一直线另一端（右边的上、下），这样就得到所需的两种已知浓度溶液的份数。

例如由85%和40%的溶液混合，制备60%的溶液：

需取用20份的85%溶液和25份的40%的溶液混合。

（2）用溶剂稀释制成所需浓度的溶液，在计算时只需将左下角较小的浓度写成零表示是纯溶剂即可。

例如用水把35%的水溶液稀释成25%的溶液：

取 25 份 35% 的水溶液兑 10 份水，就得到 25% 的溶液。

配制时应先加水或稀溶液，然后再加浓溶液，搅拌均匀，将溶液转移到试剂瓶中，贴上标签备用。

2）物质的量浓度

（1）计算

①由已知物质的量浓度溶液稀释：

$$V_{原} = \frac{c_{新} \cdot V_{新}}{c_{原}}$$

式中　$V_{原}$——取原溶液的体积；

　　　$c_{新}$——稀释后溶液的物质的量浓度；

　　　$V_{新}$——稀释后溶液的体积；

　　　$c_{原}$——原溶液的物质的量浓度。

②由已知质量分数溶液配制：

$$c_{原} = \frac{\rho \cdot x}{M} \times 1000, \quad V_{原} = \frac{c_{新} \cdot V_{新}}{c_{原}}$$

式中　ρ——液体试剂（或浓溶液）的密度；

　　　x——液体试剂（或浓溶液）的质量分数；

　　　M——溶质的摩尔质量。

（2）配制方法

①粗略配制　先用密度计测量液体（或浓溶液）试剂的相对密度，从有关表中查出其相应的质量分数，计算出配制一定物质的量浓度的溶液所需液体（或浓溶液）用量，用量筒量取所需的液体（或浓溶液），倒入装有少量水的带刻度烧杯中混合，如果溶液放热，需冷却至室温后，再用水稀释至刻度。搅动使其均匀，然后移入试剂瓶中，贴上标签备用。

②准确配制　当用较浓准确浓度的溶液配制较稀准确浓度的溶液时，先计算，然后用处理好的移液管吸取所需溶液注入给定体积的洁净的容量瓶中再加蒸馏水至标线处，摇匀后，倒入试剂瓶，贴上标签备用。

三、实验用品

（1）仪器：烧杯（50mL、100mL）、移液管（5mL 或分刻度的）、容量瓶（50mL、100mL）、比重计、量筒（10mL、50mL）、试剂瓶、称量瓶、台秤、分析天平。

（2）固体药品：$CuSO_4 \cdot 5H_2O$、NaCl、KCl、$CaCl_2$、$NaHCO_3$。

（3）液体药品：浓硫酸、醋酸（2.00mol·L^{-1}）浓溶液。

四、仪器操作

（1）容量瓶的使用，参见第二章第五节（参见如下二维码）。

容量瓶
的使用

(2)移液管的使用,参见第二章第五节(参见如下二维码)。

移液管
的使用

(3)比重计的使用,参见第三章第五节。

(4)台秤及分析天平的使用,参见第三章第一节。

五、实验内容(参见如下二维码)

(1)用硫酸铜晶体粗略配制 50mL $0.2mol \cdot L^{-1}$ 的硫酸铜溶液。

(2)准确配制 100mL 质量分数为 0.09% 的生理盐水。按 NaCl:KCl:CaCl$_2$:NaHCO$_3$ = 45:2.1:1.2:1 的比例,在氯化钠溶液中加入氯化钾、氯化钙、碳酸氢钠,经消毒后即可得到 0.09% 的生理盐水。

(3)由浓硫酸粗略配制 50mL $3mol \cdot L^{-1}$ 的硫酸溶液。

(4)由已知准确浓度为 $2.00mol \cdot L^{-1}$ 的醋酸溶液配制 50mL $0.200mol \cdot L^{-1}$ 的醋酸溶液。

要求:计算配制以上各溶液所需溶质或浓溶液用量,写出配制步骤。

溶液的
配制

【思考题】

(1)配制硫酸时烧杯中先加水还是先加酸？为什么？

(2)准确配制和粗略配制的区别是什么？

六、实验习题

(1)用容量瓶配制溶液时，是否需要把容量瓶干燥？是否需要用被稀释溶液清洗三遍？为什么？

(2)怎样洗涤移液管？水洗净后的移液管在使用前还要用吸取的溶液来洗涤，为什么？

(3)某同学在配制硫酸铜溶液时，用分析天平称量硫酸铜晶体，用量筒取水配成溶液，此操作对否？为什么？

【附注】

(1)浓硫酸的相对密度与质量分数对照表如下：

d	1.8144	1.8195	1.8240	1.8279	1.8312	1.8337	1.8355	1.8364	1.8361
$x/\%$	90	91	92	93	94	95	96	97	98

注：此数据摘自顾庆超等编的《化学用表》(江苏科技出版社，1979)。

若在相对密度表上找不到与所测相对密度对应的质量分数，只提供了相近数值，则其可由上、下两个限值来求得。例如测得硫酸相对密度为1.126，从上表可知：

相对密度　　　1.120　　　1.130

质量分数/%　　17.01　　　18.31

计算：

①求得对照表数据中相对密度及质量分数的值：

$$1.130 \qquad 18.31\%$$
$$-1.120 \qquad -17.01\%$$
$$0.010 \qquad 1.30\%$$

②求出比重计所测定数值与表中最低值之间的差：

$$1.126 - 1.120 = 0.006$$

③写出比例式：

$$0.010 : 1.30\% = 0.006 : x$$

$$x = 0.78\%$$

④将所求数值与表中所给最低的质量分数的数值相加：

$$17.01\% + 0.78\% = 17.79\%$$

(2)配制准确浓度溶液的固体试剂必须是组成与化学式完全符合而且摩尔质量大的高纯物质。在保存和称量时其组成和质量稳定不变，即通常说的基准物质。

(3)在配制溶液时，除注意准确外，还要考虑试剂在水中的溶解性、热稳定性、挥发性、水解性等因素的影响。某些特殊试剂溶液的配制方法请参看本书附录9。

实验 5　二氧化碳相对分子质量的测定

一、实验目的
学习气体相对密度法测定相对分子质量的原理和方法；加深理解理想气体状态方程式和阿伏伽德罗定律；巩固使用启普气体发生器和熟悉洗涤、干燥气体的装置。

二、实验原理
根据阿伏伽德罗定律，在同温同压下，同体积的任何气体含有相同数目的分子。

对于 p、V、T 相同的 A、B 两种气体。若以 m_A、m_B 分别代表 A、B 两种气体的质量，M_A、M_B 分别代表 A、B 两种气体的相对分子质量。其理想气体状态方程式分别为：

气体 A：

$$pV = \frac{m_A}{M_A}RT \tag{1}$$

气体 B：

$$pV = \frac{m_B}{M_B}RT \tag{2}$$

由式(1)、式(2)整理得：

$$\frac{m_A}{m_B} = \frac{M_A}{M_B} \tag{3}$$

由此得出结论：在同温同压下，同体积的两种气体的质量之比等于其相对分子质量之比。

因此，以同温同压下，同体积二氧化碳与空气相比较，因为已知空气的平均相对分子质量为 29.0，所以只要测得二氧化碳与空气在相同条件下的质量，便可根据式(3)求出二氧化碳的相对分子质量。

即

$$M_{CO_2} = \frac{m_{CO_2}}{m_{空气}} \times 29.0 \tag{4}$$

式中　29.0——空气的平均相对分子质量。

式(4)中体积为 V 的二氧化碳质量 m_{CO_2} 可直接在分析天平上称出。同体积空气的质量可根据实验时测得的大气压(p)和温度(T)，利用理想气体状态方程式计算得到。

三、实验用品
(1)仪器：分析天平、启普气体发生器、台秤、洗气瓶、干燥管、磨口锥形瓶。
(2)固体药品：石灰石、无水氯化钙。
(3)液体药品：HCl(6mol·L^{-1})、NaHCO$_3$(1mol·L^{-1})、CuSO$_4$(1mol·L^{-1})。
(4)材料：玻璃棉、玻璃管、橡皮管。

四、仪器操作
(1)启普气体发生器的安装和使用方法，参见第二章第十节。

（2）气体的洗涤、干燥和收集方法，参见第二章第十节。

（3）气压计的使用，参见如下二维码。

气压计
的使用

五、实验内容

按图5-5-1装配好制取二氧化碳的实验装置。因石灰石中含有硫，所以在气体发生过程中有硫化氢、酸雾、水汽产生。此时可通过硫酸铜、碳酸氢钠溶液以及无水氯化钙除去硫化氢、酸雾和水汽。

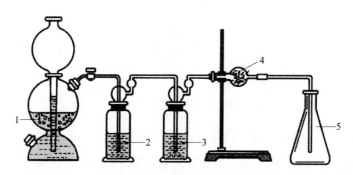

图5-5-1 制取、净化和收集CO_2装置

1—石灰石+稀盐酸；2—$CuSO_4$溶液；3—$NaHCO_3$溶液；4—无水氯化钙；5—锥形瓶

取一洁净而干燥的磨口锥形瓶，并在分析天平上称量"空气+瓶+瓶塞"的质量。

在启普气体发生器中产生二氧化碳，经过净化，干燥后导入锥形瓶中。由于二氧化碳气体略重于空气，必须把导管插入瓶底。等4~5min后，轻轻取出导气管，用塞子塞住瓶口在分析天平上称量二氧化碳、瓶、塞的质量。重复通二氧化碳气体和称量的操作直到前后两次的质量相符为止（两次质量之差≤2mg）。最后在瓶内装满水、塞好塞子，用吸水纸吸干外部水，在台秤上准确称量。

【思考题】

（1）为什么二氧化碳气体、瓶、塞的总质量要在分析天平上称量，而水+瓶+塞的质量可以在台秤上称量？两者的要求有何不同？

（2）哪些物质可用此法测定相对分子质量？为什么？

六、数据记录和结果记录

室温$t/℃$：＿＿＿＿＿＿＿＿＿

气压 p/Pa：＿＿＿＿＿＿＿＿＿＿

"空气＋瓶＋塞"的质量 m_A/g：＿＿＿＿＿＿＿＿＿

第一次"二氧化碳气体＋瓶＋塞"的总质量$/g$：＿＿＿＿＿＿＿＿

第二次"二氧化碳气体＋瓶＋塞"的总质量$/g$：＿＿＿＿＿＿＿＿

"二氧化碳气体＋瓶＋塞"的总质量 m_B/g：＿＿＿＿＿＿＿＿

"水＋瓶＋塞"的总质量 m_C/g：＿＿＿＿＿＿＿＿

瓶的体积 $V = (m_C - m_A)/1.00/m^3$：＿＿＿＿＿＿＿＿

瓶内空气的质量 $m_{空气}/g$：＿＿＿＿＿＿＿＿

瓶和塞子的质量 $m_D = m_A - m_{空气}/g$：＿＿＿＿＿＿＿＿

二氧化碳气体的质量 $m_{CO_2} = m_B - m_D/g$：＿＿＿＿＿＿＿＿

二氧化碳的相对分子质量 M_{CO_2}：＿＿＿＿＿＿＿＿

相对误差：＿＿＿＿＿＿＿＿

七、实验习题

(1)完成数据记录和结果处理，并分析误差产生的原因。

(2)指出实验装置图中各部分的作用并写出有关反应方程式。

【附注】

启普气体发生器的代用装置，如图1所示。

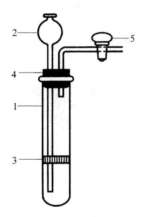

图1　启普气体发生器的代用装置
1—硬质试管或大试管；2—长颈漏斗；3—多孔木板；
4—双孔橡皮塞；5—旋塞

先在多孔木板上放置锌板(锌粒选比木板孔大的，不要让锌粒漏下)，打开旋塞，再由长颈漏斗加入稀酸(6mol·L^{-1} HCl)至刚好没过锌粒为止。打开旋塞可制取气体，关闭旋塞就停止制气。

实验 6　转化法制备硝酸钾

一、实验目的

学习用转化法制备硝酸钾晶体；学习溶解、过滤、间接热浴和重结晶操作。

二、实验用品

(1)仪器：量筒、烧杯、台秤、石棉网、三角架、铁架台、热滤漏斗、布氏漏斗、吸滤瓶、循环水真空泵、瓷坩埚、温度计(200℃)、比色管(25mL)、硬质试管、烧杯(500mL)。

(2)固体药品：硝酸钠(工业级)、氯化钾(工业级)。

(3)液体药品：$AgNO_3$(0.1mol·L^{-1})、硝酸(5mol·L^{-1})、氯化钠标准溶液。

(4)材料：滤纸。

三、仪器操作

(1)固体的溶解、过滤、重结晶，参见第二章第七、八节(参见如下二维码)。

(2)间接热浴操作，参见第二章第三节。

四、实验原理

工业上常采用转化法制备硝酸钾晶体，其反应如下：

$$NaNO_3 + KCl \Longrightarrow NaCl + KNO_3$$

该反应是可逆的。根据氯化钠的溶解度随温度变化不大，而氯化钾、硝酸钠在高温时具有较大或很大的溶解度，但温度降低时溶解度明显减小(如氯化钾、硝酸钠)或急剧下降(如硝酸钾)的这种差别，将一定浓度的硝酸钠和氯化钾混合液加热浓缩，当温度达到118~120℃时，由于硝酸钾溶解度增加很多，达不到饱和，不析出；而氯化钠的溶解度增加甚少，随浓缩、溶剂的减少，氯化钠析出。通过热过滤滤除氯化钠，将此溶液冷却至室温，即有大量硝酸钾析出，而氯化钠仅有少量析出，从而得到硝酸钾粗产品。再经过重结晶提纯，可得到纯品。

硝酸钾等四种盐在不同温度下的溶解度如表5-6-1所示，溶解度曲线如图5-6-1所示。

表5-6-1 硝酸钾等四种盐在不同温度下的溶解度 g/100g 水

盐 \ $t/℃$	0	10	20	30	40	60	80	100
KNO_3	13.3	20.9	31.6	45.8	63.9	110.0	169	246
KCl	27.6	31.0	34.0	37.0	40.0	45.5	51.1	56.7
$NaNO_3$	73	80	88	96	104	124	148	180
$NaCl$	35.7	35.8	36.0	36.3	36.6	37.3	38.4	39.8

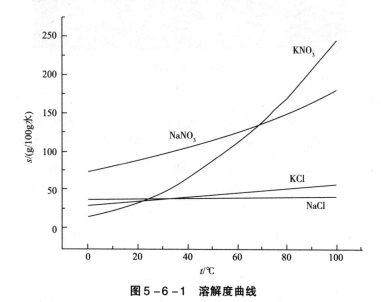

图5-6-1 溶解度曲线

五、实验内容

1. 溶解蒸发

称取22g $NaNO_3$ 和15g KCl，放入一只小烧杯中，加入35mL H_2O。将小烧杯置于垫了石棉网的可调温电炉上，待盐全部溶解后，继续加热，使溶液蒸发至原有体积的2/3。这时试管中有晶体析出(是什么?)，趁热用热滤漏斗过滤，滤液盛于小烧杯中自然冷却。随着温度的下降，有晶体析出(是什么?)。注意：不要骤冷，以防结晶过于细小。用减压法过滤，尽量抽干。水浴烤干 KNO_3 晶体后称重，计算理论产量和产率。

2. 粗产品的重结晶

(1)除保留少量(0.1~0.2g)粗产品供纯度检验外，按粗产品：水 = 2∶1(质量比)的比例，将粗产品溶于蒸馏水中。

(2)加热、搅拌，待结晶体全部溶解后停止加热。若溶液沸腾时，晶体还未全部溶解，可再加极少量蒸馏水使其溶解。

(3)待溶液冷却至室温后抽滤，水浴烘干，得到纯度较高的硝酸钾晶体(图5-6-2)，称量。

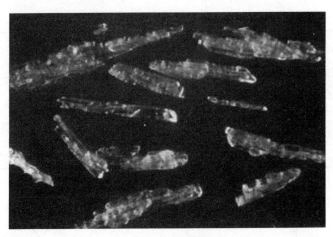

图 5 - 6 - 2 硝酸钾晶体

3. 纯度检验

(1)定性检验 分别取 0.1g 粗产品和一次重结晶得到的产品放入两支试管中,各加入 2mL 蒸馏水配成溶液。在溶液中分别滴入 1 滴 5mol·L^{-1} HNO$_3$ 酸化,再各滴入 0.1mol·L^{-1} AgNO$_3$ 溶液 2 滴,观察现象,进行对比,重结晶后的产品溶液应为澄清。

(2)根据试剂级的标准检验试样中的总氯量 称取 1g 试样(称准至 0.01g),加热至 400℃使其分解,于 700℃灼烧 15min,溶于蒸馏水中(必要时过滤),稀释至 25mL,加入 2mL 5mol·L^{-1} HNO$_3$ 和 0.1mol·L^{-1} AgNO$_3$ 溶液,摇匀,放置 10min,所呈浊度不得大于标准检验试样。

标准检验试样是根据不同的 Cl$^-$ 取优级纯 0.015mg、分析纯 0.030mg、化学纯 0.050mg,稀释至 25mL,与同体积样品溶液同时同样处理(氯化钠标准液依据 GB/T 647—2011 配制,见本节附注)。

本实验要求重结晶后的硝酸钾晶体含氯量达化学纯为合格,否则应再次重结晶,直至合格。最后称量,计算产率,并与前几次的结果进行比较。

六、实验习题

(1)何谓重结晶?本实验都涉及哪些基本操作?应注意些什么?

(2)制备硝酸钾晶体时,为什么要把溶液进行加热和热过滤?

(3)试设计从母液提取较高纯度的硝酸钾晶体的实验方案,并加以试验。

【附注】

(1)根据中华人民共和国国家标准(GB/T 647—2011),化学试剂硝酸钾中杂质最高含量(指标以 x/% 计)如下:

名　称	优级纯	分析纯	化学纯
澄清度试验/号	2	3	5
水不溶物	0.002	0.004	0.006
总氯量(以 Cl$^-$ 计)	0.0015	0.003	0.005

续表

名　称	优级纯	分析纯	化学纯
硫酸盐(SO_4^{2-})	0.002	0.003	0.01
碘酸盐(IO_3^-)	0.0005	0.0005	0.002
亚硝酸盐(以 NO_2 计)	0.001	0.001	0.002
铵(NH_4^+)	0.001	0.001	0.005
磷酸盐(PO_4^{3-})	0.0005	0.0005	0.001
钠(Na)	0.02	0.02	0.05
镁(Mg)	0.001	0.002	0.004
钙(Ca)	0.001	0.004	0.006
铁(Fe)	0.0001	0.0002	0.0005
重金属(以 Pb 计)	0.0003	0.0005	0.001

(2)氯化物标准溶液的配制(1mL 含 0.1mg Cl^-)：称取 0.165g 于 500~600℃灼烧至恒重之氯化钠，溶于水，移入 1000mL 容量瓶中，稀释至刻度。

(3)检查产品总氯量时，要求在 700℃灼烧，这步操作需在马弗炉中进行。需注意的是，当灼烧物质达到灼烧要求后，应先关掉电源，待温度降至200℃以下时，方可打开马弗炉，用长柄坩埚钳取出装试样的坩埚，放在石棉网上，切忌用手拿。

实验 7　过氧化氢分解热的测定
——温度计与秒表的使用

一、实验目的

测定过氧化氢稀溶液的分解热，了解测定反应热效应的一般原理和方法；学习温度计、秒表的使用和简单的作图方法。

二、实验原理

过氧化氢浓溶液在温度高于150℃或混入具有催化活性的 Fe^{2+}、Cr^{3+} 等多变价金属离子时，就会发生爆炸性分解：

$$H_2O_2(l) \!=\!=\! H_2O(l) + \frac{1}{2}O_2(g)$$

但在常温和无催化活性杂质存在情况下，过氧化氢相当稳定。对于过氧化氢稀溶液来说，升高温度或加入催化剂，均不会引起爆炸性分解。本实验以二氧化锰为催化剂，用保温杯式简易量热计测定其稀溶液的催化分解反应热效应。

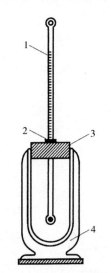

**图 5 - 7 - 1　保温杯式
简易量热计**

1—温度计；2—橡皮圈；
3—泡沫塑料塞；4—保温杯

保温杯式简易量热计由量热计装置(普通保温杯、分刻度为0.1℃的温度计)及杯内所盛的溶液或溶剂(通常是水溶液或水)组成，如图5 - 7 - 1所示。

在一般的测定实验中，溶液的浓度很稀，因此溶液的比热容(C_{aq})近似地等于溶剂的比热容(C_{solv})，并且溶液的质量 m_{aq} 近似地等于溶剂的质量 m_{solv}。量热计的热容 C 可由下式表示：

$$C = C_{aq} \cdot m_{aq} + C_p$$
$$\approx C_{solv} \cdot m_{solv} + C_p$$

式中　C_p——量热计装置(包括保温杯、温度计等部件)的热容。

化学反应产生的热量，使量热计的温度升高。要测量量热计吸收的热量必须先测定量热计的热容(C)。在本实验中采用稀的过氧化氢水溶液，因此

$$C = C_{H_2O} \cdot m_{H_2O} + C_P$$

式中　C_{H_2O}——水的质量热容，等于4.184J·g^{-1}·K^{-1}；

　　　m_{H_2O}——水的质量。

在室温附近，水的密度约等于1.00kg·L^{-1}，因此水的质量约等于水的体积。而量热

计装置的热容可用下述方法测得：

往盛有质量为 m 的水(温度为 T_1)的量热计装置中，迅速加入相同质量的热水(温度为 T_2)，测得混合后的水温为 T_3，则

热水失热 $= C_{H_2O} \cdot m_{H_2O}(T_2 - T_3)$

冷水得热 $= C_{H_2O} \cdot m_{H_2O}(T_3 - T_1)$

量热计装置得热 $= (T_3 - T_1)C_p$

根据热量平衡得到：

$$C_{H_2O} \cdot m_{H_2O}(T_2 - T_3) = C_{H_2O} \cdot m_{H_2O}(T_3 - T_1) + C_p(T_3 - T_1)$$

$$C_p = \frac{C_{H_2O} \cdot m_{H_2O}(T_2 + T_1 - 2T_3)}{T_3 - T_1}$$

严格地说简易量热计并非绝热体系。因此，在测量温度变化时会碰到下述问题，即当冷水温度正在上升时，体系和环境已发生了热量交换，这就使人们不能观测到最大的温度变化。这一误差，可用外推作图法予以消除，即根据实验所测得的数据，以温度对时间作图，在所得各点间作一最佳直线 AB，延长 BA 与纵轴相交于 C，C 点所表示的温度就是体系上升的最高温度(图 5-7-2)。如果量热计的隔热性能好，在温度升高到最高点时，数分钟内温度并不下降，那么可不用外推作图法。

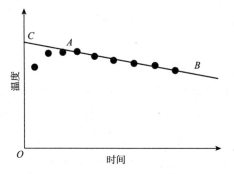

图 5-7-2　温度-时间曲线

应当指出的是由于过氧化氢分解时有氧气放出，所以本实验的反应热 ΔH 不仅包括体系内能的变化，还应包括体系对环境所做的膨胀功，但因后者所占的比例很小，在近似测量中，通常可忽略不计。

三、实验用品

(1)仪器：温度计两支(0~50℃、分刻度 0.1℃ 和量程 100℃ 普通温度计)、保温杯、量筒、烧杯、研钵、秒表。

(2)固体药品：二氧化锰。

(3)液体药品：H_2O_2(0.3%)。

(4)材料：泡沫塑料塞、吸水纸。

四、基本操作

(1)温度计的使用,参见第三章第五节。

(2)作图方法,参见第四章第三节。

五、实验内容

1. 测定量热计装置热容 C_p

装配好保温杯式简易量热计装置。保温杯盖可用泡沫塑料或软木塞。杯盖上的小孔要稍比温度计直径大一些,为了不使温度计接触杯底,在温度计底端套一橡皮圈。

【思考题】

杯盖上小孔为什么要稍比温度计直径大一些?这样对实验结果会产生什么影响?

用量筒量取50mL蒸馏水,把它倒入干净的保温杯中,盖好塞子,用双手握住保温杯进行摇动(注意尽可能不使液体溅到塞子上),几分钟后用精密温度计观测温度,若连续3min温度不变,记下温度 T_1。再量取50mL蒸馏水,倒入100mL烧杯中,把此烧杯置于温度高于室温20℃的热水浴中,放置10~15min后,用精密温度计准确读出热水温度 T_2(为了节省时间,在其他准备工作之前就把蒸馏水置于热水浴中,用100℃温度计测量,热水温度绝不能高于50℃),迅速将此热水倒入保温杯中,盖好塞子,用上述同样的方法摇动保温杯。在倒热水的同时,按动秒表,每隔10s记录一次温度,记录三次后,每隔20s记录一次,直到体系温度不再变化或等速下降为止。倒尽保温杯中的水,把保温杯洗净并用吸水纸擦干待用。

2. 测定过氧化氢稀溶液的分解热

用量筒量取100mL已知准确浓度的过氧化氢溶液,把它倒入保温杯中,塞好塞子,缓缓摇动保温杯,用精密温度计观测温度3min,当溶液温度不变时,记下温度 T_1'。然后迅速加入0.5g研细过的二氧化锰粉末,塞好塞子后,立即摇动保温杯,以使二氧化锰粉末悬浮在过氧化氢溶液中。在加入二氧化锰的同时,按动秒表,每隔10s记录一次温度。当温度升高到最高点时,记下此时的温度 T_2',以后每隔20s记录一次温度,在相当一段时间(例如3min)内若温度保持不变,T_2'即可视为该反应达到了最高温度,否则就需用外推法求出反应的最高温度。

应当指出的是,由于过氧化氢的不稳定性,因此其溶液浓度的标定应在本实验前不久进行。此外,无论是在量热计热容的测定中,还是在过氧化氢分解热的测定中,保温杯摇动的节奏要始终保持一致。

【思考题】

为何要使二氧化锰粉末悬浮在过氧化氢溶液中?

六、数据记录及结果处理

1. 量热计装置热容 C_p 的计算(表5-7-1、表5-7-2)

表 5 - 7 - 1　量热计装置热容测定的时间 - 温度数据

时间 t/s									
温度 T/℃									

表 5 - 7 - 2　量热计装置热容 C_p 的计算

冷水温度 T_1/K	
热水温度 T_2/K	
冷热水混合后温度 T_3/K	
冷(热)水的质量 m/g	
水的质量热容 $C_{水}$/J·g^{-1}·K^{-1}	
量热计装置热容 C_p/J·K^{-1}	

2. 分解热的计算(表 5 - 7 - 3、表 5 - 7 - 4)

$$Q = C_p(T_2{}' - T_1{}') + C_{H_2O_2}m_{H_2O_2}(T_2{}' - T_1{}')$$

由于 H_2O_2 稀溶液的密度和比热容近似地与水相等，因此

$$C_{H_2O_2(aq)} \approx C_{H_2O} = 4.184 \text{J·g}^{-1}·\text{K}^{-1}$$

$$m_{H_2O_2} \approx V_{H_2O_2(aq)}$$

$$Q = C_p\Delta T + 4.184 \cdot V_{H_2O_2(aq)}\Delta T$$

则分解热：

$$\Delta H = \frac{Q}{c_{H_2O_2} \cdot V_{H_2O_2}/1000} = \frac{(C_p + 4.184 V_{H_2O_2(aq)})\Delta T \times 1000}{c_{H_2O_2} \cdot V_{H_2O_2}}$$

式中　$c_{H_2O_2}$——H_2O_2 的浓度；

$V_{H_2O_2}$——H_2O_2 的体积。

表 5 - 7 - 3　H_2O_2 分解热测定的时间 - 温度数据

时间 t/s									
温度 T/℃									

表 5 - 7 - 4　H_2O_2 分解热的计算

反应前温度 $T_1{}'$/K	
反应后温度 $T_2{}'$/K	
ΔT/K	
H_2O_2 溶液的浓度 c/mol·L^{-1}	
H_2O_2 溶液的体积 V/mL	
量热计吸收的总热量 Q/J	
分解热 ΔH/kJ·mol^{-1}	
与理论值比较的相对误差/%	

过氧化氢分解热的实验值与理论值的相对误差应该在 ±10% 以内。

七、实验习题

(1)结合本实验理解下列概念：体系、环境、比热容、热容、反应热、内能和焓。

(2)实验中使用二氧化锰的目的是什么？在计算反应所放出的总热量时，是否要考虑加入的二氧化锰的热效应？

(3)在测定量热计装置热容时，是使用一支温度计先后测冷、热水的温度好，还是使用两支温度计分别测定冷、热水的温度好？它们各有什么利弊？

(4)试分析本实验结果产生误差的原因，你认为影响本实验结果的主要因素是什么？

【附注】

过氧化氢分解热测定注意事项：

(1)过氧化氢溶液(约 0.3%)使用前应用 $KMnO_4$ 或碘量法测定其物质的量浓度(单位：$mol \cdot L^{-1}$)。

(2)二氧化锰要尽量研细，并在 110℃ 烘箱中烘 1～2h 后，置于干燥器中待用。

(3)一般市售保温杯的容积为 250mL 左右，故过氧化氢的实际用量取 150mL 为宜。为了减少误差，应尽可能使用较大的保温杯(如 400mL 或 500mL 的保温杯)，并取用较多量的过氧化氢做实验(注意此时 MnO_2 的用量也相应按比例增加)。

(4)重复分解热实验时，一定要使用干净的保温杯。

(5)实验合作者要注意相互密切配合。

实验8 化学反应速率与活化能
——数据的表达与处理

一、实验目的

了解浓度、温度与催化剂对化学反应速率的影响；测定过二硫酸铵与碘化钾反应的反应速率，并计算反应级数、反应速率常数及反应的活化能；通过实验设计和数据处理过程，体验科学家探索科学规律的历程，培养学生不惧困难、勇于探索的科学精神。

二、实验原理

在水溶液中，$(NH_4)_2S_2O_8$（过二硫酸铵）与 KI 发生以下反应：

$$S_2O_8^{2-} + 3I^- \xrightarrow{\hspace{1cm}} 2SO_4^{2-} + I_3^- \tag{1}$$

反应(1)的微分速率方程可用下式表示：

$$v = kc_{S_2O_8^{2-}}^m c_{I^-}^n$$

式中：v 为此条件下反应的瞬时速率；$c_{S_2O_8^{2-}}$ 和 c_{I^-} 分别为 $S_2O_8^{2-}$ 与 I^- 的起始浓度，则 v 表示初速率(v_0)；k 为反应速率常数；m 与 n 之和为反应级数。

实验能测定的速率是在一段时间间隔(Δt)内反应的平均速率 $\bar{v}$。如果在 Δt 时间内 $S_2O_8^{2-}$ 浓度的改变为 $\Delta c_{S_2O_8^{2-}}$，则平均速率

$$\bar{v} = \frac{-\Delta c_{S_2O_8^{2-}}}{\Delta t}$$

近似地用平均速率代替初始速率：

$$v_0 = kc_{S_2O_8^{2-}}^m c_{I^-}^n = \frac{-\Delta c_{S_2O_8^{2-}}}{\Delta t}$$

为了测定 Δt 时间内 $S_2O_8^{2-}$ 浓度的改变值，需要在将 $(NH_4)_2S_2O_8$ 溶液和 KI 溶液混合的同时，加入一定体积的已知浓度的 $Na_2S_2O_3$ 溶液和淀粉溶液。这样在反应(1)进行的同时，还发生以下反应：

$$2S_2O_3^{2-} + I_3^- \xrightarrow{\hspace{1cm}} S_4O_6^{2-} + 3I^- \tag{2}$$

这个反应进行得非常快，几乎瞬间完成，而反应(1)比反应(2)慢得多。因此，由反应(1)生成的 I_3^- 立即与 $S_2O_3^{2-}$ 作用，生成无色的 $S_4O_6^{2-}$ 和 I^-。所以在反应的开始阶段看不到碘与淀粉反应而显示的特有蓝色，但是一旦 $S_2O_3^{2-}$ 耗尽，反应(1)继续生成的微量 I_3^- 就立即与淀粉溶液作用而呈现特有的蓝色。

由于从反应开始到蓝色出现标志着 $S_2O_3^{2-}$ 全部耗尽，所以从反应开始到出现蓝色这段

时间 Δt 里，$S_2O_3^{2-}$ 浓度的改变量 $\Delta c_{S_2O_3^{2-}}$ 实际上就是 $Na_2S_2O_3$ 的起始浓度。

再从反应式(1)和(2)可以看出，$S_2O_8^{2-}$ 减少的量为 $S_2O_3^{2-}$ 减少量的一半，所以 $S_2O_8^{2-}$ 在 Δt 时间内的改变量可从下式求得：

$$\Delta c_{S_2O_8^{2-}} = \frac{c_{S_2O_3^{2-}}}{2}$$

实验中，通过改变反应物 $S_2O_8^{2-}$ 和 I^- 的起始浓度，测定消耗等量的 $S_2O_8^{2-}$ 的物质的量浓度 $\Delta c_{S_2O_8^{2-}}$ 所需要的不同时间间隔(Δt)，计算得到反应物不同初始浓度的初速率，进而确定该反应的微分速率方程和反应速率常数。

三、实验用品

(1)仪器：烧杯、大试管、量筒、秒表、温度计。

(2)液体用品：$(NH_4)_2S_2O_8(0.20mol \cdot L^{-1})$、$KI(0.20mol \cdot L^{-1})$、$Na_2S_2O_3(0.010mol \cdot L^{-1})$、$KNO_3(0.20mol \cdot L^{-1})$、$(NH_4)_2SO_4(0.20mol \cdot L^{-1})$、$Cu(NO_3)_2(0.20mol \cdot L^{-1})$、淀粉溶液(2%)。

(3)材料：冰。

四、基本操作

(1)量筒的使用，参见第二章第五节。

(2)作图方法，参见第四章第三节(参见如下二维码)。

数据处理

五、实验内容

1. 浓度对化学反应速率的影响

在室温条件下进行表5-8-1中编号Ⅰ的实验。用量筒分别量取 20.0mL 0.20mol·L^{-1} KI 溶液、8.0mL 0.010mol·L^{-1} Na$_2$S$_2$O$_3$ 溶液和 2.0mL 0.4% 淀粉溶液，倒入烧杯中混匀。然后用另一支量筒量取 20.0mL 0.20mol·L^{-1} (NH$_4$)$_2$S$_2$O$_8$ 溶液，迅速倒入上述混合液中，同时按动秒表，并不断搅拌，仔细观察，在溶液刚出现蓝色时，立即按停秒表，记录反应时间和室温。

用同样的方法按照表5-8-1中的试剂用量进行编号Ⅱ~Ⅴ的实验。

表 5 – 8 – 1　浓度对反应速率的影响　　　　　　　　室温_____

实验编号		I	II	III	IV	V
试剂用量/mL	0.20mol·L⁻¹ (NH₄)₂S₂O₈	20.0	10.0	5.0	20.0	20.0
	0.20mol·L⁻¹ KI	20.0	20.0	20.0	10.0	5.0
	0.010mol·L⁻¹ Na₂S₂O₃	8.0	8.0	8.0	8.0	8.0
	0.4%淀粉溶液	2.0	2.0	2.0	2.0	2.0
	0.20mol·L⁻¹ KNO₃	0	0	0	10.0	15.0
	0.20mol·L⁻¹ (NH₄)₂SO₄	0	10.0	15.0	0	0
混合液中反应物的起始浓度/ mol·L⁻¹	(NH₄)₂S₂O₈					
	KI					
	Na₂S₂O₃					
反应时间 Δt/s						
S₂O₈²⁻ 的浓度变化 Δc_{S₂O₈²⁻}/mol·L⁻¹						
反应速率 v/mol·L⁻¹·s⁻¹						

【思考题】

(1) 下列操作对实验有何影响？

① 取用试剂的量筒没有分开专用；

② 先加 (NH₄)₂S₂O₈ 溶液，最后加 KI 溶液；

③ (NH₄)₂S₂O₈ 溶液慢慢加入 KI 等混合溶液中。

(2) 为什么在实验 II、III、IV、V 中，分别加入 KNO₃ 或 (NH₄)₂SO₄ 溶液？

(3) 每次实验的计时操作要注意什么？

2. 温度对化学反应速率的影响

按表 5 – 8 – 1 中的实验 IV 的药品用量，将装有碘化钾、硫代硫酸钠、硝酸钾和淀粉混合溶液的烧杯及装有过二硫酸铵溶液的小烧杯，放入冰水浴中冷却，待它们的温度冷却到低于室温 10℃时，将过二硫酸铵溶液迅速加到碘化钾等混合溶液中同时计时并不断搅动，当溶液刚出现蓝色时，记录反应时间。此实验编号记为 VI。

同样方法在热水中进行高于室温 10℃的实验。此实验编号记为 VII。

将此实验 VI、VII 的数据与实验 IV 的数据进行比较(表 5 – 8 – 2)。

表 5 – 8 – 2　温度对反应速率的影响

实验编号	IV	VI	VII
反应温度 t/℃			
反应时间 Δt/s			
反应速率 v/mol·L⁻¹·s⁻¹			

3. 催化剂对化学反应速率的影响

按表 5 – 8 – 1 中的实验Ⅳ的药品用量，把碘化钾、硫代硫酸钠、硝酸钾和淀粉溶液加到 150mL 烧杯中，再加入 2 滴 0.02mol·L^{-1} Cu(NO$_3$)$_2$ 溶液，搅匀，然后迅速加入过二硫酸铵溶液，搅动、记时。将此实验的反应速率与实验Ⅳ的反应速率定性地进行比较，可得到什么结论？

六、数据处理

1. 反应级数和反应速率常数的计算

计算出各组实验中的反应速率 v，并填入表 5 – 8 – 1、表 5 – 8 – 2 中。

将反应速率表示式 $v = kc_{S_2O_8^{2-}}^m c_{I^-}^n$ 两边取对数：

$$\lg v = m\lg c_{S_2O_8^{2-}} + n\lg c_{I^-} + \lg k$$

当 c_{I^-} 不变时（即实验Ⅰ、Ⅱ、Ⅲ），以 $\lg v$ 对 $\lg c_{S_2O_8^{2-}}$ 作图，可得一直线，斜率即为 m。同理，当 $c_{S_2O_8^{2-}}$ 不变时（即实验Ⅰ、Ⅳ、Ⅴ），以 $\lg v$ 对 $\lg c_{I^-}$ 作图，可求得 n。此反应级数则为 $m + n$。

将求得的 m 和 n 代入 $v = kc_{S_2O_8^{2-}}^m c_{I^-}^n$，即可求得反应速率常数 k。将数据填入表 5 – 8 – 3 中。

表 5 – 8 – 3　反应级数和速率常数的计算

实验编号	Ⅰ	Ⅱ	Ⅲ	Ⅳ	Ⅴ
$\lg v$					
$\lg c_{S_2O_8^{2-}}$					
$\lg c_{I^-}$					
m					
n					
反应速率常数 k/mol^{-1}·L·s^{-1}					
反应速率常数平均值 $k_{平均}$/mol^{-1}·L·s^{-1}					

2. 反应活化能的计算

反应速率常数 k 与反应温度 T 一般有以下关系：

$$\lg k = A - \frac{E_a}{2.30RT}$$

式中　E_a——反应的活化能；

　　　R——摩尔气体常数；

　　　T——热力学温度。

测出不同温度时的 k 值，以 $\lg k$ 对 $1/T$ 作图，可得到一条直线，由直线斜率可求得反应的活化能 E_a。将数据填入表 5 – 8 – 4 中。

表5－8－4　反应活化能的计算

实验编号	室温的平均反应速率常数	Ⅵ	Ⅶ
反应速率常数 $k/mol^{-1} \cdot L \cdot s^{-1}$			
$\lg k$			
$1/T/K^{-1}$			
反应活化能 $E_a/kJ \cdot mol^{-1}$			

本实验活化能测定值的误差不超过10%（文献值为51.8kJ·mol⁻¹）。

七、实验习题

(1)若不用 $S_2O_8^{2-}$，而用 I^- 或 I_3^- 的浓度变化来表示反应速率，则反应速率常数 k 是否一样？

(2)化学反应的反应级数是怎样确定的？用本实验的结果加以说明。

(3)用 Arrhenius 公式计算反应的活化能，并与作图法得到的值进行比较。

(4)本实验研究了浓度、温度、催化剂对反应速率的影响，对有气体参加的反应，压力有怎样的影响？如果对 $2NO + O_2 \xrightarrow{\hspace{1cm}} 2NO_2$ 的反应，将压力增加到原来的2倍，那么反应速率常数将增加几倍？

(5)已知 A(g)→B(l)是二级反应，其数据如下，试计算反应速率常数 k。

p_A/kPa	40	26.6	19.1	13.3
t/s	0	250	500	1000

【附注】

(1)本实验对试剂有一定的要求。碘化钾溶液应为无色透明溶液，不宜使用有碘析出的浅黄色溶液。过二硫酸铵溶液要新配置的，因为时间长了过二硫酸铵易分解。如所制过二硫酸铵溶液的pH小于3，说明该试剂已有分解，不适合本实验使用。所用试剂中如混有少量 Cu^{2+}、Fe^{3+} 等杂质，对反应会有催化作用，必要时需滴入几滴0.10mol·L⁻¹ EDTA 溶液。

(2)在做温度对化学反应速率影响的实验时，如室温低于10℃，可将温度条件改为室温、高于室温10℃、高于室温20℃三种情况进行。

实验 9　醋酸电离度和电离常数的测定
——pH 计的使用

一、实验目的

测定醋酸的电离度和电离常数；进一步掌握滴定原理、滴定操作及正确判断滴定终点；学习使用 pH 计。

二、实验原理

醋酸(CH_3COOH 或 HAc)是弱电解质，在水溶液中存在以下电离平衡：

$$HAc \rightleftharpoons H^+ + Ac^-$$

其平衡关系式为：

$$K_i = \frac{[H^+][Ac^-]}{[HAc]}$$

式中：K_i 为电离常数；$[H^+]$、$[Ac^-]$、$[HAc]$ 分别为 H^+、Ac^-、HAc 的平衡浓度。令 c 为 HAc 的起始浓度，α 为电离度。

在纯的 HAc 溶液中，$[H^+]=[Ac^-]=c\alpha$，$[HAc]=c(1-\alpha)$，则

$$\alpha = \frac{[H^+]}{c} \times 100\%, \quad K_i = \frac{[H^+][Ac^-]}{[HAc]} = \frac{[H^+]^2}{c-[H^+]}$$

当 $\alpha < 5\%$ 时，$c-[H^+] \approx c$，故

$$K_i = \frac{[H^+]^2}{c}$$

根据以上关系，通过测定已知浓度的 HAc 溶液的 pH，就可知道其 $[H^+]$，从而可以计算该 HAc 溶液的电离度和电离常数。

【思考题】

(1)若使用的醋酸浓度极低，醋酸的电离度 > 5% 时，是否还能用 $K_i = [H^+]^2/c$ 计算电离常数？为什么？

(2)实验中 $[HAc]$ 和 $[Ac^-]$ 是怎么测定的？

(3)同温度下不同浓度的 HAc 溶液的电离度是否相同？电离常数是否相同？

三、实验用品

(1)仪器：碱式滴定管、吸量管(10mL)、移液管(25mL)、锥形瓶(50mL)、烧杯(50mL)、pH 计。

(2)液体药品：HAc($0.20 \text{mol} \cdot L^{-1}$)、NaOH 标准溶液($0.20 \text{mol} \cdot L^{-1}$)、酚酞指示剂。

四、仪器操作

(1)滴定管的使用，参见第二章第五节(参见如下二维码)。

（2）移液管、吸量管的使用，参见第二章第五节（参见如下二维码）。

（3）容量瓶的使用，参见第二章第五节（参见如下二维码）。

（4）pH 计的使用，参见第三章第二节（参见如下二维码）。

五、实验内容

1. 醋酸溶液浓度的测定

用移液管移取 25.00mL 待标定的 HAc 溶液于锥形瓶中，以酚酞为指示剂，用已知浓度的 NaOH 标准溶液标定 HAc 的准确浓度。当溶液由无色变为淡红色(30s 不褪色)时即为终点，读取 NaOH 溶液用量。重复滴定两次，把数据记入表 5 – 9 – 1 中(所用 NaOH 溶液的最大与最小体积差应小于 0.05mL)。

表 5 – 9 – 1 醋酸溶液浓度的测定

滴 定 序 号		1	2	3
NaOH 溶液的浓度/mol·L^{-1}				
HAc 溶液的用量/mL				
NaOH 溶液的用量/mL				
HAc 溶液的浓度/mol·L^{-1}	测定值			
	平均值			

【思考题】

本实验应使用哪些仪器？如何正确地进行滴定操作？

2. 配制不同浓度的 HAc 溶液

用移液管和吸量管分别取 25.00mL、5.00mL、2.50mL 已测得准确浓度的 HAc 溶液，把它们分别加入三个 50mL 容量瓶中，再用蒸馏水稀释至刻度，摇匀，并计算出这三个容量瓶中 HAc 溶液的准确浓度。

3. 测定醋酸溶液的 pH，计算醋酸的电离度和电离平衡常数

把以上四种不同浓度的 HAc 溶液分别加入四支洁净干燥的 50mL 烧杯中，按由稀到浓的次序在 pH 计上分别测定它们的 pH，并记录数据和室温。计算电离度和电离常数，并将有关数据填入表 5 – 9 – 2 中。

表 5 – 9 – 2 醋酸电离度和电离常数的测定   温度：_____℃

溶液编号	c/mol·L^{-1}	pH	[H$^+$]/mol·L^{-1}	α	电离常数 K	
					测定值	平均值
1						
2						
3						
4						

4. 废液的处理

将测定完毕的醋酸溶液倒入废液杯中，计算中和醋酸溶液所需的氢氧化钠体积，利用滴定剩余的氢氧化钠溶液中和醋酸废液，用 pH 计测定混合液的 pH 值，废液 pH≈7 时可

以直接倒入下水道中。

注：爱护环境，人人有责！

六、数据记录及结果处理(表5-9-1、表5-9-2)

本实验测定的 K 在 $1.0 \times 10^{-5} \sim 2.0 \times 10^{-5}$ 范围内为合格(25℃的文献值为 1.76×10^{-5})。

【思考题】

(1)烧杯是否必须烘干？还可以进行怎样处理？

(2)测定 pH 时，为什么要按从稀到浓的次序进行？

七、实验习题

(1)改变所测醋酸溶液的浓度或温度，则电离度和电离常数有无变化？若有变化，会有怎样的变化？

(2)做好本实验的关键是什么？

(3)下列情况能否用 $K_i = [H^+]^2/c$ 求电离常数？

①在 HAc 溶液中加入一定量的固体 NaOH(假设溶液体积不变)；

②在 HAc 溶液中加入一定量的固体 NaCl(假设溶液体积不变)。

(4)将 NaOH 标准溶液装入碱式滴定管中滴定待测 HAc 溶液，以下情况对滴定结果有何影响？

①滴定过程中滴定管下端出现了气泡；

②滴定近终点时，没有用蒸馏水冲洗锥形瓶内壁；

③滴定完后，有液滴悬挂在滴定管的尖端处；

④滴定过程中，有一些滴定液自滴定管的活塞处渗漏出来。

(5)取 25.00mL 未知浓度的 HAc 溶液，用已知的 NaOH 标准溶液滴定至终点，再加入 25.00mL 未知的该 HAc 溶液，测其 pH。试根据上述已知条件推导出计算 HAc 电离常数的公式。

实验10　碘化铅溶度积的测定(微型实验)

一、实验目的

本实验利用离子交换法测定难溶物碘化铅的溶度积，从而理解离子交换法的一般原理和使用离子交换树脂的基本方法；掌握离子交换法测定溶度积的原理，并练习滴定操作。

二、实验原理

离子交换树脂是含有能与其他物质进行离子交换的活性基团的高分子化合物。含有酸性基团而能与其他物质交换阳离子的称为阳离子交换树脂。含有碱性基团而能与其他物质交换阴离子的称为阴离子交换树脂。本实验采用阳离子交换树脂与碘化铅饱和溶液中的铅离子进行交换。其交换反应可以用下式来示意：

$$2R^-H^+ + Pb^{2+} \rightleftharpoons R_2^-Pb^{2+} + 2H^+$$

将一定体积的碘化铅饱和溶液通过阳离子交换树脂，树脂上的氢离子即与铅离子进行交换。交换后，氢离子随流出液流出，然后用氢氧化钠标准溶液滴定，可求出氢离子的含量。根据流出液中氢离子的数量，可计算出通过离子交换树脂的碘化铅饱和溶液中的铅离子浓度，从而得到碘化铅饱和溶液的浓度，然后求出碘化铅的溶度积。

三、实验用品

(1)仪器：离子交换柱(见图5-10-1，直径约为0.8cm，下口较细的玻璃管。下端细口处填少许玻璃棉或棉花，并连接一段乳胶管，夹上螺旋夹)、多用滴管、小锥形瓶(25mL)、温度计(50℃)、烧杯。

(2)固体药品：碘化铅、强酸性离子交换树脂。

(3)液体药品：NaOH 标准溶液 $(0.005\mathrm{mol} \cdot \mathrm{L}^{-1})$、$HNO_3(1\mathrm{mol} \cdot \mathrm{L}^{-1})$。

(4)材料：玻璃棉或棉花、pH 试纸、溴百里酚蓝指示剂。

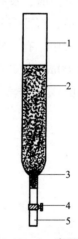

图5-10-1　离子交换柱
1—交换柱；2—阳离子交换树脂；
3—玻璃棉；4—螺旋夹；5—胶皮管

四、基本操作

1. 滴定操作

参见第二章第五节。

2. 离子交换分离操作

离子交换法是使自来水通过离子交换柱(内装阴、阳离子交换树脂)除去水中杂质离子，实现净化的方法。用此方法得到的去离子水纯度较高，25℃时的电阻率达 $5 \times 10^6 \Omega \cdot$

cm 以上。

1）离子交换树脂

离子交换树脂是一种由人工合成的带有交换活性基团的多孔网状结构的高分子化合物。它的特点是性质稳定，与酸、碱及一般有机溶剂都不发生反应。在其网状结构的骨架上，含有许多可与溶液中的离子起交换作用的"活性基团"。根据树脂可交换活性基团的不同，把离子交换树脂分为阳离子交换树脂和阴离子交换树脂两大类（图5－10－2、图5－10－3）。

图5－10－2　阳离子交换树脂

图5－10－3　阴离子交换树脂

阳离子交换树脂：其特点是树脂中的活性基团可与溶液中的阳离子进行交换。活性基团中都含有 H⁺，可与溶液中的阳离子发生交换的阳离子交换树脂称为酸性阳离子交换树脂或 H 型阳离子交换树脂。按活性基团酸性强弱的不同，又分为强酸性离子交换树脂和弱酸性离子交换树脂。

阴离子交换树脂：其特点是树脂中的活性基团可与溶液中的阴离子进行交换。活性基团中含有羟基，可与溶液中的阴离子发生交换的阴离子交换树脂称为碱性阴离子交换树脂或 OH 型阴离子交换树脂。按活性基团碱性强弱不同，可分为强碱性离子交换树脂和弱碱性离子交换树脂。

在制备去离子水时，使用强酸性离子交换树脂和强碱性离子交换树脂。它们具有较好的耐化学腐蚀性、耐热性和耐磨性，在酸性、碱性及中性介质中都可以使用，同时离子交换效果好，对弱酸根离子可以进行交换。

2）树脂的预处理

阳离子交换树脂的预处理：自来水冲洗树脂至水为无色后，改用纯水浸泡 4～8h，再用 5% HCl 浸泡 4h，倾去盐酸溶液，用纯水洗至 pH=3～4，纯水浸泡备用。

阴离子交换树脂的预处理：将树脂如同上法漂洗和浸泡后，改用 5% 的 NaOH 溶液浸泡 4h，倾去氢氧化钠溶液，用纯水洗至 pH=8～9，纯水浸泡备用。

3）装柱

用离子交换法制备纯水或进行离子分离等操作，要求在离子交换柱中进行。本实验中

的交换柱采用 $\phi=7mm$ 玻璃管制成，把玻璃管的下端拉成尖嘴，管长 16cm，在尖嘴上套一根细乳胶管，用小夹子控制出水流速。

离子交换树脂制备成需要的型号后（阳离子交换树脂处理成 H 型、阴离子交换树脂处理成 OH 型），浸泡在纯水中备用。装柱的方法如下：

将少许润湿的玻璃棉塞在交换柱的下端，以防树脂漏出。然后在交换柱中加入三分之一柱高的纯水并排除柱下部玻璃棉中的空气。将处理好的湿树脂（连同纯水）一块加入交换柱中，同时调节小夹子让水缓慢流出（水的流速不能太快，防止树脂露出水面），并轻敲柱子，使树脂均匀自然下沉。在装柱时，应防止树脂层中夹有气泡。装柱完毕，最好在树脂层的上面盖一层湿玻璃棉，以防加入溶液时把树脂层掀动。

4）阳离子交换柱的再生

可按图 5 - 10 - 1 装置，在 30mL 的试剂瓶中装入约 6～10 倍于阳离子交换树脂体积的 $2mol \cdot L^{-1}$（5%～10%）HCl 溶液，通过虹吸管以每秒约 1 滴的流速淋洗树脂。用夹子 2 控制酸液的流速，用夹子 1 控制树脂上液层的高度。注意在操作中切勿使液面低于树脂层。如此用酸淋洗，直到交换柱的流出液中不含钠离子为止（如何检验？）。然后用蒸馏水淋洗树脂，直至流出液的 pH≈6。

5）阴离子交换树脂的再生

可用大约 6～10 倍于阴离子交换树脂体积的 $2mol \cdot L^{-1}$（5%）NaOH 溶液。再生操作同上述阳离子交换柱的再生，直至交换柱的流出液中不含 Cl^-（如何检验？）。然后用蒸馏水淋洗树脂，直至流出液的 pH 为 7～8。

五、实验内容

1. 碘化铅饱和溶液的配制（实验室准备）

将过量的碘化铅固体溶于经煮沸除去二氧化碳的蒸馏水中，充分搅动并放置过夜，使其溶解，达到沉淀溶解平衡。

若无试剂碘化铅，可用硝酸铅溶液与过量的碘化钾溶液反应而制得。制成的碘化铅沉淀需用蒸馏水反复洗涤，以防过量的铅离子存在。过滤，得到碘化铅固体，配制成饱和溶液。

将碘化铅饱和溶液过滤到一个洁净、干燥的锥形瓶中（注意过滤时用的漏斗、玻璃棒等必须是干净、干燥的，滤纸可用碘化铅饱和溶液润湿）。

2. 装柱

首先将阳离子交换树脂用蒸馏水浸泡 24～48h（实验室准备）。

装柱前，在交换柱下端填入少许玻璃棉或棉花，以防止离子交换树脂随流出液流出。然后将浸泡过的阳离子交换树脂随同蒸馏水一并注入交换柱中，直至树脂面离柱顶 2～3cm（树脂柱高 8～10cm）。为防止离子交换树脂中有气泡，可用细长玻璃棒插入交换柱中的树脂进行搅动，以赶走树脂中的气泡。在装柱和以后树脂的转型及交换的整个过程中，要注意液面始终要高出树脂，避免空气进入树脂层影响交换结果。

3. 转型

在进行离子交换前，须将钠型树脂完全转变成氢型树脂。具体方法为：加入 90 ~ 100 滴 1mol·L⁻¹ HNO₃ 到柱子里，控制流速为 8 ~ 10 滴/min，直至全部树脂浸在硝酸溶液中，旋紧螺旋夹，浸泡 5min 左右，再松开柱子下的夹子，控制流速为 8 ~ 10 滴/min，用蒸馏水淋洗树脂至淋洗液呈中性（可用 pH 试纸检验）。

【思考题】

在离子交换树脂的转型中，如果加入硝酸的量不够，树脂没完全转变成氢型，会对实验结果造成什么影响？

4. 测定多用滴管滴出液的体积

取用碘化铅饱和溶液、氢氧化钠溶液都必须用各自固定的多用滴管，每支多用滴管滴出的 1 滴液体的体积必须先测量出来。

可用多用滴管垂直滴一定滴数（如 100 滴或 200 滴）的液体到干燥的量筒中，测量其总体积，也可用多用滴管垂直滴液体到一定体积（如 1mL 或 2mL），计算总滴数，最后用总体积除以总滴数即为 1 滴液体的体积。

5. 交换和洗涤

测量并记录 PbI₂ 饱和溶液的温度，然后用多用滴管吸取 PbI₂ 饱和溶液，滴加 80 滴至离子交换柱内，控制流速为 6 ~ 8 滴/min，并用一个 25mL 洁净的小锥形瓶承接流出液。然后用蒸馏水淋洗树脂至流出液呈中性，将淋洗液一并接入锥形瓶中。注意在交换和洗涤过程中，流出液不要损失。

【思考题】

在交换和洗涤过程中，如果流出液有一小部分损失掉，会对实验结果造成什么影响？

6. 滴定

将锥形瓶中的流出液用 NaOH 标准溶液滴定，用溴百里酚蓝作指示剂，当 pH = 6.5 ~ 7 时，溶液由黄色转变为鲜艳的蓝色，即到达滴定终点，记录 NaOH 用量。

7. 离子交换树脂的后处理

回收用过的离子交换树脂，经蒸馏水洗涤后，再用约 1mol·L⁻¹ HNO₃ 淋洗，然后用蒸馏水洗涤至流出液为中性，即可使用。

六、数据记录及结果处理

碘化铅饱和溶液的温度/℃：＿＿＿＿＿＿＿＿＿＿＿＿＿＿＿＿

通过交换柱的碘化铅饱和溶液的体积（滴数×1 滴的体积）/mL：＿＿＿＿＿＿＿＿＿＿＿

NaOH 标准溶液的浓度/mol·L⁻¹：＿＿＿＿＿＿＿＿＿＿＿＿＿

消耗 NaOH 标准溶液的体积（滴数×1 滴的体积）/mL：＿＿＿＿＿＿＿＿＿＿＿＿＿

流出液中 H⁺ 的物质的量/mol：＿＿＿＿＿＿＿＿＿＿＿＿＿＿

饱和溶液中 Pb²⁺ 的浓度/mol·L⁻¹：＿＿＿＿＿＿＿＿＿＿＿＿＿

碘化铅的 K_{sp}：＿＿＿＿＿＿＿＿＿＿＿＿＿＿＿

本实验测定 K_{sp} 值的数量级为 $10^{-9} \sim 10^{-8}$ 方为合格。

七、实验习题

已知碘化铅在 0℃、25℃、50℃ 时的溶解度分别为 $0.044g/100g\ H_2O$、$0.076g/100g\ H_2O$、$0.17g/100g\ H_2O$，试用作图法求出碘化铅溶解过程的 ΔH 和 ΔS。

实验 11 氧化还原反应与氧化还原平衡(微型实验)

一、实验目的

学会装配原电池,掌握电极的本性、电对的氧化型或还原型物质的浓度以及介质的酸度对电极电势、氧化还原反应的方向、产物和速率的影响;通过实验了解化学电池电动势。

二、实验用品

(1)仪器:试管(离心、10mL)、烧杯(5mL、100mL、250mL)、伏特计、表面皿。

(2)固体药品:氟化铵。

(3)液体药品:HCl(浓)、HNO_3(2mol · L^{-1}、浓)、HAc(6mol · L^{-1})、H_2SO_4(1mol · L^{-1})、NaOH(6mol · L^{-1}、40%)、$NH_3 · H_2O$(浓)、$ZnSO_4$(1mol · L^{-1})、$CuSO_4$(0.01mol · L^{-1}、1mol · L^{-1})、KI(0.1mol · L^{-1})、KBr(0.1mol · L^{-1})、$FeCl_3$(0.1mol · L^{-1})、$Fe_2(SO_4)_3$(0.1mol · L^{-1})、$FeSO_4$(0.1mol · L^{-1}、1mol · L^{-1})、H_2O_2(3%)、KIO_3(0.1mol · L^{-1})、溴水、碘水(0.1mol · L^{-1})、氯水(饱和)、KCl(饱和)、CCl_4、酚酞指示剂、淀粉溶液(0.4%)。

(4)材料:电极(锌片、铜片)、回形针、红色石蕊试纸(或酚酞试剂)、导线、砂纸、滤纸。

三、仪器操作

试管操作,参见第二章第四节。

四、实验内容

1. 氧化还原反应和电极电势

(1)在试管中加入 5 滴 0.1mol · L^{-1} KI 和 2 滴 0.1mol · L^{-1} $FeCl_3$,摇匀后加入 0.5mL CCl_4,充分振荡,观察 CCl_4 层颜色有无变化。

(2)用 0.1mol · L^{-1} 的 KBr 代替 KI 溶液进行同样的实验,观察现象。

(3)往两支试管中分别加入 3 滴碘水、溴水,然后加入约 0.5mL 0.1mol · L^{-1} $FeSO_4$ 溶液,摇匀后,注入 0.5mL CCl_4 充分振荡,观察 CCl_4 层有无变化。

根据以上实验结果,定性地比较 Br_2/Br^-、I_2/I^-、Fe^{3+}/Fe^{2+} 三个电对的电极电势。

【思考题】

(1)上述电对中哪种物质是最强的氧化剂?哪种是最强的还原剂?

(2)若用适量氯水分别与溴化钾、碘化钾溶液反应并加入 CCl_4,估计 CCl_4 层的颜色。

2. 浓度对电极电势的影响

(1)往一只 5mL 小烧杯中加入 2mL $1mol \cdot L^{-1}ZnSO_4$ 溶液，在其中插入锌片；往另一只小烧杯中加入 2mL $1mol \cdot L^{-1}CuSO_4$ 溶液，在其中插入铜片。用 KCl 饱和溶液湿润的滤纸条将两烧杯相连，组成一个原电池(图 5 – 11 – 1)。用导线将锌片和铜片分别与伏特计的负极和正极相连，测量两极之间的电压。

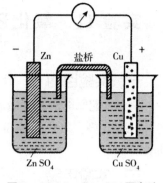

图 5 – 11 – 1 Cu – Zn 原电池

在 $CuSO_4$ 溶液中注入浓氨水并搅拌至生成的沉淀完全溶解形成深蓝色溶液为止：

$$Cu^{2+} + 4NH_3 \rightleftharpoons [Cu(NH_3)_4]^{2+}$$

测量电压，观察有何变化。

再在 $ZnSO_4$ 溶液中加入浓氨水并搅拌至生成的沉淀完全溶解形成无色溶液为止：

$$Zn^{2+} + 4NH_3 \rightleftharpoons [Zn(NH_3)_4]^{2+}$$

测量电压，观察又有何变化。利用能斯特方程解释实验现象。

(2)自行设计并测定下列浓差电池电动势，将实验值与计算值比较。

$$Cu \mid CuSO_4(0.01mol \cdot L^{-1}) \mid\mid CuSO_4(1mol \cdot L^{-1}) \mid Cu$$

在浓差电池的两极各连一个回形针，然后在表面皿上放一小块滤纸，滴加 $1mol \cdot L^{-1}$ 的硫酸钠溶液，使滤纸完全浸湿，再滴加 2 滴酚酞。将两极的回形针压在纸上，使其相距约 1mm，稍等片刻，观察所压处，哪一端出现红色。

【思考题】

(1)利用浓差电池作电源电解硫酸钠水溶液，其实质是什么物质被电解？使酚酞出现红色的一极是什么极？为什么？

(2)酸度对 Cl_2/Cl^-、Br_2/Br^-、I_2/I^-、Fe^{3+}/Fe^{2+}、Cu^{2+}/Cu、Zn^{2+}/Zn 电对的电极电势有无影响？为什么？

3. 酸度和浓度对氧化还原反应的影响

1)酸度的影响

(1)在 3 支均盛有 0.5mL $0.1mol \cdot L^{-1}$ Na_2SO_3 溶液的试管中，分别加入 0.5mL $1mol \cdot L^{-1}$ H_2SO_4 溶液、0.5mL 蒸馏水和 0.5mL $6mol \cdot L^{-1}$ NaOH 溶液，混合均匀后，再各滴入 2 滴 $0.01mol \cdot L^{-1}KMnO_4$ 溶液，观察颜色的变化有何不同，写出反应式。

(2)在试管中加入 5 滴 $0.1mol \cdot L^{-1}KI$ 溶液和 2 滴 $0.1mol \cdot L^{-1}KIO_3$，再滴加几滴淀粉溶液，混合后观察溶液颜色有无变化；然后加入 2~3 滴 $1mol \cdot L^{-1}H_2SO_4$ 溶液酸化混合液，观察有什么变化；最后加入 $6mol \cdot L^{-1}$ NaOH 使混合液显碱性，观察又有什么变化。写出有关反应方程式。

2)浓度的影响

(1)往盛有 H_2O、CCl_4 和 $0.1mol \cdot L^{-1}$ $Fe_2(SO_4)_3$ 各 0.5mL 的试管中加入 5 滴 $0.1mol \cdot$

L^{-1} KI 溶液，振荡后观察 CCl_4 层的颜色。

（2）往盛有 CCl_4、$1mol \cdot L^{-1}$ $FeSO_4$、$0.1mol \cdot L^{-1}$ $Fe_2(SO_4)_3$ 各 0.5mL 的试管中加入 5 滴 $0.1mol \cdot L^{-1}$ KI 溶液，振荡后观察 CCl_4 层的颜色。与上一实验中 CCl_4 层颜色对比有何区别？

（3）在实验（1）的试管中加入少许 NH_4F 固体，振荡，观察 CCl_4 层颜色的变化。

说明浓度对氧化还原反应的影响。

4. 酸度对氧化还原反应速率的影响

在两支各盛有 5 滴 $0.1mol \cdot L^{-1}$ KBr 溶液的试管中，分别加入 0.5mL $1mol \cdot L^{-1}$ H_2SO_4 和 $6mol \cdot L^{-1}$ HAc 溶液，然后各加入 2 滴 $0.01mol \cdot L^{-1}$ $KMnO_4$ 溶液，观察两支试管中紫红色褪去的速度。分别写出有关反应方程式。

【思考题】

这个实验是否说明高锰酸钾溶液在酸度较高时氧化性较强？为什么？

5. 氧化数居中的物质的氧化还原性

（1）在试管中加入 5 滴 $0.1mol \cdot L^{-1}$ KI 和 2~3 滴 $1mol \cdot L^{-1}$ H_2SO_4，再加入 1~2 滴 3% H_2O_2，观察试管中溶液颜色的变化。

（2）在试管中加入 2 滴 $0.01mol \cdot L^{-1}$ $KMnO_4$，再加入 3 滴 $1mol \cdot L^{-1}$ H_2SO_4，摇匀后滴加 2 滴 3% H_2O_2，观察溶液颜色的变化。

【思考题】

为什么双氧水既具有氧化性，又具有还原性？试从电极电势予以说明。

五、实验习题

（1）从实验结果讨论氧化还原反应与哪些因素有关。

（2）电解硫酸钠溶液为什么得不到金属钠？

（3）什么叫浓差电池？写出实验 2（2）的电池符号、电池反应式，并计算电池电动势。

（4）介质对高锰酸钾的氧化性有何影响？用本实验事实及电极电势予以说明。

【附注】

盐桥的制法：

称量 1g 琼脂，放在 100mL KCl 饱和溶液中浸泡一会儿，在不断搅拌下，加热煮成糊状，趁热倒入 U 形玻璃管中（管内不能留有气泡，否则会增加电阻），冷却即成。

更为简便的方法可用 KCl 饱和溶液装满 U 形玻璃管，两管口以小棉花球塞住（管内不留有气泡），即可作为盐桥使用。

试验中还可用素烧瓷筒作为盐桥。

电极的处理：电极的锌片、铜片要用砂纸擦干净，以免增大电阻。

实验 12　五水合硫酸铜结晶水的测定

——分析天平的使用方法及灼烧恒重

一、实验目的

了解结晶水合物中结晶水含量的测定原理和方法；进一步熟悉分析天平的使用，学习研钵、干燥器等仪器的使用和沙浴加热、恒重等基本操作。

二、实验原理

很多离子型的盐类从水溶液中析出时，常含有一定量的结晶水（或称水合水）。结晶水与盐类结合得比较牢固，但受热到一定温度时，可以脱去结晶水中的一部分或全部。$CuSO_4 \cdot 5H_2O$ 晶体在不同温度下按下列反应逐步脱水：

$$CuSO_4 \cdot 5H_2O \xrightarrow{48℃} CuSO_4 \cdot 3H_2O + 2H_2O$$

$$CuSO_4 \cdot 3H_2O \xrightarrow{99℃} CuSO_4 \cdot H_2O + 2H_2O$$

$$CuSO_4 \cdot H_2O \xrightarrow{218℃} CuSO_4 + H_2O$$

因此对于经过加热能脱去结晶水，又不会发生分解的结晶水合物中结晶水的测定，通常把一定量的结晶水合物（不含吸附水）置于已灼烧至恒重的坩埚中，加热至较高温度（以不超过被测定物质的分解温度为限）脱水，然后把坩埚移入干燥器中，冷却至室温，再取出用电子天平称量。由结晶水合物经高温加热后的失重值可计算出该结晶水合物所含结晶水的质量分数，以及每摩尔该盐所含结晶水的物质的量，从而可确定结晶水合物的化学式。由于压力不同、粒度不同、升温速率不同，有时可以得到不同的脱水温度及脱水过程。

三、实验用品

(1)仪器：坩埚、泥三角、坩埚钳、干燥器、铁架台、铁圈、沙浴盘、温度计（300℃）、电炉、分析天平。

(2)药品：$CuSO_4 \cdot 5H_2O(s)$。

(3)材料：滤纸、沙子。

四、仪器操作

(1)分析天平的使用，参见第三章第一节。

(2)沙浴加热，参见第二章第三节。

(3)研钵的使用方法，参见第二章表 2-1-1。

(4)干燥器的准备和使用，参见第二章第九节。

五、实验内容

1. 恒重坩埚

将一洗净的坩埚置于沙浴中加热至硫酸铜的脱水温度以上，再用干净的坩埚钳将其移入干燥器中，冷却至室温，用干净纸擦净外部沙子，用电子天平称重。重复加热至脱水温度以上、冷却、称重,直至恒重。

2. 水合硫酸铜脱水

(1)在已恒重的坩埚中加入 1.0 ~ 1.2g 研细的水合硫酸铜晶体,铺成均匀的一层,再在电子天平上准确称量坩埚及水合硫酸铜的总质量,减去已恒重坩埚的质量即为水合硫酸铜的质量。

(2)将已称量的、内装有水合硫酸铜晶体的坩埚体积的 3/4 埋入沙浴中,再在靠近坩埚的沙浴中插入一支水银温度计(300℃),其末端应与坩埚底部大致处于同一水平。控制沙浴温度为 260 ~ 280℃。当坩埚内粉末由蓝色变为白色时停止加热。用干净的坩埚钳将坩埚移入干燥器内,冷却至室温。将坩埚外壁用吸水纸擦干净,在电子天平上称量坩埚和脱水硫酸铜的总质量。计算脱水硫酸铜的质量。重复沙浴加热、冷却、称量,直到恒重(两次称量之差≤1mg)。实验后将无水硫酸铜倒入回收瓶中。

六、数据记录与结果处理

将实验数据填入表 5 – 12 – 1。由实验所得数据,计算每摩尔硫酸铜中所结合的结晶水的物质的量(计算出结果后,四舍五入取整数),并确定水合硫酸铜的化学式。

表 5 – 12 – 1

空坩埚质量/g			(空坩埚 + 五水硫酸铜的质量)/g	(加热后坩埚 + 无水硫酸铜的质量)/g		
第一次称量	第二次称量	平均值		第一次称量	第二次称量	平均值

$CuSO_4 \cdot 5H_2O$ 的质量 m_1:_____

无水硫酸铜的质量 m_2:_____

$CuSO_4$ 的物质的量 $n_1 = m_2/159.6\text{g} \cdot \text{mol}^{-1}$:_____

结晶水的质量 m_3:_____

结晶水的物质的量 $n_2 = m_3/18.0\text{g} \cdot \text{mol}^{-1}$:_____

每摩尔的 $CuSO_4$ 的结合水:_____

水合硫酸铜的化学式:_____

【思考题】

(1)在水合硫酸铜结晶水的测定中,为什么用沙浴加热并控制温度在 280℃ 左右?

(2)加热后的坩埚能否未冷却至室温就去称量?加热后的热坩埚为什么要放在干燥器内冷却?

(3)为什么要进行重复的灼烧操作?什么叫恒重?其作用是什么?

【注意事项】

(1)$CuSO_4 \cdot 5H_2O$ 的质量最好不要超过 1.2g。

(2)加热脱水一定要完全,晶体应完全变为灰白色,不能是浅蓝色。

(3)注意恒重。

(4)注意控制脱水温度。

实验 13　氢气的制备和铜相对原子质量的测定

一、实验目的

通过制取纯净的氢气来学习和练习气体的发生、收集、净化和干燥的基本操作，并通过氢气的还原性来测定铜的相对原子质量。

二、实验原理

某物质的相对原子质量在数值上等于其摩尔质量。

以纯净的 H_2 还原一定质量的 CuO，得到一定量的 Cu，其反应方程式为：

$$CuO + H_2 \xrightarrow{\triangle} Cu + H_2O$$

由反应方程式可知：

$$\frac{m_{Cu}}{M_{Cu}} = \frac{m_{CuO}}{M_{CuO}}$$

则

$$M_{Cu} = \frac{m_{Cu}}{m_0} \times M_0$$

式中　M_{Cu}——Cu 的相对原子质量；

　　　M_0——O 的相对原子质量；

　　　m_{Cu}——Cu 的质量；

　　　m_0——O 的质量。

三、实验用品

(1)仪器：小试管、启普气体发生器、洗气瓶、干燥管、分析天平、酒精灯、铁架台、铁夹、台秤。

(2)固体药品：氧化铜、锌粒、无水氯化钙。

(3)液体药品：$KMnO_4(0.1mol \cdot L^{-1})$、$Pb(Ac)_2(饱和)$、$H_2SO_4(6mol \cdot L^{-1})$。

(4)材料：导气管、橡皮管。

四、基本操作

(1)气体的发生，参见第二章第十节。

(2)按图 5 – 13 – 1 装配测定铜相对原子质量的实验装置。

(3)制备氢气：在启普气体发生器中用锌粒与稀硫酸反应制备氢气。

(4)氢气的安全操作——纯度检验：氢气是一种可燃性气体，它与空气或氧气按一定比例混合时，点火就会发生爆炸，为了实验安全，必须首先检验氢气的纯度。其检查方法是：用一支小试管收满氢气；用中指和食指夹住试管，大拇指盖住试管口，将管口移进火焰(注意：检验氢气的火焰距离发生器至少 1m)；大拇指离开管口，若听到平稳、细微的

"噗"声，则表明所收集的气体是纯净的氢气，若听到尖锐的爆鸣声，则表明气体不纯，还要做纯度检查，直到没有尖锐的爆鸣声出现为止(注意：每试验一次要换一支试管，防止用于验纯的试管中有火种，酿成爆炸的危险)。

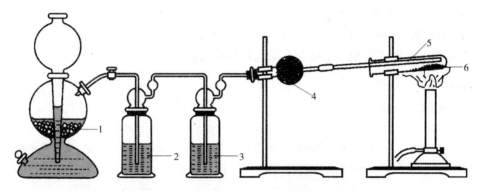

图 5 - 13 - 1　测定铜相对原子质量的装置

1—Zn + 稀硫酸；2—Pb(Ac)$_2$ 溶液；3—KMnO$_4$ 溶液；4—无水氯化钙；5—导气管；6—氧化铜

【思考题】

为什么要检验氢气的纯度？在检验氢气纯度时，为什么每试验一次要更换一支试管？

五、实验内容

(1)在分析天平上称量一个洁净而干燥的小试管，在小试管中放入已粗称过的一薄层 CuO。将氧化铜平铺好后，再准确称量小试管和氧化铜的质量。

(2)将小试管固定在铁架台上。在检验了氢气纯度以后，把导气管插入小试管并置于 CuO 上方(不要与氧化铜接触)。待小试管中的空气全部排出后(小试管中空气一定要全部排出！为什么?)，按试管中固体的加热方法加热试管，至黑色氧化铜全部转变为红色铜。

(3)移开酒精灯，继续通氢气。待小试管冷却到室温，抽出导气管，停止通气。用滤纸吸干小试管管口冷凝的水珠，再准确称量小试管和铜的质量。

【思考题】

在做完氢气的还原性实验后，拿开酒精灯后，为何还要继续通氢气至试管冷却？

六、数据记录与结果处理

小试管质量/g：_____

小试管 + 氧化铜的总质量/g：_____

小试管 + 铜的总质量/g：_____

铜的质量/g：_____

氧的质量/g：_____

铜的相对原子质量：_____

相对误差：_____

七、实验习题

(1)指出测定铜的相对原子质量实验装置图中每一部分的作用，并写出相应的化学方程式。装置中试管口为什么要向下倾斜？

（2）下列情况对测定铜的相对原子质量实验结果有何影响？

①试样中有水分或试管不干燥；

②氧化铜没有全部变成铜；

③管口冷凝的水珠没有用滤纸吸干。

（3）你能用实验证明 $KClO_3$ 里含有氯元素和氧元素吗？

【附注】

关于铜的相对原子质量的计算：

（1）根据杜隆－普蒂规则：各种固态单质的摩尔热容（摩尔质量×质量热容）均等于 25.9J·K^{-1}·mol^{-1}。以某元素的质量热容除 25.9J·K^{-1}·mol^{-1}，即得该元素的摩尔质量。因物质的相对原子质量在数值上等于其摩尔质量，故可得到该元素的相对原子质量。铜的质量热容为 0.40J·K^{-1}·g^{-1}，据此可求得铜的摩尔质量，进而得到铜的相对原子质量。

（2）由反应的计量关系求铜的摩尔质量，进而得到铜的相对原子质量。

实验 14 水的净化

一、实验目的

了解用离子交换法纯化水的原理和方法；掌握水质检验的原理和方法；学会电导率仪的正确使用方法。

二、实验原理

水是常用的溶剂，其溶解能力很强，因此天然水(河水、地下水等)中含有很多杂质。一般水中的杂质按其分散形态的不同，可以分成三类：无机物、有机物、微生物。

水的纯度对科研和工业生产关系甚大，在化学实验室中，水的纯度直接影响实验结果的准确度。因此了解水的纯度，掌握净化水的方法是每一个化学工作者应具有的基本知识。

天然水经简单的物理、化学方法处理后得到的自来水，虽然除去了悬浮物质及部分无机盐类，但仍含有较多的杂质(气体及无机盐类)。因此，在化学实验室中，自来水不能作为纯水使用。

天然水和自来水的净化，主要有以下两种方法。

1. 蒸馏法

将自来水(或天然水)在蒸馏装置中加热汽化，然后冷凝水蒸气即得到蒸馏水。蒸馏水是化学实验中最常用的较为纯净廉价的洗涤剂和溶剂。在25℃时其电阻率为$1 \times 10^5 \Omega \cdot cm$左右。

2. 电渗析法

电渗析法是将自来水通过电渗析器，除去水中阴、阳离子，实现净化的方法。

电渗析器主要由离子交换膜、电极等组成，其工作原理如图5-14-1所示。离子交换膜是整个电渗析器的关键部分，是由具有离子交换性能的高分子材料制成的薄膜。其特点是对阴、阳离子的通过具有选择性。阳离子交换膜(简称阳膜)只允许阳离子通过。所以，电渗析法除杂质离子的基本原理是：在外电场作用下，利用阴、阳离子交换膜对水中阴、阳离子的选择透过性，达到净化水的目的。

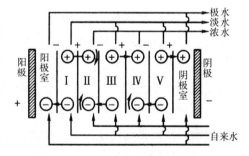

图5-14-1 电渗析器的工作原理图

电渗析水的电阻率一般为$1 \times 10^4 \sim 1 \times 10^5 \Omega \cdot cm$，比蒸馏水的纯度略低。

三、实验用品

(1)药品：732型强酸性离子交换树脂、717型强碱性离子交换树脂、钙试剂

（0.1%）、镁试剂（0.1%）、硝酸（2mol·L^{-1}）、HCl 溶液（5%）、NaOH（5%、2mol·L^{-1}）、硝酸银（0.1mol·L^{-1}）、硫酸钡（1mol·L^{-1}）。

（2）仪器：DDB-303A 型便携式电导率仪。

（3）材料：离子交换柱 3 支、自由夹 4 个、乳胶管、橡皮塞、直角玻璃弯管、直玻璃管、烧杯。

四、基本操作

（1）电导率仪的使用，参见第三章第三节。

（2）离子交换法制备纯水的原理。

离子交换树脂的预处理、装柱和树脂再生，参见第五章实验 10。

离子交换法制备纯水的原理是基于树脂中的活性基团和水中各种杂质离子间的可交换性，如图 5-14-2 所示。

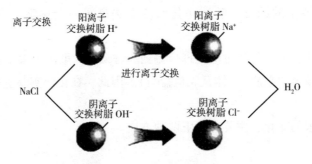

图 5-14-2　离子交换法制备纯水原理

离子交换过程是水中的杂质离子先通过扩散进入树脂颗粒内部，再与树脂活性基团中的 H$^+$ 和 OH$^-$ 发生交换，被交换出来的 H$^+$ 或 OH$^-$ 又扩散到溶液中去，并相互结合成水的过程。

经过阳离子交换树脂交换后流出的水中含有过剩的 H$^+$，因此呈酸性。同样，水通过阴离子交换树脂，交换基团的 OH$^-$ 与水中的阴离子杂质发生交换反应而交换出 OH$^-$，交换后流出的水中含有过剩的 OH$^-$，所以呈碱性。

由以上分析可知，如果含有杂质离子的原料水(工业上称为原水)单纯地通过阳离子交换树脂或阴离子交换树脂后，虽然能达到分别除去阳(或阴)离子的作用，但所得的水是非中性的。如果将原水通过阴、阳混合离子交换树脂则交换出来的 H$^+$ 和 OH$^-$ 又发生中和反应结合成水，从而得到纯度很高的去离子水。

在离子交换树脂上进行的交换反应是可逆的。杂质离子可以交换出树脂中的 H$^+$ 和 OH$^-$，而 H$^+$ 和 OH$^-$ 又可以交换出树脂所包含的杂质离子。反应主要向哪个方向进行，与水中两种离子(H$^+$ 或 OH$^-$ 与杂质离子)浓度的大小有关。当水中杂质离子较多时，杂质离子交换出树脂中的 H$^+$ 或 OH$^-$ 的反应是矛盾的主要方面；当水中杂质离子减少，树脂上的活性基团大量被杂质离子所交换时，则水中大量存在着的 H$^+$ 或 OH$^-$ 反而会把杂质离子从树脂交换下来,使树脂又转变成 H 型或 OH 型。由于交换反应的这种可逆性,所以只有两个离子交换柱(阳离子交换柱与阴离子交换柱)串联起来所生产的水仍含少数的杂质离子未经交换而遗留在水中。为了进一步提高水质,可再串联一个由阳离子交换树脂和阴离子交换树脂均匀混合的交换柱,其作用相当于串联了很多个阳离子交换柱与阴离子交换柱,而且在交换柱床层任何部位的水都是中性的,从而减少了逆反应发生的可能性(图 5 - 14 - 3)。

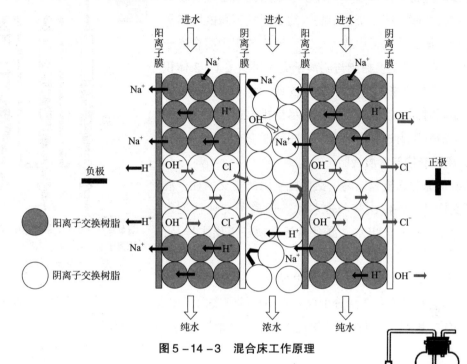

图 5 - 14 - 3 混合床工作原理

利用上述交换反应可逆的特点,既可以将原水中的杂质离子除去,达到纯化水的目的,又可以将盐型的失效树脂经过适当处理后重新恢复交换能力,解决树脂循环使用的问题。后一过程称为树脂的再生(图 5 - 14 - 4)。

另外,由于树脂是多孔网状结构,具有很强的吸附能力,所以可以同时除去电中性杂质。又由于装有树脂的交换柱本身就是一个很好的过滤器,所以颗粒状杂质也能一同除去。

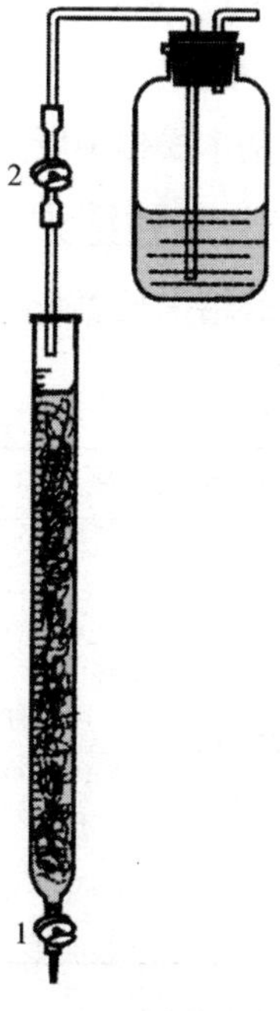

图 5 - 14 - 4 树脂再生装置
1—流出液控制夹;2—进液控制夹

五、实验内容

1. 装柱

用两只 10mL 小烧杯，分别量取再生过的阳离子交换树脂约 7mL(湿)或阴离子交换树脂约 10mL(湿)。按照装柱操作要求进行装柱。第一个柱子中装入约 1/2 柱容积的阳离子交换树脂，第二个柱中装入约 2/3 柱容积的阴离子交换树脂，第三个柱子中装入 2/3 柱容积的阴阳混合离子交换树脂(阳离子交换树脂与阴离子交换树脂按 1:2 体积比混合)。装柱完毕，按图 5-14-5 所示将 3 个柱进行串联，在串联时同样使用纯水并注意尽量排出连接管内的气泡，以免液柱阻力过大而使交换不能畅通。

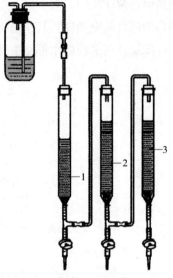

图 5-14-5　树脂交换装置
1—阳离子交换柱；2—阴离子交换柱；
3—混合离子交换柱

2. 离子交换与水质检验

依次使原料水流经阳离子交换柱、阴离子交换柱、混合离子交换柱，并依次接收原料水、阳离子交换柱流出水、阴离子交换柱流出水、混合离子交换柱流出水样品，进行以下项目检验：

(1)用电导率仪测定各样品的电导率。

(2)取各样品水各 2 滴分别放入点滴板的圆穴内，按表 5-14-1 所示方法检测 Ca^{2+}、Mg^{2+}、SO_4^{2-} 和 Cl^-，将检验结果填入表中，并根据检验结果作出结论。

3. 再生

按基本操作中所述的方法再生阴、阳离子交换树脂。

六、实验结果

实验结果见表 5-14-1。

表 5-14-1　实验结果

检测项目	电导率	pH	Ca^{2+}	Mg^{2+}	Cl^-	SO_4^{2-}	结论
检验方法	测电导率/$\mu S \cdot cm^{-1}$	pH 试纸	加入 1 滴 $2mol \cdot L^{-1}$ NaOH 和 1 滴钙试剂溶液，观察有无红色生成	加入 1 滴 $2mol \cdot L^{-1}$ NaOH 溶液和 1 滴镁试剂溶液，观察有无天蓝色沉淀生成	加入 1 滴 $2mol \cdot L^{-1}$ 硝酸酸化，再加入 1 滴 0.1mol·L^{-1} 的硝酸银溶液，观察有无白色沉淀生成	加入 1 滴 $1mol \cdot L^{-1}$ $BaCl_2$ 溶液，观察有无白色沉淀生成	

检测项目		电导率	pH	Ca^{2+}	Mg^{2+}	Cl$^-$	SO$_4^{2-}$	结论
样品水	自来水							
	阳离子交换柱流出水							
	阴离子交换柱流出水							
	混合离子交换柱流出水							

七、实验习题

(1)天然水中主要的无机盐杂质是什么？试述离子交换法净化水的原理。

(2)用电导率仪测定水纯度的依据是什么？

(3)如何筛分混合的阴、阳离子交换树脂？

实验 15　$I_3^- \rightleftharpoons I^- + I_2$ 平衡常数的测定

一、实验目的

测定 $I_3^- \rightleftharpoons I^- + I_2$ 的平衡常数；加强对化学平衡、平衡常数的理解并了解平衡移动原理；练习滴定操作。

二、实验原理

碘溶于碘化钾溶液中形成 I_3^-，并建立下列平衡：

$$I_3^- \rightleftharpoons I^- + I_2 \tag{1}$$

在一定温度条件下其平衡常数为：

$$K = \frac{a_{I^-} \cdot a_{I_2}}{a_{I_3^-}} = \frac{\gamma_{I^-} \cdot \gamma_{I_2}}{\gamma_{I_3^-}} \cdot \frac{[I^-][I_2]}{[I_3^-]}$$

式中　　　　　　　a——活度；

γ——活度系数；

$[I^-]$、$[I_2]$、$[I_3^-]$——平衡浓度。

由于在离子强度不大的溶液中：

$$\frac{\gamma_{I^-} \cdot \gamma_{I_2}}{\gamma_{I_3^-}} \approx 1$$

所以　　　　　　　　　　　$K \approx \frac{[I^-][I_2]}{[I_3^-]} \tag{2}$

为了测定平衡时的 $[I^-]$、$[I_2]$、$[I_3^-]$，可用过量固体碘与已知浓度的碘化钾溶液一起摇荡，达到平衡后，取上层清液，用标准硫代硫酸钠溶液进行滴定：

$$2S_2O_3^{2-} + I_2 \longrightarrow 2I^- + S_4O_6^{2-}$$

由于溶液中存在 $I_3^- \rightleftharpoons I^- + I_2$ 的平衡，所以用硫代硫酸钠溶液滴定，最终测到的是平衡时的 I_2 和 I_3^- 的总浓度。设这个总浓度为 c，则

$$c = [I_2] + [I_3^-] \tag{3}$$

$[I_2]$ 可用在相同温度条件下，测定过量固体碘与水处于平衡时，溶液中碘的浓度来代替，设这个总浓度为 c'，则

$$[I_2] = c'$$

整理式(3)得：　　　　　　　$[I_3^-] = c - [I_2] = c - c'$

从式(1)可以看出，形成一个 I_3^- 就需要一个 I^-，所以平衡时 $[I^-]$ 为：

$$[I^-] = c_0 - [I_3^-]$$

式中　c_0——碘化钾的起始浓度。

将$[I^-]$、$[I_2]$、$[I_3^-]$代入式(2)中即可求得在此温度条件下的平衡常数K。

三、实验用品

(1)仪器：量筒、吸量管、碘量瓶、碱式滴定管、移液管、锥形瓶、洗耳球。

(2)固体药品：碘。

(3)液体药品：KI（0.0100mol · L^{-1}、0.0200mol · L^{-1}）、Na$_2$S$_2$O$_3$标准溶液（0.0050mol · L^{-1}）、淀粉溶液（0.2%）。

四、仪器操作

(1)量筒的使用，参见第二章第五节。

(2)滴定管的使用，参见第二章第五节。

(3)移液管、吸量管的使用，参见第二章第五节。

五、实验内容

(1)取两只干燥的100mL碘量瓶和一只250mL碘量瓶，分别标上1号、2号、3号。用量筒分别取80mL 0.0100mol · L^{-1} KI溶液注入1号瓶，80mL 0.0200mol · L^{-1} KI溶液注入2号瓶，200mL蒸馏水注入3号瓶。然后在每个瓶内各加入0.5g研细的碘，盖好瓶塞。

【思考题】

为什么本实验中量取标准溶液时，有的用移液管，有的用量筒？

(2)将3只碘量瓶在室温下振荡或者在磁力搅拌器上搅拌30min，然后静置10min，待过量固体碘完全沉于瓶底后，取上层清液进行滴定。

【思考题】

①进行滴定分析，仪器要做哪些准备？由于碘易挥发，所以在取溶液和滴定时操作上要注意什么？

②在试验中以固体碘与水的平衡浓度代替碘与I$^-$的平衡浓度，会引起怎样的误差？为什么可以代替？

(3)用10mL吸量管取1号瓶上层清液两份，分别注入250mL锥形瓶中，再各注入40mL蒸馏水，用0.0050mol · L^{-1} Na$_2$S$_2$O$_3$标准溶液滴定其中一份至呈淡黄色时(注意不要滴过量)，注入4mL 0.2%淀粉溶液，此时溶液应呈蓝色，继续滴定至蓝色刚好消失。记下所消耗的Na$_2$S$_2$O$_3$溶液的体积。平行做第二份清液。

以同样的方法滴定2号瓶上层的清液。

(4)用50mL移液管取3号瓶上层清液两份，用0.0050mol · L^{-1} Na$_2$S$_2$O$_3$标准溶液滴定，方法同上。

将数据记入表5 - 15 - 1中。

六、数据记录及结果处理

用Na$_2$S$_2$O$_3$标准溶液滴定碘时，相应碘的浓度计算方法如下：

1 号、2 号瓶：

$$c = \frac{c_{Na_2S_2O_3} \cdot V_{Na_2S_2O_3}}{2V_{KI-I_2}}$$

3 号瓶：

$$c' = \frac{c_{Na_2S_2O_3} \cdot V_{Na_2S_2O_3}}{2V_{H_2O-I_2}}$$

表 5-15-1　数据记录及结果　　　　　　室温_____

瓶 号		1	2	3
取样体积 V/mL		10.00	10.00	50.00
$Na_2S_2O_3$ 溶液的用量/mL	I			
	II			
	平均			
$Na_2S_2O_3$ 溶液的浓度/mol·L^{-1}				
[I_2]与[I_3^-]的总浓度 c/mol·L^{-1}				—
水溶液中碘的平衡浓度 c'/mol·L^{-1}		—	—	
[I_2]/mol·L^{-1}				—
[I_3^-]/mol·L^{-1}				—
c_0/mol·L^{-1}				—
[I^-]/mol·L^{-1}				—
K				—
$K_{平均}$				—

本实验测定的 K 值在 $1.0 \times 10^{-3} \sim 2.0 \times 10^{-3}$ 范围内为合格（文献值 $K = 1.5 \times 10^{-3}$）。

七、实验习题

(1)本实验中，碘的用量是否要准确称取？为什么？

(2)出现下列情况时，将会对本实验产生何种影响？

①所取碘的量不够；

②三只碘量瓶没有充分振荡；

③在吸取清液时，不注意将沉在溶液底部或溶液表面的少量固体碘带入吸量管。

【附注】

测定平衡常数严格地说应在恒温条件下进行。为此用恒温水浴测定 25℃时的反应平衡常数，其实验步骤变更如下：

首先将恒温水浴的温度调至 25℃，然后将装有配好溶液的 3 只碘量瓶激烈振荡 15min，再置于恒温水浴中；然后每隔 10min 取出激烈振荡 0.5 ~ 1min，三次振荡后，在水中静置 15min。滴定步骤同前。

实验 16　配位化合物和配位平衡

一、实验目的

比较并解释配离子的稳定性；了解配位平衡与其他平衡之间的关系；了解配合物的一些应用。

二、实验用品

$HCl(1mol \cdot L^{-1})$、$NH_3 \cdot H_2O(2mol \cdot L^{-1}$、$6mol \cdot L^{-1})$、$KI(0.1mol \cdot L^{-1})$、$KBr$ $(0.1mol \cdot L^{-1})$、$K_4[Fe(CN)_6](0.1mol \cdot L^{-1})$、$K_3[Fe(CN)_6](0.1mol \cdot L^{-1})$、$NaCl$ $(0.1mol \cdot L^{-1})$、$Na_2S(0.1mol \cdot L^{-1})$、$Na_2SO_3(0.1mol \cdot L^{-1})$、EDTA 二钠盐$(0.1mol \cdot L^{-1})$、$NH_4SCN(0.1mol \cdot L^{-1}$、饱和$)$、$(NH_4)_2C_2O_4$（饱和）、$NH_4F(2mol \cdot L^{-1})$、$AgNO_3$ $(0.1mol \cdot L^{-1})$、$CuSO_4(0.1mol \cdot L^{-1})$、$HgCl_2(0.1mol \cdot L^{-1})$、$FeCl_3(0.1mol \cdot L^{-1})$、$Ni^{2+}$试液、$Fe^{3+}$ 和 Co^{2+} 混合试液、碘水、锌粉、二乙酰二肟（1%）、乙醇（95%）、戊醇等。

三、实验内容

1. 简单离子与配离子的区别

在分别盛有 2 滴 $0.1mol \cdot L^{-1}$ $FeCl_3$ 溶液和 $K_3[Fe(CN)_6]$ 溶液的两支试管中，分别滴入 2 滴 $0.1mol \cdot L^{-1}$ NH_4SCN 溶液，有何现象？两种溶液中都有 Fe(Ⅲ)，如何解释上述现象？

2. 配离子稳定性的比较

（1）往盛有 2 滴 $0.1mol \cdot L^{-1}$ $FeCl_3$ 溶液的试管中，加 $0.1mol \cdot L^{-1}$ NH_4SCN 溶液数滴，观察有何现象？然后再逐滴加入饱和$(NH_4)_2C_2O_4$ 溶液，观察溶液颜色有何变化？写出有关反应方程式，并比较 Fe^{3+} 的两种配离子的稳定性大小。

（2）在盛有 10 滴 $0.1mol \cdot L^{-1}$ $AgNO_3$ 溶液的试管中，加入 10 滴 $0.1mol \cdot L^{-1}$ $NaCl$ 溶液，微热，分离除去上层清液，然后在该试管中按下列的次序进行试验：

①滴加 $6mol \cdot L^{-1}$ 氨水（不断摇动试管）至沉淀刚好溶解；

②加 10 滴 $0.1mol \cdot L^{-1}$ KBr 溶液，有何沉淀生成？

③除去上层清液，滴加 $1mol \cdot L^{-1}$ $Na_2S_2O_3$ 溶液至沉淀溶解。

④滴加 $0.1mol \cdot L^{-1}$ KI 溶液，又有何沉淀生成？

写出以上各反应的方程式，并根据实验现象比较：

①$[Ag(NH_3)_2]^+$、$[Ag(S_2O_3)_2]^{3-}$ 稳定性的大小；

②AgCl、AgBr、AgI 的 $K_{sp}^{\ominus}$ 的大小。

（3）在 0.5mL 碘水中，逐滴加入 $0.1mol \cdot L^{-1}$ $K_4[Fe(CN)_6]$ 溶液，振荡，有何现象？

写出反应式。

结合 Fe^{3+} 可以把 I^- 氧化成 I_2 这一实验结果，试比较 $E^\ominus(Fe^{3+}/Fe^{2+})$ 与 $E^\ominus([Fe(CN)_6]^{3-}/[Fe(CN)_6]^{4-})$ 的大小，并根据两者电极电势的大小，比较 $[Fe(CN)_6]^{3-}$ 和 $[Fe(CN)_6]^{4-}$ 稳定性的大小。

3. 配位解离平衡的移动

在盛有 5mL $0.1mol \cdot L^{-1}$ $CuSO_4$ 溶液的小烧杯中加入 $6mol \cdot L^{-1}$ 氨水，直至最初生成的碱式盐 $Cu_2(OH)_2SO_4$ 沉淀又溶解为止。然后加入 6mL 95% 的乙醇，观察晶体的析出。将晶体过滤，用少量乙醇洗涤晶体，观察晶体的颜色。写出反应式。

取上面制备的 $[Cu(NH_3)_4]SO_4$ 晶体少许溶于 4mL $2mol \cdot L^{-1}$ $NH_3 \cdot H_2O$ 中，得到含 $[Cu(NH_3)_4]^{2+}$ 的溶液。今欲破坏该配离子，请按下述要求，自己设计实验步骤进行实验，并写出有关反应式。

(1)利用酸碱反应破坏 $[Cu(NH_3)_4]^{2+}$；

(2)利用沉淀反应破坏 $[Cu(NH_3)_4]^{2+}$；

(3)利用氧化还原反应破坏 $[Cu(NH_3)_4]^{2+}$；

提示：
$$[Cu(NH_3)_4]^{2+} + 2e^- \rightleftharpoons Cu + 4NH_3 \qquad E^\ominus = -0.02V$$
$$[Zn(NH_3)_4]^{2+} + 2e^- \rightleftharpoons Zn + 4NH_3 \qquad E^\ominus = -1.02V$$

(4)利用生成更稳定配合物(如螯合物)的方法破坏 $[Cu(NH_3)_4]^{2+}$。

4. 配合物的某些应用

(1)利用生成有色配合物定性鉴定某些离子　Ni^{2+} 与二乙酰二肟作用生成鲜红色螯合物沉淀。H^+ 不利于 Ni^{2+} 的检出，二乙酰二肟是弱酸，H^+ 浓度太大，Ni^{2+} 沉淀不完全或不生成沉淀。但 OH^- 的浓度也不宜太大，否则会生成 $Ni(OH)_2$ 的沉淀。合适的酸度是 pH = 5~10。

实验：在白色滴板上加入 Ni^{2+} 试液 1 滴、$6mol \cdot L^{-1}$ 氨水 1 滴和 1% 二乙酰二肟溶液 1 滴，有鲜红色沉淀生成表示有 Ni^{2+} 存在。

(2)利用生成配合物掩蔽干扰离子　在定性鉴定中如果遇到干扰离子，常常利用形成配合物的方法把干扰离子掩蔽起来。例如 Co^{2+} 溶液，可以利用 Co^{2+} 与 SCN^- 反应生成 $[Co(NCS)_4]^{2-}$，该配离子易溶于有机溶剂呈现蓝绿色。若 Co^{2+} 溶液中含有 Fe^{3+}，因 Fe^{3+} 遇 SCN^- 生成红色的配离子而产生干扰，此时我们可利用 Fe^{3+} 与 F^- 形成更稳定的无色 $[FeF_6]^{3-}$，把 Fe^{3+} "掩蔽" 起来，从而避免它的干扰。

实验：取 Fe^{3+} 和 Co^{2+} 混合试液 2 滴于一试管中，加 8~10 滴饱和 NH_4SCN 溶液，有何现象产生？逐滴加入 $2mol \cdot L^{-1}$ NH_4F 溶液，并摇动试管，有何现象？最后加戊醇 6 滴，振荡试管，静置，观察戊醇层的颜色(这是 Co^{2+} 的鉴定方法)。

(3)硬水软化　取 2 只 100mL 烧杯，各盛 50mL 自来水(用井水效果更明显)，在其中一只烧杯中加入 3~5 滴 $0.1mol \cdot L^{-1}$ EDTA 二钠盐溶液。然后将两只烧杯中的水加热煮沸

10min，可以看到未加 EDTA 二钠盐溶液的烧杯中有白色 $CaCO_3$ 等悬浮物生成，而加 EDTA 二钠盐溶液的烧杯中则没有，这表明水中 Ca^{2+} 等阳离子发生了什么变化？为何没有白色悬浮物产生？

四、实验习题

(1)衣服上沾有铁锈时，常用草酸清洗，试说明原理。

(2)可用哪些不同类型的反应，使$[Fe(NCS)]^{2+}$的红色褪去？

(3)在印染业的染浴中，常因某些离子(如 Fe^{3+}、Cu^{2+} 等)使染料颜色发生改变，加入 EDTA 便可纠正此弊，试说明原理。

(4)请用适当的方法将下列各组化合物逐一溶解：

①$AgCl$、$AgBr$、AgI；

②$Mg(OH)_2$、$Zn(OH)_2$、$Al(OH)_3$；

③CuC_2O_4、CuS。

实验 17　磺基水杨酸合铁(Ⅲ)配合物的组成及其稳定常数的测定

一、实验目的

了解光度法测定配合物的组成及其稳定常数的原理和方法；测定 pH < 2.5 时磺基水杨酸合铁(Ⅲ)配合物的组成及其稳定常数；学习分光光度计的使用。

二、实验原理

磺基水杨酸($\begin{matrix}HOOC\\HO\end{matrix}$——SO$_3$H，简式为 H$_3$R)与 Fe^{3+} 可以形成稳定的配合物，因溶液 pH 不同，形成配合物的组成也不同。本实验将测定 pH < 2.5 时所形成红褐色的磺基水杨酸合铁(Ⅲ)配离子的组成及其稳定常数。

测定配合物的组成常用光度法，其基本原理如下：

当一束波长一定的单色光通过有色溶液时，一部分光被溶液吸收，一部分光透过溶液。对光被溶液吸收和透过的程度，通常有两种表示方法：

一种是用透光率 T 表示，即透过光的强度 I_t 与入射光的强度 I_0 之比：

$$T = I_t / I_0$$

另一种是用吸光度 A(又称消光度、光密度)来表示，它是取透光率的负对数：

$$A = -\lg T = \lg(I_0 / I_t)$$

A 值大表示光被有色溶液吸收的程度大，反之 A 值小，光被溶液吸收的程度小。

实验结果证明：有色溶液对光的吸收程度与溶液的浓度 c 和光穿过的液层厚度 d 的乘积成正比。这一规律称为朗伯 - 比耳定律：

$$A = \varepsilon cd$$

式中 ε 是消光系数(或吸光系数)。当波长一定时，它是有色物质的一个特征常数。

由于所测溶液中，磺基水杨酸是无色的，Fe^{3+} 溶液的浓度很稀，也可认为是无色的，只有磺基水杨酸合铁配离子(MR$_n$)是有色的。因此，溶液的吸光度只与配离子的浓度成正比。通过对溶液吸光度的测定，可以求出该配离子的组成。

下面介绍一种常用的测定方法。

等摩尔系列法：即用一定波长的单色光，测定一系列组分变化的溶液的吸光度(中心离子 M 和配体 R 的总物质的量保持不变，而 M 和 R 的摩尔分数连续变化)。显然，在这一系列溶液中，有一些溶液的金属离子是过量的，而另一些溶液配体也是过量的；在这两部分溶液中，配离子的浓度都不可能达到最大值；只有当溶液中金属离子与配体的摩尔比与配离子的组成一致时，配离子的浓度才能最大。由于中心离子和配体对光几乎不吸收，所以配离子的浓度越大，溶液的吸光度也越大，总的说来就是在特定波长下，测定一系列的$[R]/([M]+[R])$组成溶液的吸光度A，作$A-[R]/([M]+[R])$的曲线图，则曲线必然存在着极大值，而极大值所对应的溶液组成就是配合物的组成，如图5-17-1所示。

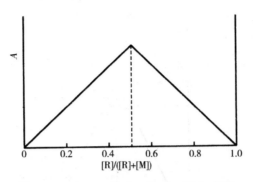

图5-17-1 $A-[R]/([M]+[R])$曲线

但是当金属离子 M 和配体 R 实际存在着一定程度的吸收时，所观察到的吸光度A就并不是完全由配合物MR_n的吸收所引起，此时需要加以校正，其校正的方法如下。

分别测定单纯金属离子和单纯配离子溶液的吸光度M和N。在$A-[R]/([M]+[R])$的曲线图上，过$[R]/([M]+[R])$等于0和1.0的两点作直线MN，则直线上所表示的不同组成的吸光度数值，可以认为是由于$[M]$及$[R]$的吸收所引起的。因此，校正后的吸光度A'应等于曲线上的吸光度数值减去相应组成下直线上的吸光度数值，即$A'=A-A_0$，如图5-17-2所示。最后作$A'-[R]/([M]+[R])$的曲线，该曲线极大值所对应的组成才是配合物的实际组成，如图5-17-3所示。

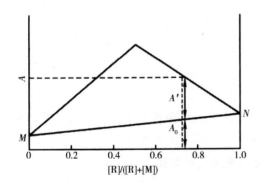

图5-17-2 $A-[R]/([M]+[R])$曲线

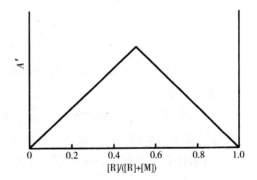

图5-17-3 $A'-[R]/([M]+[R])$曲线

设$x_{(R)}$为曲线极大值所对应的配体的摩尔分数：

$$x_{(R)}=\frac{[R]}{[M]+[R]}$$

则配合物的配位数为：

$$n=\frac{[R]}{[M]}=\frac{x_{(R)}}{1-x_{(R)}}$$

由图 5 – 17 – 4 可看出，最大吸光度 A 点可被认为是 M 和 R 全部形成配合物时的吸光度，其值为 ε_1。由于配离子有一部分解离，其浓度要稍小一些，所以实验测得的最大吸光度在 B 点，其值为 ε_2，因此配离子的解离度 α 可表示为：

$$\alpha = \frac{\varepsilon_1 - \varepsilon_2}{\varepsilon_1}$$

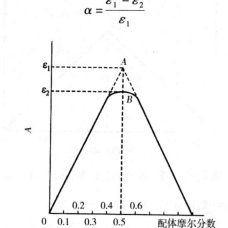

图 5 – 17 – 4　等摩尔系列法

对于 1 : 1 组成配合物，根据以下关系式即可导出稳定常数 K。
平衡浓度为：

$$\text{M} + \text{R} \Longrightarrow \text{MR}$$

$$c\alpha \quad c\alpha \qquad c - c\alpha$$

则

$$K = \frac{[\text{MR}]}{[\text{M}][\text{R}]} = \frac{1 - \alpha}{c\alpha^2}$$

式中 c 是相应于 A 点的金属离子浓度。

【思考题】

(1) 用等摩尔系列法测定配合物组成时，为什么说溶液中金属离子与配位体的摩尔比正好与配离子组成相同时，配离子的浓度为最大？

(2) 用吸光度对配体的体积分数作图是否可求得配合物的组成？

三、实验用品

(1) 仪器：7200 型分光光度计、烧杯、容量瓶（100mL）、吸量管（10mL）、锥形瓶（150mL）。

(2) 液体药品：$HClO_4$（0.01mol · L^{-1}）、磺基水杨酸（0.0100mol · L^{-1}）、Fe^{3+} 溶液（0.0100mol · L^{-1}）。

四、仪器操作

(1) 溶液的配制，参见第五章实验 4。

（2）吸量管的使用操作，参见第二章第五节。

（3）容量瓶的使用操作，参见第二章第五节。

（4）分光光度计的使用，参见第三章第四节。

五、实验内容

1. 配制系列溶液

（1）配制 $0.0010\text{mol}\cdot\text{L}^{-1}$ Fe^{3+} 溶液。准确吸取 10.0mL $0.0100\text{mol}\cdot\text{L}^{-1}$ Fe^{3+} 溶液，加入 100mL 容量瓶中，用 $0.01\text{mol}\cdot\text{L}^{-1}$ $HClO_4$ 溶液稀释至刻度，摇匀备用。

（2）同法配制 $0.0010\text{mol}\cdot\text{L}^{-1}$ 磺基水杨酸溶液。

（3）用三支 10mL 吸量管按表 5 - 17 - 1 列出的体积，分别吸取 $0.01\text{mol}\cdot\text{L}^{-1}$ $HClO_4$、$0.0010\text{mol}\cdot\text{L}^{-1}$ Fe^{3+} 溶液和 $0.0010\text{mol}\cdot\text{L}^{-1}$ 磺基水杨酸溶液，逐一注入 11 只 50mL 锥形瓶中，摇匀。

【思考题】

（1）在测定中为什么要加高氯酸，且高氯酸浓度比 Fe^{3+} 浓度大 10 倍？

（2）若 Fe^{3+} 浓度和磺基水杨酸的浓度不恰好都是 $0.0100\text{mol}\cdot\text{L}^{-1}$，如何计算 H_3R 的摩尔分数？

2. 测定系列溶液的吸光度

用 7200 型分光光度计（波长为 500nm 的光源）测系列溶液的吸光度，将测得的数据记录于表 5 - 17 - 1 中。

表 5 - 17 - 1　测定系列溶液的吸光度

序号	HClO₄ 溶液的体积/ mL	Fe³⁺ 溶液的体积/ mL	H₃R 溶液的体积/ mL	H₃R 的 摩尔分数	吸光度
1	10.0	10.0	0.0		
2	10.0	9.0	1.0		
3	10.0	8.0	2.0		
4	10.0	7.0	3.0		
5	10.0	6.0	4.0		
6	10.0	5.0	5.0		
7	10.0	4.0	6.0		
8	10.0	3.0	7.0		
9	10.0	2.0	8.0		
10	10.0	1.0	9.0		
11	10.0	0.0	10.0		

以吸光度对磺基水杨酸的摩尔分数作图，从图中找出最大吸收峰，求出配合物的组成和稳定常数。

六、实验习题

(1)在测定吸光度时，如果温度变化较大，对测定的稳定常数有何影响？

(2)实验中，每个溶液的 pH 是否一样？如不一样对结果有何影响？

(3)使用分光光度计要注意哪些问题？

【附注】

(1)药品的配制：

高氯酸($0.01\text{mol} \cdot \text{L}^{-1}$)：将 4.4mL 70% $HClO_4$ 加到 50mL 水中，再稀释到 5000mL。

Fe^{3+}溶液($0.0100\text{mol} \cdot \text{L}^{-1}$)：将 4.82g 分析纯硫酸铁铵$(NH_4)Fe(SO_4)_2 \cdot 12H_2O$ 晶体溶于 1L $0.01\text{mol} \cdot \text{L}^{-1}$高氯酸中配制而成。

磺基水杨酸($0.0100\text{mol} \cdot \text{L}^{-1}$)：将 2.54g 分析纯磺基水杨酸溶于 1L $0.01\text{mol} \cdot \text{L}^{-1}$高氯酸中配制而成。

(2)本实验测得的是表观稳定常数，如欲得到热力学稳定常数，还需要控制测定时的温度、溶液的离子强度以及配位体在实验条件下的存在状态等因素。

第六章　元素性质实验

第一部分　p 区非金属元素

p 区非金属元素的价电子构型为 $ns^2np^{1\sim6}$，包括在硼族、碳族、氮族、氧族、卤族及稀有气体 6 族中共 22 种元素。

p 区非金属元素的价电子在原子最外层的 $nsnp$ 轨道上。这些元素随价电子数的增多，由失电子的倾向逐渐过渡为共享电子，以致被得电子倾向所代替。故在周期系中同周期元素从左到右随着原子序数的增加，非金属活性逐渐增强；同族元素从上到下，得电子能力依次减弱。

卤素的价电子构型为 ns^2np^5，是典型的非金属元素。除负一价的卤离子 X^- 外，卤素的任何价态均有较强的氧化性。卤素单质在常温下都以双原子分子存在，它们都是强氧化剂，能发生置换、倒置换、歧化等反应。卤素单质的氧化性顺序为 $F_2 > Cl_2 > Br_2 > I_2$，卤离子的还原能力为 $I^- > Br^- > Cl^- > F^-$。

卤素单质 X_2 在碱液中发生歧化，既可生成 X^- 和 XO^-，也可生成 X^- 和 XO_3^-，这主要由卤素的本性和反应的温度所决定，以氯为例：

$$Cl_2 + 2OH^- \xrightarrow{\text{冷水}} Cl^- + ClO^- + H_2O$$

$$Cl_2 + 6OH^- \xrightarrow{348K} 5Cl^- + ClO_3^- + 3H_2O$$

除氟以外，卤素（Cl、Br、I）能形成四种氧化态的含氧酸（次、亚、正、高）。这些含氧酸及其盐在性质上呈明显的规律性。现以氯为例，总结如下：

		热稳定性增强，氧化能力减弱，酸性增强 →			
氧化能力减弱	热稳定性增强	HClO	HClO₂	HClO₃	HClO₄
		NaClO	NaClO₂	NaClO₃	NaClO

氧族元素位于周期表中 ⅥA 族，其价电子构型为 ns^2np^4。其中氧和硫为较活泼的非金属。

在氧的化合物中，H_2O_2 是一种淡蓝色的黏稠液体，通常所用的 H_2O_2 溶液为含 H_2O_2 3% 或 30% 的水溶液。

H_2O_2 不稳定，易分解释放出 O_2。光照、受热、增大溶液碱度或存在痕量重金属物质（如 Cu^{2+}、MnO_2 等）都会加速 H_2O_2 的分解。

H_2O_2 中氧的氧化态居中，所以 H_2O_2 既有氧化性又有还原性。

在酸性溶液中，H_2O_2 能使 $Cr_2O_7^{2-}$ 生成蓝色的 $CrO(O_2)_2$。$CrO(O_2)_2$ 不稳定，在水溶液中与 H_2O_2 进一步生成 Cr^{3+}，蓝色消失。

$$4H_2O_2 + Cr_2O_7^{2-} + 2H^+ \Longrightarrow 2CrO(O_2)_2 + 5H_2O$$

$$2CrO(O_2)_2 + 7H_2O_2 + 6H^+ \Longrightarrow 2Cr^{3+} + 7O_2\uparrow + 10H_2O$$

由于 $CrO(O_2)_2$ 能与某些有机溶剂如乙醚、戊醇等形成较稳定的蓝色配合物，故此反应常用来鉴定 H_2O_2。

硫的化合物中，H_2S、S^{2-} 具有强还原性，而浓 H_2SO_4、$H_2S_2O_8$ 及其盐具有强氧化性。例如：

$$2H_2S + O_2 \Longrightarrow 2S\downarrow + 2H_2O$$

$$5S_2O_8^{2-} + 2Mn^{2+} + 8H_2O \xrightarrow{Ag^+} 2MnO_4^- + 10SO_4^{2-} + 16H^+$$

氧化数为 $+6 \sim -2$ 之间的硫的化合物既有氧化性又有还原性，但以还原性为主。例如：

$$2S_2O_3^{2-} + I_2 \Longrightarrow S_4O_6^{2-} + 2I^-$$

$$S_2O_3^{2-} + 4Cl_2 + 5H_2O \Longrightarrow 2SO_4^{2-} + 8Cl^- + 10H^+$$

在水溶液中不存在 H_2SO_3 和 $H_2S_2O_3$，而只存在 SO_3^{2-} 和 $S_2O_3^{2-}$ 的盐溶液。这些盐溶液遇酸则分解：

$$S_2O_3^{2-} + 2H^+ \Longrightarrow SO_2\uparrow + S\downarrow + H_2O$$

大多数金属硫化物溶解度小，且具有特征的颜色。

氮、磷位于周期表ⅤA族，其价电层中有 5 个电子，主要形成氧化数为 -3、$+3$、$+5$ 的化合物。

HNO_2 极不稳定，常温下即发生歧化分解：

$$2HNO_2 \Longrightarrow NO_2\uparrow + NO\uparrow + H_2O$$

铵盐的热分解随组成铵盐的酸根的性质及分解条件的不同而有不同的分解方式，硝酸盐的热分解则随金属元素活泼性的不同而不同。

硝酸具有强氧化性。亚硝酸及其盐有氧化性也有还原性，当遇到强氧化剂时它显示还原性，遇到强还原剂时它显示氧化性。

磷酸为非氧化性的三元中强酸，分子间易脱水缩合而成环状或链状的多磷酸，如偏磷酸、焦磷酸等，这些酸根对金属离子有很强的配位能力，故可用作金属离子的掩蔽剂、软水剂、去垢剂等。

与磷酸的分级解离相对应，易溶的磷酸盐发生分级水解。在难溶的磷酸盐中，正盐的溶解度最小。

　　硅酸是一种几乎不溶于水的二元弱酸，由于硅酸易发生缩合作用，所以硅酸从水溶液中析出时一般呈凝胶状，烘干、脱水后得到干燥剂——硅胶。

　　硼的价电子构型为 $2s^2 2p^1$，其价电子数少于其价层轨道数，故硼的化学性质主要表现在缺电子性质上。

　　硼酸是一元弱酸，它在水溶液中不是本身释放 H^+，而是分子中的硼原子加合了来自水的 OH^- 使水释放出 H^+：

$$H_3BO_3 + H_2O \rightleftharpoons H^+ + [B(OH)_4]^-$$

　　在硼酸溶液中加入多羟基化合物（如甘油），由于生成了比 $[B(OH)_4]^-$ 更稳定的配离子，上述平衡右移，从而大大增强了硼酸的酸性。

　　在浓 H_2SO_4 存在下，硼酸能与醇（如甲醇、乙醇）发生酯化反应生成硼酸酯，该硼酸酯燃烧呈特有的绿色火焰。此性质可用于鉴别硼酸根。

　　硼酸可缩合为链状或环状的多硼酸。常见的多硼酸是四硼酸，其盐为硼砂。硼砂、B_2O_3、H_3BO_3 在熔融状态下均能溶解一些金属氧化物，并依金属的不同而显示特征的颜色。例如：

$$3Na_2B_4O_7 + Cr_2O_3 =\!=\!= 6NaBO_2 \cdot 2Cr(BO_2)_3 (绿色)$$

$$CoO + B_2O_3 =\!=\!= Co(BO_2)_2 (蓝色)$$

实验 18　p 区非金属元素（一）（卤素、氧、硫）

一、实验目的

掌握卤素单质、次氯酸盐和氯酸盐的强氧化性及区别；掌握 H_2O_2 的某些重要性质，掌握不同氧化态硫的化合物的主要性质；了解氯、溴、氯酸钾的安全操作。

二、实验用品

(1) 仪器：试管、滴管、离心试管、离心机、水浴锅、试管夹。

(2) 固体药品：二氧化锰、过二硫酸钾、氯酸钾。

(3) 液体药品：HCl（浓、$2mol \cdot L^{-1}$）、H_2SO_4（$3mol \cdot L^{-1}$、$1mol \cdot L^{-1}$）、HNO_3（浓）、KI（$0.2mol \cdot L^{-1}$）、KBr（$0.2mol \cdot L^{-1}$）、$KClO_3$（$0.2mol \cdot L^{-1}$）、$NaClO$（$0.2mol \cdot L^{-1}$）、$KMnO_4$（$0.1mol \cdot L^{-1}$）、$K_2Cr_2O_7$（$0.5mol \cdot L^{-1}$）、Na_2S（$0.2mol \cdot L^{-1}$）、Na_2SO_3（$0.5mol \cdot L^{-1}$）、$Na_2S_2O_3$（$0.2mol \cdot L^{-1}$）、$CuSO_4$（$0.2mol \cdot L^{-1}$）、$MnSO_4$（$0.2mol \cdot L^{-1}$、$0.002mol \cdot L^{-1}$）、$Pb(NO_3)_2$（$0.2mol \cdot L^{-1}$）、$AgNO_3$（$0.2mol \cdot L^{-1}$）、H_2O_2（3%）、氯水、溴水、碘水、CCl_4、乙醚、品红、硫代乙酰胺（$0.1mol \cdot L^{-1}$）。

(4) 材料：碘化钾淀粉试纸、pH 试纸。

三、仪器操作

离心分离，参见第二章第七节。

四、实验内容

1. Cl_2、Br_2、I_2 的氧化性及 Cl^-、Br^-、I^- 的还原性

以实验用品中所给试剂设计实验，验证卤素单质的氧化性强弱和卤离子的还原性强弱。根据实验现象写出反应方程式，说明卤素单质的氧化性顺序和卤离子的还原性顺序。

【思考题】

用润湿的碘化钾淀粉试纸检验氯气时，试纸先呈蓝色，当在氯气中放置时间较长时，蓝色褪去。为什么？

2. 卤素含氧酸盐的性质

1）次氯酸钠的氧化性

取四支试管分别注入 0.5mL $0.2mol \cdot L^{-1}$ NaClO 溶液。

第一支试管中加入 4～5 滴 $0.2mol \cdot L^{-1}$ KI 溶液，2 滴 $1mol \cdot L^{-1}$ H_2SO_4。

第二支试管中加入 4～5 滴 $0.2mol \cdot L^{-1}$ $MnSO_4$ 溶液。

第三支试管中加入 4～5 滴浓盐酸。

第四支试管中加入 1 滴品红溶液。

观察以上实验现象，写出有关的反应方程式。若试管中有气泡，则还要观察生成气体的颜色，并用润湿的 KI - 淀粉试纸放在试管口检验气体。

2）$KClO_3$ 的氧化性

向 5 滴 $0.2mol \cdot L^{-1}$ KI 溶液中滴入 5 滴 $0.2mol \cdot L^{-1}$ $KClO_3$ 溶液，观察有何现象？再用 $3mol \cdot L^{-1}$ H_2SO_4 酸化，观察溶液颜色的变化。继续加少量 $KClO_3$ 固体，又有何变化？解释实验现象，写出相应的反应方程式。

根据实验，总结氯元素含氧酸盐的性质。

3. H_2O_2 的性质

1）设计实验

用 3% H_2O_2、$0.2mol \cdot L^{-1}$ $Pb(NO_3)_2$、$0.1mol \cdot L^{-1}$ $KMnO_4$、$0.1mol \cdot L^{-1}$ 硫代乙酰胺、$3mol \cdot L^{-1}$ H_2SO_4、$0.2mol \cdot L^{-1}$ KI、$MnO_2(s)$ 设计一组实验，验证 H_2O_2 的分解和氧化还原性。根据实验现象写出反应方程式。

2）H_2O_2 的鉴定反应

在试管中加入 1mL 3% H_2O_2 溶液、0.5mL 乙醚、0.5mL $1mol \cdot L^{-1}$ H_2SO_4 和 2~3 滴 $0.5mol \cdot L^{-1}$ $K_2Cr_2O_7$ 溶液，振荡试管，观察溶液和乙醚层的颜色有何变化？解释实验现象，写出相应的反应方程式。

4. 硫的化合物的性质

1）硫化物的溶解性

取 3 支离心试管分别加入 $0.2mol \cdot L^{-1}$ $MnSO_4$、$0.2mol \cdot L^{-1}$ $Pb(NO_3)_2$、$0.2mol \cdot L^{-1}$ $CuSO_4$ 溶液各 3~5 滴，然后各滴加 3~5 滴 $0.2mol \cdot L^{-1}$ Na_2S 溶液，观察现象。离心分离，弃去上层溶液，洗涤沉淀。试验这些沉淀在 $2mol \cdot L^{-1}$ HCl、浓盐酸、浓硝酸中的溶解情况。

根据实验结果，对金属硫化物的溶解情况作出结论并记录在表 6 - 18 - 1 中，写出有关的反应方程式。

表 6 - 18 - 1　硫化物的溶解性

溶解性结果	$2mol \cdot L^{-1}$ HCl	浓盐酸	浓硝酸
MnS			
PbS			
CuS			

【思考题】

难溶物的溶解性实验应怎样操作才能得到准确的实验结果？

2）亚硫酸盐的性质

往试管中加入 1mL $0.5mol \cdot L^{-1}$ Na_2SO_3 溶液，用 $3mol \cdot L^{-1}$ H_2SO_4 酸化，观察有无气体生成。用润湿的 pH 试纸移近管口，有何现象？将所得溶液分为两份，一份滴加几滴

0.1mol·L^{-1}硫代乙酰胺溶液，并水浴加热，另一份滴加 1 滴 0.5mol·L^{-1} K$_2$Cr$_2$O$_7$ 溶液，观察现象，说明亚硫酸盐具有什么性质？写出有关的反应方程式。

【思考题】

长久放置的硫化氢、硫化钠、亚硫酸钠水溶液会发生什么变化？如何判断变化情况？

3）硫代硫酸盐的性质

用氯水、碘水、0.2mol·L^{-1} Na$_2$S$_2$O$_3$、3mol·L^{-1} H$_2$SO$_4$、0.2mol·L^{-1} AgNO$_3$ 设计实验验证：

（1）Na$_2$S$_2$O$_3$ 在酸中的不稳定性；

（2）Na$_2$S$_2$O$_3$ 的还原性和氧化剂强弱对 Na$_2$S$_2$O$_3$ 还原产物的影响；

（3）Na$_2$S$_2$O$_3$ 的配位性。

要求写出操作步骤。由以上实验总结硫代硫酸盐的性质，写出反应方程式。

【思考题】

Na$_2$S$_2$O$_3$ 的配位性实验中，能否往 AgNO$_3$ 溶液中滴加 Na$_2$S$_2$O$_3$？两者的相对用量不同时实验结果是否相同？怎样操作才能得到正确的实验结果？

4）过二硫酸盐的氧化性

在试管中加入 2mL 1mol·L^{-1} H$_2$SO$_4$、2mL 蒸馏水、3 滴 0.002mol·L^{-1} MnSO$_4$ 溶液，混合均匀后分为两份。

第一份中加入少量过二硫酸钾固体，第二份中加入 1 滴 0.2mol·L^{-1} AgNO$_3$ 溶液和少量过二硫酸钾固体。将两支试管同时放入同一热水浴中加热，溶液的颜色有何变化？比较两者实验现象，并写出反应方程式。

【思考题】

此实验为何用 0.002mol·L^{-1} MnSO$_4$ 溶液，而不采用常用的 0.2mol·L^{-1} MnSO$_4$ 溶液？试做一对比实验，比较实验结果，并解释之。

五、实验习题

（1）氯能从含碘离子的溶液中取代碘，碘又能从氯酸钾中取代氯，这两个反应有无矛盾？为什么？

（2）根据实验结果比较：

①S$_2$O$_8^{2-}$ 与 MnO$_4^-$ 氧化性的强弱；

②S$_2$O$_3^{2-}$ 与 I$^-$ 还原性的强弱。

（3）硫代硫酸钠溶液与硝酸银溶液反应时，为何有时为硫化银沉淀，有时又为 [Ag(S$_2$O$_3$)$_2$]$^{3-}$ 配离子？

（4）如何区别：

①次氯酸钠和氯酸钠；

②三种酸性气体：氯化氢、二氧化硫、硫化氢；

③硫酸钠、亚硫酸钠、硫代硫酸钠、硫化钠。

（5）设计一张硫的各种氧化态转化关系图。

【附注】

安全知识：

（1）Cl_2 为剧毒、有刺激性气味的黄绿色气体，少量吸入人体会刺激鼻、喉部，引起咳嗽和喘息，大量吸入甚至会导致死亡。H_2S 是无色有腐蛋臭味的有毒气体，它主要是引起人体中枢神经系统中毒，产生头晕、头痛呕吐，严重时可引起昏迷、意识丧失、窒息而至死亡。SO_2 是一种无色具有强烈刺激性气味的气体，易溶于人体的体液及其他黏性液中，对眼及呼吸道黏膜有强烈的刺激作用，大量吸入可引起肺水肿、喉水肿、声带痉挛而致窒息。在制备和使用这些有毒气体时，必须注意保持良好的气密性，收集尾气或者在通风橱内进行，并注意室内通风换气和废气的处理。

（2）溴蒸气对气管、肺部、眼、鼻、喉都有强烈的刺激作用，凡涉及溴的实验都应在通风橱内进行。不慎吸入溴蒸气时，可吸入少量氨气和新鲜空气解毒。液溴具有强烈的腐蚀性，能灼伤皮肤。移取液溴时，需戴橡皮手套。溴蒸气的腐蚀性较液溴弱，在取用时不允许直接倒而要使用滴管。如果不慎把溴水溅在皮肤上，应立即用水冲洗，再用 $NaHCO_3$ 溶液和稀 $Na_2S_2O_3$ 溶液冲洗。

（3）$KClO_3$ 是强氧化剂，与可燃物质接触、加热、摩擦或撞击容易引起燃烧和爆炸，因此决不允许将它们混合保存。$KClO_3$ 易分解，不宜大力研磨、烘干或烤干。实验时，应将散落的 $KClO_3$ 及时清除干净，不要倒入废液缸中。

实验 19　p 区非金属元素（二）（氮族、硅、硼）

一、实验目的

试验并掌握不同氧化态氮的化合物的主要性质；试验磷酸盐的酸碱性、溶解性以及焦磷酸盐的配位性；掌握硅酸和硅酸盐的性质；掌握硼酸及硼砂的主要性质，练习硼砂珠的有关实验操作。

二、实验用品

(1) 仪器：试管、硬质试管、试管夹、烧杯、酒精灯、蒸发皿、表面皿。

(2) 固体药品：氯化铵、硫酸铵、重铬酸铵、硝酸钠、硝酸铜、硝酸银、氯化钙、硝酸钴、硫酸铜、硫酸镍、硫酸锰、硫酸锌、硫酸亚铁、三氯化铁、三氯化铬、硼酸、硼砂、硫粉、锌片。

(3) 液体药品：HCl（浓、6mol·L^{-1}、2mol·L^{-1}）、H$_2$SO$_4$（浓、3mol·L^{-1}）、HNO$_3$（浓、1.5mol·L^{-1}）、NaOH（40%）、NaNO$_2$（饱和、0.5mol·L^{-1}）、KMnO$_4$（0.1mol·L^{-1}）、KI（0.1mol·L^{-1}）、BaCl$_2$（0.5mol·L^{-1}）、CaCl$_2$（0.5mol·L^{-1}）、H$_3$PO$_4$（0.1mol·L^{-1}）、Na$_4$P$_2$O$_7$（0.1mol·L^{-1}）、Na$_3$PO$_4$（0.1mol·L^{-1}）、Na$_2$HPO$_4$（0.1mol·L^{-1}）、NaH$_2$PO$_4$（0.1mol·L^{-1}）、AgNO$_3$（0.1mol·L^{-1}）、NH$_3$·H$_2$O（2mol·L^{-1}）、Na$_2$SiO$_3$（20%）、H$_3$BO$_3$（饱和）、无水乙醇、甘油、NH$_4$Cl（饱和）、HAc（2mol·L^{-1}）、CuSO$_4$（0.2mol·L^{-1}）。

(4) 材料：pH 试纸、冰、镍铬丝、石蕊试纸。

三、仪器操作

(1) 试管操作，参见第二章第四节。

(2) 硼砂珠试验，参见本实验有关内容。

四、实验内容

1. 铵盐的热分解

在一干燥硬质试管中放入约 1g 氯化铵，将试管垂直固定在酒精灯上加热，并将润湿的 pH 试纸横放在试管口，观察试纸颜色的变化。在试管底部及壁上部有何现象？解释现象，写出反应方程式。

分别用硫酸铵、重铬酸铵（参见如下二维码）代替氯化铵重复以上实验，观察并比较它们的热分解产物，写出反应方程式。

重铬酸铵的分解

根据实验结果总结铵盐热分解产物与阴离子的关系。

2. 亚硝酸和亚硝盐(参见如下二维码)

亚硝酸及亚硝酸盐

1)亚硝酸的生成和分解

将 0.5mL 3mol·L^{-1}H$_2$SO$_4$ 溶液置于冰水中冷却，然后缓慢注入在冰水中冷却的 0.5mL 饱和 NaNO$_2$ 溶液中，观察反应产物的颜色。将试管从冰水浴中取出，放置片刻，观察有何现象发生？写出相应的反应方程式。

2)亚硝酸的氧化性和还原性

在试管中加入 2～3 滴 0.1mol·L^{-1}KI 溶液，用 3mol·L^{-1}H$_2$SO$_4$ 酸化，然后滴加 0.5mol·L^{-1}NaNO$_2$ 溶液，观察现象，写出反应方程式。

用 1 滴 0.1mol·L^{-1}KMnO$_4$ 溶液代替 KI 溶液重复上述实验，观察溶液颜色有何变化？写出相应的反应方程式。

总结亚硝酸盐的性质。

3. 硝酸和硝酸盐

1)硝酸的氧化性

(1)分别往两支各盛有 1 粒锌粒的试管中加入 0.5mL 浓 HNO$_3$ 和 1mL 0.5mol·L^{-1}HNO$_3$，观察两者反应速率和反应产物有何不同？

气室法检验 NH$_4^+$：将润湿的红色石蕊试纸贴于一表面皿凹面处，取两滴上述锌与稀硝酸反应的产物溶液滴到另一只表面皿上，加 1 滴 40% NaOH，迅速将贴有红色石蕊试纸的表面皿倒扣其上并放在热水浴中加热，观察红色石蕊试纸是否变蓝？

（2）在试管中加入少量硫粉，加入 1mL 浓 HNO_3 水浴加热，观察有何气体生成？冷却后加几滴 $0.5mol \cdot L^{-1} BaCl_2$ 检验反应产物。

写出以上几个反应的方程式。

【思考题】

产物气体为 NO 或 NO_2 时观察到的实验现象是否相同？如何区别开来？

2）硝酸盐的热分解

分别试验固体硝酸钠、硝酸铜的热分解，观察反应的情况和产物颜色，检验反应生成的气体，写出反应方程式。

总结硝酸盐的热分解与阳离子的关系。

【思考题】

为什么一般情况下不用硝酸作为酸性反应介质？硝酸与金属反应和稀硫酸或稀盐酸与金属反应有何不同？

4. 磷酸盐的性质

1）酸碱性

（1）用 pH 试纸分别测定 $0.1mol \cdot L^{-1}$ Na_3PO_4、Na_2HPO_4、NaH_2PO_4 溶液的 pH。

（2）分别在三支试管中注入 0.5mL $0.1mol \cdot L^{-1}$ Na_3PO_4、Na_2HPO_4、NaH_2PO_4 溶液，再各滴加少量的 $0.1mol \cdot L^{-1}$ $AgNO_3$ 溶液，是否有沉淀生成？用 pH 试纸测各溶液的 pH 值，看酸碱性有何变化？解释之，写出反应方程式。

【思考题】

NaH_2PO_4 显酸性，是否酸式盐都显酸性？为什么？举例说明。

2）溶解性

分别取 $0.1mol \cdot L^{-1}$ Na_3PO_4、Na_2HPO_4、NaH_2PO_4 溶液各 0.5mL，加入等量的 $0.5mol \cdot L^{-1}$ $CaCl_2$ 溶液，观察有何现象？用 pH 试纸测各溶液的 pH。滴加 $2mol \cdot L^{-1}$ 氨水，各有何变化？再滴加 $2mol \cdot L^{-1}$ HCl，又各有何变化？

比较三种钙的磷酸盐的溶解性，说明它们之间相互转化的条件，写出反应方程式。

3）配位性

取 5 滴 $0.2mol \cdot L^{-1}$ $CuSO_4$ 溶液，逐滴加入 $0.1mol \cdot L^{-1}$ $Na_4P_2O_7$ 溶液，观察沉淀的生成。继续滴加 $Na_4P_2O_7$ 溶液，沉淀是否溶解？写出相应的反应方程式。

5. 硅酸与硅酸盐

1）硅酸水凝胶的生成

往 1mL 20% Na_2SiO_3 溶液中滴加 $6mol \cdot L^{-1}$ HCl，观察产物的颜色、状态。

2）微溶性硅酸盐的生成

在 100mL 小烧杯中加半杯 20% Na_2SiO_3 溶液，然后将氯化钙、硝酸钴、硫酸铜、硫酸镍、硫酸锰、硫酸锌、硫酸亚铁、三氯化铁固体各一小粒投入杯中（注意各固体间保持一定间距，不要晃动烧杯)，放置一段时间，观察有何现象发生(参见如下二维码)？

6. 硼酸及硼酸焰色反应

1)硼酸的性质

取 0.5mL 饱和 H_3BO_3 溶液，用 pH 试纸测定其 pH。再加入 2~3 滴甘油，再测溶液的 pH。

该实验说明硼酸具有什么性质？

【思考题】

为什么说硼酸是一元酸？在硼酸溶液中加入多羟基化合物后，溶液的酸度会怎么变化？为什么？

2)硼酸的鉴定反应(参见如下二维码)

在干燥的蒸发皿中放入少量硼酸晶体，加入 1mL 乙醇和几滴浓 H_2SO_4，混合后点燃，观察火焰的颜色有何特征？

7. 硼砂珠试验

1)硼砂珠的制备

先用 $6mol \cdot L^{-1}$ HCl 浸洗熔嵌在玻棒上的镍铬丝，然后将其在氧化焰中灼烧片刻，再浸入酸中，如此重复数次至镍铬丝在氧化焰灼烧下不产生离子特征颜色，表明镍铬丝已洗干净了。将处理过的镍铬丝蘸上少许硼砂固体，在氧化焰中灼烧并熔成圆珠，观察硼砂珠的颜色、状态。

2）用硼砂珠鉴定钴盐和铬盐

用灼热的硼砂珠蘸少量硝酸钴固体灼烧至熔融，冷却后观察硼砂珠的颜色。用同样的方法重新制一硼砂珠，然后蘸少量三氯化铬固体灼烧至熔融，冷却后观察硼砂珠的颜色。写出相应的化学反应方程式。

五、实验习题

（1）设计三种区别硝酸钠和亚硝酸钠的方案。

（2）用酸溶解磷酸银沉淀，在盐酸、硫酸、硝酸中选用哪一种最适宜？为什么？

（3）通过实验可以用哪些方法将无标签的试剂磷酸钠、磷酸氢钠、磷酸二氢钠——鉴别出来？

（4）为什么装有水玻璃的试剂瓶长期敞开瓶口后水玻璃会变浑浊？其反应

$$Na_2CO_3 + SiO_2 \rule[0.5ex]{2em}{0.4pt} Na_2SiO_3 + CO_2 \uparrow$$

能否正向进行？说明理由。

（5）现有一瓶白色粉末状固体，它可能是碳酸钠、硝酸钠、硫酸钠、氯化钠、溴化钠、磷酸钠中的任意一种。试设计鉴别方案。

【附注】

1. 安全知识

所有氮的氧化物均有毒，其中 NO_2 对人类危害最大。NO_2 对人体黏膜造成损害时会引起肿胀充血和呼吸系统损害等多种炎症；损害神经系统会引起眩晕、无力、痉挛，面部发绀；损害造血系统会破坏血红素等。目前 NO_2 中毒尚无特效药物治疗，一般只能输氧气以帮助呼吸与血液循环，因此凡涉及氮氧化物生成的反应均应在通风橱内进行。

白磷是一种极毒的无色蜡状固体，其燃点低（313K），在空气中易氧化，常保存于水中。当不慎把白磷引燃时，可用砂子扑灭，若把皮肤灼伤时，可用10％的 $CuSO_4$ 或 $KMnO_4$ 溶液清洗。

2. 几种金属的硼砂珠颜色

铬、钼、锰、铁、钴、镍、铜的硼砂珠颜色见表1。

表1　铬、钼、锰、铁、钴、镍、铜的硼砂珠颜色

样品元素	氧化焰		还原焰	
	热时	冷时	热时	冷时
铬	黄色	黄绿色	绿色	绿色
钼	淡黄色	无色—白色	褐色	褐色
锰	紫色	紫红色	无色—灰色	无色—灰色
铁	黄色—淡褐色	黄色—褐色	绿色	淡绿色
钴	青色	青色	青色	青色
镍	紫色	黄褐色	无色—灰色	无色—灰色
铜	绿色	青绿色—淡青色	灰色—绿色	红色

实验 20 常见非金属阴离子的分离与鉴定

一、实验目的

学习和掌握常见阴离子的分离和鉴定方法，以及离子检出的基本操作。

二、实验原理

从ⅢA族到ⅧA族的22种非金属元素在形成化合物时常常生成阴离子。形成阴离子的元素虽然不多，但是同一元素常常不止形成一种阴离子。阴离子多是由两种或两种以上元素构成的酸根或配离子，同一元素的中心原子能形成多种阴离子。例如：由 S 可以构成 S^{2-}、SO_3^{2-}、SO_4^{2-}、$S_2O_3^{2-}$、$S_2O_8^{2-}$ 等常见的阴离子；由 N 可以构成 NO_2^-、NO_3^- 等。

在非金属阴离子中，有的与酸作用生成挥发性的物质，有的与试剂作用生成沉淀，也有的呈现氧化还原性质。利用这些特点，根据溶液中离子共存情况，应先通过初步实验或进行分组试验，以排除不可能存在的离子，判断出可能存在的离子，然后根据阴离子特性反应作出鉴定。

初步检验包括以下内容：

1. 试液的酸碱性试验

若试液呈强酸性，则不存在易被酸分解的离子，例如 CO_3^{2-}、S^{2-}、SO_3^{2-}、$S_2O_3^{2-}$、NO_2^- 等。

2. 是否产生气体的试验

若在试液中加入稀硫酸或稀盐酸溶液后有气体产生，表示可能存在 CO_3^{2-}、S^{2-}、SO_3^{2-}、$S_2O_3^{2-}$、NO_2^- 等离子。根据生成气体的颜色和气味以及生成气体具有某些特征反应，确证其含有的阴离子，如由 NO_2^- 被酸分解生成红棕色的 NO_2 气体，能将润湿的碘化钾淀粉试纸变蓝，由 S^{2-} 被酸分解产生臭鸡蛋味的 H_2S 气体可使醋酸铅试纸变黑，可判断 NO_2^- 和 S^{2-} 离子分别存在于各自溶液中。

3. 氧化性阴离子的试验

在酸化的试液中加入 KI 溶液和 CCl_4，振荡后 CCl_4 层呈紫红色，则表示有氧化性阴离子存在，如 NO_2^- 离子。

4. 还原性阴离子的试验

在酸化的试液中加入 $KMnO_4$ 溶液，若紫红色褪去，则可能存在 S^{2-}、SO_3^{2-}、$S_2O_3^{2-}$、NO_2^-、I^-、Br^- 等离子；若紫红色不褪，则上述离子都不存在。试液经酸化后，加入 I_2 - 淀粉溶液，蓝色褪去，则表示存在 S^{2-}、SO_3^{2-}、$S_2O_3^{2-}$ 等离子。

5. 难溶盐阴离子试验

(1)钡组阴离子 在中性或弱碱性试液中，用 $BaCl_2$ 能沉淀 CO_3^{2-}、SO_4^{2-}、SO_3^{2-}、

$S_2O_3^{2-}$、PO_4^{3-} 等阴离子。

(2)银组阴离子 用 $AgNO_3$ 能沉淀 S^{2-}、$S_2O_3^{2-}$、Cl^-、Br^-、I^- 等阴离子，然后用稀 HNO_3 酸化，沉淀不溶解。

可以根据 Ba^{2+} 和 Ag^+ 相应盐类的溶解性，区分为易溶盐和难溶盐。加入一种试剂(如 Ag^+)可以试验整组阴离子是否存在，这种试剂就是相应的组试剂。

经过初步试验后，可以对试液中可能存在的阴离子作出判断，见表6-20-1。然后根据阴离子特性反应作出鉴定。

表6-20-1 阴离子的初步试验

试剂 结果 阴离子	气体放出 试验 (稀 H_2SO_4)	还原性阴离子试验		氧化性阴离子试验 KI (稀 H_2SO_4、CCl_4)	$BaCl_2$ (中性或弱碱性)	$AgNO_3$ (稀 HNO_3)
		$KMnO_4$ (稀 H_2SO_4)	I_2-淀粉 (稀 H_2SO_4)			
CO_3^{2-}	+				+	
NO_3^-				(+)		
NO_2^-	+	+		+		
SO_4^{2-}					+	
SO_3^{2-}	(+)	+	+		+	
$S_2O_3^{2-}$	(+)	+	+		(+)	+
PO_4^{3-}					+	
S^{2-}	+	+	+			+
Cl^-						+
Br^-		+				+
I^-		+				+

注：表中(+)表示现象不明显，只有在适当条件下(例如浓度大时)才发生反应。

三、实验用品

(1)仪器：试管、离心试管、离心机、点滴板、试管夹、水浴锅。

(2)固体药品：硫酸亚铁。

(3)液体药品：$HCl(6mol \cdot L^{-1})$、$H_2SO_4(浓、1mol \cdot L^{-1})$、$HNO_3(6mol \cdot L^{-1})$、$NaOH$ $(2mol \cdot L^{-1})$、$Ba(OH)_2(饱和)$或新配的石灰水、氨水$(6mol \cdot L^{-1})$、$Na_2S(0.1mol \cdot L^{-1})$、$Na_2SO_3(0.1mol \cdot L^{-1})$、$Na_2S_2O_3(0.1mol \cdot L^{-1})$、$Na_3PO_4(0.1mol \cdot L^{-1})$、$NaCl(0.1mol \cdot L^{-1})$、$NaBr(0.1mol \cdot L^{-1})$、$NaI(0.1mol \cdot L^{-1})$、$NaNO_3(0.1mol \cdot L^{-1})$、$Na_2CO_3(0.1mol \cdot L^{-1})$、$NaNO_2(0.1mol \cdot L^{-1})$、$(NH_4)_2MoO_4(0.1mol \cdot L^{-1})$、$BaCl_2(0.1mol \cdot L^{-1})$、$KMnO_4(0.01mol \cdot L^{-1})$、$ZnSO_4(0.1mol \cdot L^{-1})$、$K_4[Fe(CN)_6](0.1mol \cdot L^{-1})$、$AgNO_3(0.1mol \cdot L^{-1})$、$H_2O_2$ (3%)、氯水、CCl_4、对氨基苯磺酸(1%)、α-萘胺(0.4%)、$Na_2[Fe(CN)_5NO](9\%)$。

（4）材料：$Pb(Ac)_2$ 试纸。

四、仪器操作

离心分离操作，参见第二章第七节。

五、实验内容（参见如下二维码）

1. 常见阴离子的鉴定

（1）CO_3^{2-} 的鉴定　取 5 滴 CO_3^{2-} 试液于离心管中，用 pH 试纸测其 pH，再加 5 滴 $6mol \cdot L^{-1}$ HCl，并立即将事先蘸有新配石灰水或 $Ba(OH)_2$ 溶液的玻棒置于试管口，仔细观察，如玻棒上的溶液变为白色浑浊，结合溶液的 pH 值，可以判断有 CO_3^{2-} 存在。

（2）NO_3^- 的鉴定　取 2 滴 NO_3^- 试液于点滴板上，在溶液的中央放一小粒 $FeSO_4$ 晶体，然后在晶体上加 1 滴浓硫酸，如晶体周围有棕色出现，表示有 NO_3^- 存在。

（3）NO_2^- 的鉴定　取 2 滴 NO_2^- 试液于点滴板上，加 1 滴 $2mol \cdot L^{-1}$ HAc 酸化，再加一滴对氨基苯磺酸和 1 滴 α – 萘胺。如有玫瑰红色出现，表示有 NO_2^- 存在。

（4）SO_4^{2-} 的鉴定　取 5 滴 SO_4^{2-} 试液于离心管中，加 2 滴 $6mol \cdot L^{-1}$ HCl 和 1 滴 Ba^{2+} 溶液，如有白色沉淀，表示有 SO_4^{2-} 存在。

（5）SO_3^{2-} 的鉴定　在试管中加入 1 滴 $0.01mol \cdot L^{-1}$ $KMnO_4$ 溶液、2 滴 $1mol \cdot L^{-1}$ 硫酸，再加入 5 滴 SO_3^{2-} 试液，如紫色褪去，表示有 SO_3^{2-} 存在。

（6）$S_2O_3^{2-}$ 的鉴定　取 2 滴 $S_2O_3^{2-}$ 试液于点滴板上，加 2 滴 $0.1mol \cdot L^{-1}$ $AgNO_3$ 溶液，如出现白色沉淀迅速变黄变棕变黑，表示有 $S_2O_3^{2-}$ 存在。

（7）PO_4^{3-} 的鉴定　取 3 滴 PO_4^{3-} 试液于离心管中，加 5 滴 $6mol \cdot L^{-1}$ HNO_3 溶液，再加 8～10 滴 $(NH_4)_2MoO_4$ 试剂，水浴加热，如有黄色沉淀生成，表示有 PO_4^{3-} 存在。

（8）S^{2-} 的鉴定　取 2 滴 S^{2-} 试液于点滴板上，加 1 滴 $2mol \cdot L^{-1}$ NaOH 碱化，再加 2 滴亚硝酰铁氰化钠试剂，如溶液变成紫红色，表示有 S^{2-} 存在。

（9）Cl^- 的鉴定　取 3 滴 Cl^- 试液于离心管中，加 1 滴 $6mol \cdot L^{-1}$ HNO_3 酸化，再滴加 $0.1mol \cdot L^{-1}$ $AgNO_3$ 溶液，如有白色沉淀生成，初步说明可能试液中有 Cl^- 存在。离心分离，弃去上清液，于沉淀上加入 3～5 滴 $6mol \cdot L^{-1}$ 氨水，用细玻棒搅拌，沉淀立即溶解，再加入 5 滴 $6mol \cdot L^{-1}$ HNO_3 酸化，如重新生成白色沉淀，表示有 Cl^- 存在。

(10)I⁻ 的鉴定　取 5 滴 I⁻ 试液于离心管中，加 2 滴 2mol·L⁻¹ H_2SO_4 及 5 滴 CCl_4，然后逐滴加入 Cl_2 水(新配)，并不断振荡试管，如 CCl_4 层出现紫红色，然后褪至无色，表示有 I⁻ 存在。

(11)Br⁻ 的鉴定　取 5 滴 Br⁻ 试液于离心管中，加 2 滴 2mol·L⁻¹ H_2SO_4 及 5 滴 CCl_4，然后逐滴加入 Cl_2 水，并不断振荡试管，如 CCl_4 层出现黄色或橙红色，表示有 Br⁻ 存在。

2. 混合离子的分离

1)Cl⁻、Br⁻、I⁻ 混合液的分离和鉴定

常用方法是将卤离子转化为卤化银 AgX，然后用氨水将 AgCl 溶解而与 AgBr、AgI 分离。在余下的 AgBr、AgI 混合物中加入稀 H_2SO_4 酸化，再加入少量锌粉或镁粉，并加热将 Br⁻、I⁻ 转入溶液。酸化后，根据 Br⁻、I⁻ 的还原能力不同，用 Cl_2 水分离和鉴定。其设计方案如图 6-20-1 所示。

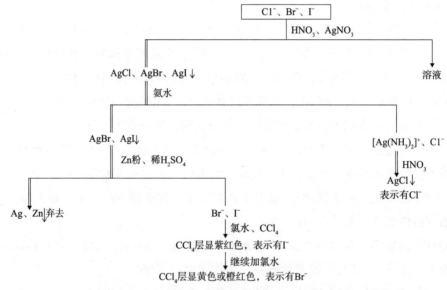

注："‖"表示固相(沉淀或残渣)，"│"表示液相(溶液)。

图 6-20-1　Cl⁻、Br⁻、I⁻ 的分离鉴定流程图

2)S^{2-}、SO_3^{2-}、$S_2O_3^{2-}$ 混合物的分离和鉴定

通常的方法是取少量试液，加入 NaOH 碱化，再加亚硝酰铁氰化钠，若有特殊紫红色产生，表示有 S^{2-} 存在。可用 $CdCO_3$ 固体除去 S^{2-}，再进行其他离子分离鉴定。

将滤液分成两份，一份鉴定 SO_3^{2-} 离子，另一份鉴定 $S_2O_3^{2-}$ 离子。若在其中一份中加入 $Na_2[Fe(CN)_5NO]$、过量饱和 $ZnSO_4$ 溶液及 $K_4[Fe(CN)_6]$ 溶液，产生红色沉淀，表示有 SO_3^{2-} 存在。在另一份中滴加过量 $AgNO_3$，若有沉淀由白→黄→棕→黑色变化，表示有 $S_2O_3^{2-}$ 存在。其设计方案如图 6-20-2 所示。

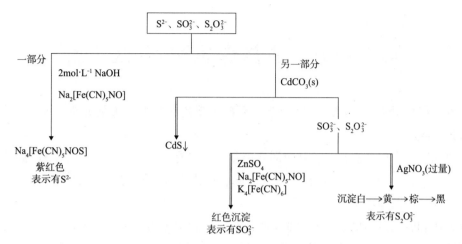

图 6-20-2 S^{2-}、SO_3^{2-}、$S_2O_3^{2-}$ 的分离鉴定流程图

六、实验习题

（1）取下列盐中之两种混合，加水溶解时有沉淀产生。将沉淀分成两份，一份溶于 HCl 溶液，另一份溶于 HNO_3 溶液。试指出下列哪两种盐混合时可能有此现象？

$BaCl_2$ $AgNO_3$ Na_2SO_4 $(NH_4)_2CO_3$ KCl

（2）一个能溶于水的混合物，已检出含 Ag^+ 和 Ba^{2+}。下列阴离子中有哪几个是可不必鉴定的？

SO_4^{2-} SO_3^{2-} CO_3^{2-} Cl^- I^- NO_3^-

（3）某阴离子未知液经初步试验结果如下：

①试液呈酸性时无气体产生；

②酸性溶液中加入 $BaCl_2$ 溶液无沉淀；

③加入稀硝酸和 $AgNO_3$ 溶液产生黄色沉淀；

④酸性溶液中加入 $KMnO_4$，紫红色褪去，加 I_2－淀粉溶液，蓝色不褪去；

⑤与 KI 无反应。

由以上初步试验结果，推测哪些阴离子可能存在？说明理由，拟出进一步验证的步骤简表。

（4）加稀 H_2SO_4 或稀 HCl 溶液于固体试样中，如观察到有气泡生成，则该固体试样可能存在哪些阴离子？

（5）有一阴离子未知液，用稀 HNO_3 调节其至酸性后，加入 $AgNO_3$ 试剂，发现并无沉淀生成，则可以确定哪几种阴离子不存在？

（6）在酸性溶液中能使 I_2－淀粉溶液褪色的阴离子有哪些？

【附注】

在 CO_3^{2-} 的鉴定中，用 $Ba(OH)_2$ 溶液检验时，SO_3^{2-}、$S_2O_3^{2-}$ 会有干扰，因为酸化时产生的 SO_2 会使 $Ba(OH)_2$ 溶液浑浊：$SO_2 + Ba(OH)_2 \Longrightarrow BaSO_3 \downarrow + H_2O$。因此初步试验时若检出有 SO_3^{2-}、$S_2O_3^{2-}$，则要在酸化前加入 3% H_2O_2，把这些干扰离子除去：

$$SO_3^{2-} + H_2O_2 \Longrightarrow SO_4^{2-} + H_2O$$

$$S_2O_3^{2-} + 4H_2O_2 + H_2O \Longrightarrow 2SO_4^{2-} + 2H^+ + 4H_2O$$

第二部分 主族金属和 ds 区金属

　　主族金属包括 I A、II A、p 区位于硼到砹梯形连线的左下方的元素。ds 区金属包括 I B 和 II B 族元素。

　　金属元素的金属性表现为：其单质在能量不高时易参加化学反应，易呈现低的正氧化态（如 +1、+2、+3），并形成离子键化合物；标准电极电势有较负的数值，氧化物的水合物显碱性，或两性偏碱性。

　　碱金属和碱土金属属于 I A 和 II A 族，在同一族中金属活泼性由上而下逐渐增强；在同一周期中从左至右金属性逐渐减弱。例如 I A 中的钠、钾与水作用的活泼性依次增强，第 3 周期中的钠、镁与水作用的活泼性依次减弱。碱金属和碱土金属都容易与氧化合。碱金属在室温下能迅速地与空气中的氧反应。钠、钾在空气中稍微加热即可燃烧成过氧化物和超氧化物（如 Na_2O_2 和 KO_2）。碱土金属活泼性略差，室温下这些金属表面会缓慢生成氧化膜。

　　碱金属盐类的最大特点是绝大多数易溶于水，而且在水中能完全电离，只有极少数盐类是微溶的，如六羟基锑酸钠 $Na[Sb(OH)_6]$、酒石酸氢钾 $KHC_4H_4O_6$、钴亚硝酸钠钾 $K_2Na[Co(NO_2)_6]$ 等。钠、钾的一些微溶盐常用于鉴定钠、钾离子。碱土金属盐类的重要特征是它们的难溶性，除氯化物、硝酸盐、硫酸镁、铬酸镁、铬酸钙易溶于水外，其余碳酸盐、硫酸盐、草酸盐、铬酸盐等皆难溶。

　　碱金属和钙、钡的挥发性盐在氧化焰中灼烧时，能使火焰呈现出一定颜色，称为焰色反应。可以根据火焰的颜色定性地鉴别这些元素的存在。

　　铝、锡、铅是常见的金属元素。铝很活泼，在一般化学反应中它的氧化态为 +3，是典型的两性元素，又是一个亲氧元素。铝的标准电极电势的数值虽较负，但在水中稳定，主要是因为金属表面形成致密的氧化膜而不溶于水。这种氧化膜有良好的抗腐蚀作用。

　　锡、铅的价电子结构为 ns^2np^2，它们为紧接 ds 区的 p 区金属，属于低熔金属，是中等活泼的金属，氧化态有 +2、+4，它们的氧化物不溶于水。$Sn(II)$ 和 $Pb(II)$ 的氢氧化物都是白色沉淀，具有两性；但相同氧化态锡的氢氧化物的碱性小于铅的氢氧化物的碱性，而酸性则相反。

　　铅的 +2 氧化态较稳定，锡的 +4 氧化态较稳定，$Sn(II)$ 具有还原性，而在酸性介质中 PbO_2 具有强氧化性。可溶于水的锡盐和铅盐易发生水解。

　　Pb_3O_4 俗称铅丹或红铅，当用硝酸处理红铅时，有 2/3 溶解变成 Pb^{2+}，有 1/3 是以棕黑色的 PbO_2 形式沉淀，其反应式为：

$$Pb_3O_4 + 4H^+ \Longrightarrow PbO_2 + 2Pb^{2+} + 2H_2O$$

　　$PbCl_2$ 是白色沉淀，微溶于冷水，易溶于热水，也溶于浓盐酸中而形成配合物

$H_2[PbCl_4]$。PbI_2 为金黄色丝状有亮光的沉淀，易溶于沸水，溶于过量 KI 溶液，形成可溶性配合物 $K_2[PbI_4]$。$PbCrO_4$ 为难溶的黄色沉淀，溶于硝酸和较浓的碱。$PbSO_4$ 为白色沉淀，能溶解于饱和的 NH_4Ac 溶液中。$Pb(AC)_2$ 是可溶性铅化合物，它是弱电解质，易溶于沸水。

锑、铋以 +3、+5 氧化态存在。而铋由于惰性电子对效应 ($6s^2$)，以 +3 氧化态较稳定。锑、铋(Ⅲ)的氢氧化物，前者既溶于酸，又溶于碱，后者溶于酸、不溶于碱。

锡、铅、锑、铋都能生成有颜色的难溶于水的硫化物。SnS 呈棕色，PbS 呈黑色，Sb_2S_3 呈橘黄色，Bi_2S_3 呈棕黑色，SnS_2 呈黄色。

ds 区元素包括周期系ⅠB 族的 Cu、Ag、Au 和ⅡB 族的 Zn、Cd、Hg 六种元素，价电子构型为 $(n-1)d^{10}ns^{1\sim2}$，它们的许多性质与 d 区元素相似，而与相应的主族ⅠA 族和ⅡA 族比较，除了形式上均可形成氧化数为 +1 和 +2 的化合物外，更多地呈现较大的差异性。ⅠB、ⅡB 族除能形成一些重要化合物外，最大的特点是其离子具有 18 电子构型和较强的极化力和变形性，易于形成配合物。

$Cu(OH)_2$ 以碱性为主，溶于酸，但它又有微弱的酸性，溶于过量的浓碱溶液。$AgNO_3$ 是一个重要的化学试剂，易溶于水，卤化银 AgCl、AgBr、AgI 的颜色依氯→溴→碘顺序加深(白→浅黄→黄)，溶解度则依次降低，这是由于阴离子按 Cl^-→Br^-→I^- 的顺序变形性增大，使 Ag^+ 与它们之间极化作用依次增强的缘故。AgF 易溶于水。

氢氧化锌呈两性，氢氧化镉呈两性偏碱性，汞的氢氧化物极易脱水而转变为黄色的 HgO，HgO 不溶于过量碱中。

铜、银、锌、镉、汞的硫化物是具有特征颜色的难溶物。例如：CuS→黑色，Ag_2S→黑色，ZnS→白色，CdS→黄色，HgS→黑色。

Cu^+ 在水溶液中不稳定，自发歧化，生成 Cu^{2+} 和 Cu：

$$2Cu^+ \rightleftharpoons Cu^{2+} + Cu\downarrow \qquad K = 1.4 \times 10^6$$

Cu(Ⅰ)只能存在于稳定的配合物和固体化合物之中，如 $[CuCl_2]^-$、$[Cu(NH_3)_2]^+$ 和 CuI、Cu_2O。

Hg_2^{2+} 离子能够稳定于水溶液中，可以十分方便地得到 Hg_2^{2+} 溶液。例如：

$$Hg(l) + Hg^{2+} \rightleftharpoons Hg_2^{2+} \qquad K = 87.7$$

上述平衡趋势并不是很大，若加入一种试剂降低 Hg^{2+} 浓度，Hg_2^{2+} 就将发生歧化。因此加入碱、硫化物等 Hg(Ⅱ)的沉淀剂或者氰离子等 Hg(Ⅱ)的强配合剂都会促使 Hg_2^{2+} 歧化，最终产物为 Hg(s)和相应的 Hg(Ⅱ)的稳定难溶盐或配合物，如 HgS、HgO、$HgNH_2Cl$ 沉淀和 $[Hg(CN)_4]^{2-}$ 等。

实验 21　主族金属(碱金属、碱土金属、铝、锡、铅)

一、实验目的

比较碱金属、碱土金属的活泼性；试验并比较碱土金属、铝、锡、铅的氢氧化物和盐类的溶解性；练习焰色反应并熟悉使用金属钠、钾的安全措施。

二、实验用品

(1)仪器：试管、烧杯、离心机、离心试管、水浴锅、试管夹、小刀、坩埚、坩埚钳、电炉、酒精灯、漏斗。

(2)固体药品：钠、钾、镁条、铝片、醋酸钠。

(3)液体药品：$HCl(2mol \cdot L^{-1})$、$HNO_3(2mol \cdot L^{-1}$、$6mol \cdot L^{-1}$、浓)、新配的 $NaOH(2mol \cdot L^{-1})$、$NaOH(6mol \cdot L^{-1})$、氨水$(6mol \cdot L^{-1})$、$HgCl_2(0.2mol \cdot L^{-1})$、$NaCl(1mol \cdot L^{-1})$、$KCl(0.5mol \cdot L^{-1})$、$MgCl_2(0.5mol \cdot L^{-1})$、$BaCl_2(0.5mol \cdot L^{-1})$、$LiCl(1mol \cdot L^{-1})$、$SrCl_2(0.5mol \cdot L^{-1})$、$CaCl_2(0.5mol \cdot L^{-1})$、$AlCl_3(0.5mol \cdot L^{-1})$、$SnCl_2(0.5mol \cdot L^{-1})$、$Pb(NO_3)_2(0.5mol \cdot L^{-1})$、$NH_4Cl(饱和)$、$SnCl_4(0.5mol \cdot L^{-1})$、$(NH_4)_2S(0.1mol \cdot L^{-1})$、$(NH_4)_2S_x(0.1mol \cdot L^{-1})$、$KMnO_4(0.01mol \cdot L^{-1})$、$K_2CrO_4(0.5mol \cdot L^{-1})$、$KI(1mol \cdot L^{-1})$、$Na_2SO_4(0.1mol \cdot L^{-1})$、$CH_3CSNH_2(0.5mol \cdot L^{-1})$、酚酞。

(4)材料：pH 试纸、砂纸、滤纸、蓝色钴玻璃、玻璃板、火柴。

三、实验内容

1. 钠、钾、镁、铝的性质

1)钠与空气中 O_2 的作用

用镊子夹取一块金属钠，放在玻璃板上用小刀切取绿豆大小，再用滤纸小心地吸干其表面的煤油，放在干燥的坩埚中用电炉(或酒精灯)加热。当开始燃烧时停止加热，观察火焰颜色及产物的颜色、状态。冷却后，向坩埚中加入 2mL 蒸馏水使产物溶解，然后把溶液转入试管中，用 pH 试纸测溶液的酸碱性。再用 $2mol \cdot L^{-1} H_2SO_4$ 酸化，滴加 $0.1mol \cdot L^{-1}$ $KMnO_4$ 溶液，观察紫红色是否褪色。由此说明水溶液中是否有 H_2O_2，从而推知钠在空气中燃烧是否有 Na_2O_2 生成。写出以上有关反应方程式。

【思考题】

用来加热金属钠的坩埚能否不干燥？若里面有水，放入钠后会怎样？

2)钠、钾、镁、铝与水的反应

分别用镊子夹取一块金属钠和钾，用小刀切取绿豆大小，再用滤纸吸干其表面的煤油，把它们分别投入盛有半杯水的大烧杯中，观察反应情况。为安全起见，可立即用漏斗倒扣在烧杯口上。反应完后，滴入 1 滴酚酞试剂，检验溶液的酸碱性。根据反应的剧烈程度，说明钠、钾的金属活泼性。写出反应方程式。

分别取一小段镁条和铝条，用砂纸擦去其表面的氧化物，分别放入试管中，加少量冷水，观察反应现象。然后加热煮沸，观察又有何现象发生？用酚酞试剂检验溶液的酸碱性。写出反应方程式。

另取一小块铝片，用砂纸擦去其表面的氧化物，然后在其上滴 2 滴 $0.2 mol \cdot L^{-1}$ $HgCl_2$ 溶液，观察产物的颜色和状态。用滤纸将铝片上的液体擦干后，将铝片置于空气中，观察铝片上长出的白色铝毛。再将铝片置于盛水的试管中，观察气泡的生成。写出反应方程式。

2. 镁、钙、钡、铝、锡、铅的氢氧化物的溶解性

（1）在 6 支离心试管中，分别加入浓度均为 $0.5 mol \cdot L^{-1}$ 的 $MgCl_2$、$CaCl_2$、$BaCl_2$、$AlCl_3$、$SnCl_2$、$Pb(NO_3)_2$ 溶液各 0.5 mL，均加入等体积新配的 $2 mol \cdot L^{-1}$ NaOH 溶液，观察沉淀的生成并写出反应方程式。

把以上沉淀分为两份，在沉淀中分别加入 $6 mol \cdot L^{-1}$ NaOH 和 $6 mol \cdot L^{-1}$ HCl 溶液，振荡试管，观察沉淀是否溶解？写出反应方程式。

（2）在 2 支离心试管中，分别盛有 0.5 mL $0.5 mol \cdot L^{-1}$ 的 $MgCl_2$、$AlCl_3$，加入等体积的 $0.5 mol \cdot L^{-1}$ 氨水，观察产物的颜色和状态。若有沉淀生成，则离心分离后在沉淀中加入饱和 NH_4Cl 溶液，沉淀是否溶解？为什么？写出有关反应方程式。

3. ⅠA、ⅡA 元素的焰色反应

取镶有镍铬丝的玻棒（金属丝的尖端弯成小环状），先用 $6 mol \cdot L^{-1}$ HCl 浸洗，然后在氧化焰中灼烧片刻，再浸入酸中，如此重复数次至镍铬丝在氧化焰灼烧不呈现任何离子的特征颜色时，表明镍铬丝已洗干净了。

将处理过的镍铬丝分别蘸取 $1 mol \cdot L^{-1}$ LiCl、NaCl、KCl、$CaCl_2$、$SrCl_2$、$BaCl_2$ 溶液在氧化焰中灼烧，观察火焰的颜色。在观察钾盐的焰色时，要用蓝色钴玻璃滤光后观察。

4. 锡、铅的难溶盐

1）硫化物

（1）SnS、SnS_2 的生成和性质　在两支试管中分别加入 0.5 mL $0.5 mol \cdot L^{-1}$ $SnCl_2$ 和 $SnCl_4$ 溶液，分别加入等体积的 $0.5 mol \cdot L^{-1}$ CH_3CSNH_2 溶液，水浴加热，观察沉淀的颜色有何不同？将沉淀分成 3 份，离心后分别试验沉淀与 $1 mol \cdot L^{-1}$ HCl、$(NH_4)_2S$、$(NH_4)_2S_x$ 溶液的反应。写出有关反应方程式。

（2）PbS 的生成和性质　在试管中加入 1 mL $0.5 mol \cdot L^{-1}$ $Pb(NO_3)_2$ 溶液，加入等体积的 $0.5 mol \cdot L^{-1}$ CH_3CSNH_2 溶液，摇匀后置于水浴锅中加热，观察沉淀的颜色。将沉淀分成 5 份，离心后分别试验沉淀与浓盐酸、$2 mol \cdot L^{-1}$ NaOH、$0.5 mol \cdot L^{-1}$ $(NH_4)_2S$、$(NH_4)_2S_x$ 溶液、浓硝酸的反应。写出有关反应方程式。

2）铅的难溶盐

（1）氯化铅　取 5 滴 $0.5 mol \cdot L^{-1}$ $Pb(NO_3)_2$ 溶液，加 3 ～ 5 滴 $1 mol \cdot L^{-1}$ HCl，即有白

色氯化铅沉淀生成。加入 0.5mL 蒸馏水，将沉淀同溶液一起加热，看沉淀是否溶解？再冷却，又有什么变化？说明氯化铅的溶解度与温度的关系。取以上白色沉淀少许，加入浓盐酸，观察沉淀溶解情况。

（2）碘化铅　取 5 滴 0.5mol·L^{-1} Pb(NO$_3$)$_2$ 溶液，滴加 1mol·L^{-1} KI 溶液，即有橙黄色碘化铅沉淀生成。加入 0.5mL 蒸馏水。试验沉淀在冷水和热水中的溶解情况。

（3）铬酸铅　取 5 滴 0.5mol·L^{-1} Pb(NO$_3$)$_2$ 溶液，滴加 0.5mol·L^{-1} K$_2$CrO$_4$ 溶液，即有黄色铬酸铅沉淀生成。试验它在 6mol·L^{-1} HNO$_3$ 和 NaOH 中的溶解情况。写出反应方程式。

（4）硫酸铅　取 5 滴 0.5mol·L^{-1} Pb(NO$_3$)$_2$ 溶液，滴加 0.1mol·L^{-1} Na$_2$SO$_4$ 溶液，即有白色硫酸铅沉淀生成。加入 1mL 蒸馏水，再加入少许固体 NaAc，微热，并不断搅拌，沉淀是否溶解？解释上述现象。写出有关反应方程式。

根据实验现象并查阅手册，填写表 6 - 21 - 1。

表 6 - 21 - 1　锡、铅难溶盐的溶解性

性质　物质	颜　色	溶解性(水及其他试剂)	溶度积
PbCl$_2$			
PbI$_2$			
PbCrO$_4$			
PbSO$_4$			
PbS			
SnS			
SnS$_2$			

四、实验习题

（1）实验中如何配制 SnCl$_2$ 溶液？

（2）预测 PbO$_2$ 和浓 HCl 反应的产物是什么？写出其反应方程式。

（3）今有未贴标签无色透明的 SnCl$_2$、SnCl$_4$ 各一瓶，试设法鉴别。

（4）若实验室中发生镁燃烧事故，可否用水或 CO$_2$ 灭火器扑灭？应用何种方法灭火？

【附注】

金属钠、钾平时应保存在煤油或石蜡油中。取用时，可在煤油中用小刀切割，用镊子夹取，并用滤纸把煤油吸干。切勿与皮肤接触，未用完的金属碎屑不能乱丢，可放回原瓶或者放在少量酒精中，使其缓慢反应消耗掉。

实验 22　ds 区金属(铜、银、锌、镉)

一、实验目的

了解铜、银、锌、镉氧化物或氢氧化物的酸碱性，硫化物的溶解性；掌握 Cu(I)，Cu(II)重要化合物的性质及相互转化条件；试验并熟悉铜、银、锌、镉的配位能力。

二、实验用品

(1)仪器：硬质试管、试管、烧杯、离心机、离心试管、水浴锅、试管夹、酒精灯。

(2)固体药品：碘化钾、铜屑。

(3)液体药品：HCl(2mol·L^{-1}、浓)、HNO_3(2mol·L^{-1}、浓)、H_2SO_4(2mol·L^{-1})、NaOH(新配2mol·L^{-1}、6mol·L^{-1}、40%)、氨水(2mol·L^{-1}、浓)、NaCl(0.2mol·L^{-1})、$CuSO_4$(0.2mol·L^{-1})、$ZnSO_4$(0.2mol·L^{-1})、$CdSO_4$(0.2mol·L^{-1})、$CuCl_2$(0.5mol·L^{-1})、$AgNO_3$(0.1mol·L^{-1})、Na_2S(0.1mol·L^{-1})、KI(0.2mol·L^{-1})、KSCN(0.1mol·L^{-1})、$Na_2S_2O_3$(0.5mol·L^{-1})、葡萄糖溶液(10%)。

(4)材料：pH 试纸。

三、实验内容(参见如下二维码)

1. 铜、银、锌、镉氢氧化物或氧化物的生成与性质

1)铜、锌、镉氢氧化物的生成和性质

向三支试管中分别加入 0.5mL 0.2mol·L^{-1} $CuSO_4$、$ZnSO_4$、$CdSO_4$ 溶液，然后滴加新配的 2mol·L^{-1} NaOH 溶液，观察产物的颜色及状态。

将各试管中的沉淀分为两份，一份滴加2mol·L^{-1} H_2SO_4，另一份继续滴加2mol·L^{-1} NaOH 溶液，观察现象，写出反应方程式。

2)银氧化物的生成和性质

取 0.5mL 0.1mol·L^{-1} $AgNO_3$ 溶液，滴加新配的 2mol·L^{-1} NaOH 溶液，观察产物的颜色及状态。离心分离并洗涤沉淀，将沉淀分为两份，一份滴加2mol·L^{-1} HNO_3，另一份滴加2mol·L^{-1}氨水，观察现象，写出反应方程式。

2. 锌、镉硫化物的生成与性质

向二支离心试管中分别加入 $0.5mL$ $0.2mol \cdot L^{-1}$ $ZnSO_4$、$CdSO_4$ 溶液,然后滴加 $1mol \cdot L^{-1}$ Na_2S 溶液,观察沉淀的生成及颜色。

将各试管中的沉淀离心分离并洗涤,然后将每种沉淀分为三份,分别试验各沉淀在 $2mol \cdot L^{-1}$ HCl、浓盐酸、王水(自配)中的溶解情况。

根据实验现象并查阅手册,填写表 6-22-1。对铜、银、锌、镉硫化物的溶解情况作出结论,并写出有关反应方程式。

表 6-22-1 铜、银、锌、镉硫化物的溶解性

硫化物 \ 性质	颜色	溶解性				K_{sp}
		$2mol \cdot L^{-1}$ HCl	浓盐酸	浓硝酸	王水	
CuS						
Ag_2S						
ZnS						
CdS						

3. 铜、银、锌的氨配合物

往三支分别盛有 $0.5mL$ $0.2mol \cdot L^{-1}$ $CuSO_4$、$AgNO_3$、$ZnSO_4$ 溶液的试管中滴加 $2mol \cdot L^{-1}$ 氨水,观察沉淀的生成和颜色。继续加入过量的 $2mol \cdot L^{-1}$ 氨水,又有何现象发生?写出有关反应方程式。

比较 Cu^{2+}、Ag^+、Zn^{2+} 与氨水反应有什么不同。

4. 铜、银的氧化还原性

1)Cu_2O 的生成和性质

取 $0.5mL$ $0.2mol \cdot L^{-1}$ $CuSO_4$ 溶液,向其滴加过量的 $6mol \cdot L^{-1}$ NaOH 溶液,使起初生成的蓝色沉淀溶解成深蓝色溶液。然后在溶液中加入 $1mL$ 10% 葡萄糖溶液,混匀后微热,有黄色沉淀产生进而变成红色沉淀。写出有关反应方程式。

将沉淀离心分离、洗涤至上层溶液为无色,然后沉淀分成两份。

一份沉淀与 $1mL$ $2mol \cdot L^{-1}$ H_2SO_4 作用,静置一会儿,注意沉淀的变化。然后加热至沸,观察有何现象?

另一份沉淀加入 $1mL$ 浓氨水,振荡后,观察溶液的颜色。放置一段时间后,溶液变成什么颜色?解释其原因,写出有关反应方程式。

2)氯化亚铜的生成和性质

取 $5mL$ $0.5mol \cdot L^{-1}$ $CuCl_2$ 溶液,加入 $1.5mL$ 浓盐酸和少量铜屑,加热沸腾至溶液由绿色变为深棕再至浅棕色(绿色完全消失)。取几滴上述溶液滴入 $5mL$ 蒸馏水中,如有白色沉淀产生,则迅速把全部溶液倾入 $50mL$ 蒸馏水中,将白色沉淀洗涤至无蓝色为止。

取少许沉淀分成两份，一份与 3mL 浓氨水作用，观察有何变化？另一份与 3mL 浓盐酸作用，观察又有何变化？写出有关反应方程式。

【思考题】

(1)在白色的 CuCl 沉淀中加入浓氨水或浓盐酸后形成什么颜色的溶液？放置一段时间后会变成蓝色溶液，为什么？

(2)实验中浅棕色溶液是什么物质？加入蒸馏水发生了什么反应？

3)碘化亚铜的生成和性质

在盛有 0.5mL 0.2mol·L^{-1} CuSO$_4$ 溶液的试管中，边滴加 0.2mol·L^{-1} KI 溶液边振荡，溶液变为棕黄色(CuI 为白色沉淀，I$_2$ 溶于 KI 呈黄色)。再逐滴加入适量的 0.5mol·L^{-1} Na$_2$S$_2$O$_3$ 溶液，以除去反应生成的碘。观察沉淀产物的颜色和状态，写出反应方程式。

【思考题】

加入 Na$_2$S$_2$O$_3$ 是为了与溶液中产生的碘作用，而便于观察 CuI 白色沉淀的颜色，但若 Na$_2$S$_2$O$_3$ 过量，则看不到白色沉淀，为什么？

四、实验习题

(1)在制备 CuCl 时，能否用 CuCl$_2$ 和 Cu 屑在用盐酸酸化呈微弱的酸性条件下反应？为什么？若用浓的 NaCl 溶液代替盐酸，此反应能否进行？为什么？

(2)根据 Na、K、Ca、Mg、Al、Sn、Pb、Cu、Ag、Zn、Cd、Hg 的标准电极电势，推测这些金属的活动顺序。

(3)当 SO$_2$ 通入 CuSO$_4$ 饱和溶液和 NaCl 饱和溶液的混合液时，将发生什么反应？能看到什么现象？试说明之。写出相应的反应方程式。

(4)选用什么试剂来溶解下列沉淀？

Cu(OH)$_2$　CuS　CuBr　AgI

(5)现有三瓶已失标签的 Hg(NO$_3$)$_2$、Hg$_2$(NO$_3$)$_2$ 和 AgNO$_3$ 溶液，至少用两种方法鉴别之。

(6)试用实验证明：黄铜的组成是 Cu 和 Zn(其他组成可不考虑)。

实验 23 常见阳离子的分离与鉴定(一)

一、实验目的

巩固和进一步掌握一些金属元素及其化合物的性质；了解常见阳离子混合液的分离和检出的方法；巩固检出离子的操作。

二、实验原理

离子的分离和鉴定需考虑以下两大因素。

1. 试剂的选择

以各离子对试剂的不同反应为依据，这种反应常伴随有特殊的现象，如沉淀的生成或溶解、特殊颜色的出现、气体的产生等。因此需要掌握离子的基本性质。

2. 反应条件的选择

要学会运用离子平衡(酸碱、沉淀、氧化还原、络合等平衡)的规律控制反应条件(主要指溶液的酸碱度、反应物的浓度、反应温度、溶剂的影响、促进或妨碍此反应的物质是否存在等)使反应向期望的方向进行。

常见阳离子的分离主要应用其与各种常用试剂[HCl、H_2SO_4、$NaOH$、$NH_3 \cdot H_2O$、$(NH_3)_2CO_3$、CH_3CSNH_2、$(NH_4)_2S$、Na_2S等]的反应及其差异将离子分离出来再进行鉴定。

1)与 HCl 溶液反应

$$\left.\begin{array}{r} Ag^+ \\ Hg_2^{2+} \\ Pb^{2+} \end{array}\right\} \xrightarrow{HCl} \left\{\begin{array}{l} AgCl\downarrow 白色，溶于氨水 \\ Hg_2Cl_2\downarrow 白色，溶于浓 HNO_3 及 H_2SO_4 \\ PbCl_2\downarrow 白色，溶于热水、NH_4Ac、NaOH \end{array}\right.$$

2)与 H₂SO₄ 溶液反应

$$\left.\begin{array}{r} Ba^{2+} \\ Sr^{2+} \\ Ca^{2+} \\ Ag^+ \\ Pb^{2+} \end{array}\right\} \xrightarrow{H_2SO_4} \left\{\begin{array}{l} BaSO_4\downarrow 白色，难溶于酸 \\ SrSO_4\downarrow 白色，溶于煮沸的酸 \\ CaSO_4\downarrow 白色，溶解度较大，当 Ca^{2+} 浓度很大时才析出沉淀 \\ Ag_2SO_4\downarrow 白色，在浓溶液中产生沉淀，溶于热水 \\ PbSO_4\downarrow 白色，溶于 NaOH、NH_4Ac(饱和)、热 HCl，不溶于稀 H_2SO_4 \end{array}\right.$$

3)与 NaOH 反应

$$\left.\begin{array}{r} Al^{3+} \\ Zn^{2+} \\ Pb^{2+} \\ Sb^{3+} \\ Sn^{2+} \end{array}\right\} \xrightarrow{过量 NaOH} \left\{\begin{array}{l} AlO_2^- 或[Al(OH)_4]^- 无色 \\ ZnO_2^- 或[Zn(OH)_4]^- 无色 \\ PbO_2^- 或[Pb(OH)_4]^{2-} 无色 \\ SbO_2^- 无色 \\ SnO_2^{2-} 或[Sn(OH)_4]^{2-} 无色 \end{array}\right.$$

$$Cu^{2+} \xrightarrow{\text{浓 NaOH, } \triangle} [Cu(OH)_4]^{2-} \text{深蓝}$$

4）与 $NH_3 \cdot H_2O$ 反应

$$\left.\begin{array}{l} Ag^+ \\ Cu^{2+} \\ Cd^{2+} \\ Zn^{2+} \end{array}\right\} \xrightarrow{\text{过量 } NH_3 \cdot H_2O} \left\{\begin{array}{l} [Ag(NH_3)_2]^+ \text{无色} \\ [Cu(NH_3)_4]^{2+} \text{深蓝} \\ [Cd(NH_3)_4]^{2+} \text{无色} \\ [Zn(NH_3)_4]^{2+} \text{无色} \end{array}\right.$$

5）与 $(NH_4)_2CO_3$ 反应

$$\left.\begin{array}{l} Cu^{2+} \\ Ag^+ \\ Zn^{2+} \\ Cd^{2+} \\ Hg^{2+} \\ Hg_2^{2+} \\ Mg^{2+} \\ Pb^{2+} \\ Bi^{3+} \\ Ca^{2+} \\ Sr^{2+} \\ Ba^{2+} \\ Al^{3+} \\ Sn^{2+} \\ Sn^{4+} \\ Sb^{3+} \end{array}\right\} \xrightarrow{\text{适量}(NH_4)_2CO_3} \begin{array}{l} \left.\begin{array}{l} Cu_2(OH)_2CO_3 \downarrow \text{白色} \\ Ag_2CO_3 \downarrow \text{白色} \\ Zn_2(OH)_2CO_3 \downarrow \text{白色} \\ Cd_2(OH)_2CO_3 \downarrow \text{白色} \end{array}\right\} \xrightarrow[\text{（过量）}]{(NH_4)_2CO_3} \left\{\begin{array}{l} [Cu(NH_3)_4]^{2+} \text{深蓝} \\ [Ag(NH_3)_2]^+ \text{无色} \\ [Zn(NH_3)_4]^{2+} \text{无色} \\ [Cd(NH_3)_4]^{2+} \text{无色} \end{array}\right. \\ Hg_2(OH)_2CO_3 \downarrow \text{白色} \\ Hg_2CO_3 \downarrow \text{白色} \longrightarrow HgO \downarrow (\text{黄色}) + Hg \downarrow (\text{黑色}) + CO_2 \uparrow \\ Mg_2(OH)_2CO_3 \downarrow \text{白色} \\ Pb_2(OH)_2CO_3 \downarrow \text{白色} \\ (BiO)_2CO_3 \downarrow \text{白色} \\ CaCO_3 \downarrow \text{白色} \\ SrCO_3 \downarrow \text{白色} \\ BaCO_3 \downarrow \text{白色} \\ Al(OH)_3 \downarrow \text{白色} \\ Sn(OH)_2 \downarrow \text{白色} \\ Sn(OH)_4 \downarrow \text{白色} \\ Sb(OH)_3 \downarrow \text{白色} \end{array}$$

6）与 H_2S、Na_2S 或 $(NH_4)_2S$ 反应

（1）在 $0.3\,mol \cdot L^{-1}$ HCl 溶液中通入 H_2S 气体生成沉淀的离子：

$$\left.\begin{array}{l} Ag^+ \\ Pb^{2+} \\ Cu^{2+} \\ Cd^{2+} \\ Bi^{3+} \\ Hg_2^{2+} \\ Hg^{2+} \\ Sb(V) \\ Sb(III) \\ Sn(IV) \\ Sn^{2+} \end{array}\right\} \xrightarrow[H_2S \text{ 或 } CH_3CSNH_2, \triangle]{0.3\,mol \cdot L^{-1} \text{ HCl}} \begin{array}{l} Ag_2S \downarrow \text{黑色} \\ PbS \downarrow \text{黑色} \\ CuS \downarrow \text{黑色} \\ CdS \downarrow \text{黄色} \\ Bi_2S_3 \downarrow \text{黑褐色} \\ HgS \downarrow \text{黑色} + Hg \downarrow \text{黑色，溶于王水、} Na_2S \\ HgS \downarrow \text{黑色，溶于王水，} Na_2S \\ \left.\begin{array}{l} Sb_2S_5 \downarrow \text{橙色} \\ Sb_2S_3 \downarrow \text{橙色} \\ SnS_2 \downarrow \text{黄色} \end{array}\right\} \text{溶于浓 HCl、NaOH、} Na_2S \\ SnS \downarrow \text{褐色，溶于浓 HCl、} (NH_4)_2S_x \text{，不溶于 NaOH} \end{array}$$

(2)在 $0.3 mol \cdot L^{-1}$ HCl 溶液中通入 H_2S 气体不生成沉淀，但在氨性介质通入 H_2S 气体产生沉淀的离子：

$$\left. \begin{array}{c} Zn^{2+} \\ Al^{3+} \end{array} \right\} \xrightarrow[\substack{NH_3 \cdot H_2O \\ H_2S}]{NH_4Cl} \left\{ \begin{array}{l} ZnS \downarrow 白色，溶于稀\ HCl\ 溶液，不溶于\ HAc\ 溶液 \\ Al(OH)_3 \downarrow 白色，溶于强碱及稀酸溶液 \end{array} \right.$$

三、实验用品

(1)仪器：试管、烧杯、离心机、离心试管、水浴锅、试管夹、点滴板。

(2)固体药品：亚硝酸钠。

(3)液体药品：HCl（$2 mol \cdot L^{-1}$、$6 mol \cdot L^{-1}$、浓）、HNO_3（$6 mol \cdot L^{-1}$）、H_2SO_4（$6 mol \cdot L^{-1}$）、HAc（$2 mol \cdot L^{-1}$、$6 mol \cdot L^{-1}$）、NaOH（$2 mol \cdot L^{-1}$、$6 mol \cdot L^{-1}$）、KOH（$2 mol \cdot L^{-1}$）、氨水（$2 mol \cdot L^{-1}$、浓）、NaCl（$1 mol \cdot L^{-1}$）、KCl（$1 mol \cdot L^{-1}$）、$MgCl_2$（$0.5 mol \cdot L^{-1}$）、$CaCl_2$（$0.5 mol \cdot L^{-1}$）、$BaCl_2$（$0.5 mol \cdot L^{-1}$）、$AlCl_3$（$0.5 mol \cdot L^{-1}$）、$SnCl_2$（$0.5 mol \cdot L^{-1}$）、$Pb(NO_3)_2$（$0.5 mol \cdot L^{-1}$）、$SbCl_3$（$0.1 mol \cdot L^{-1}$）、$Bi(NO_3)_3$（$0.1 mol \cdot L^{-1}$）、$CuCl_2$（$0.5 mol \cdot L^{-1}$）、$AgNO_3$（$0.1 mol \cdot L^{-1}$）、$ZnSO_4$（$0.2 mol \cdot L^{-1}$）、$Cd(NO_3)_2$（$0.2 mol \cdot L^{-1}$）、$Al(NO_3)_2$（$0.5 mol \cdot L^{-1}$）、$NaNO_3$（$0.5 mol \cdot L^{-1}$）、$Ba(NO_3)_2$（$0.5 mol \cdot L^{-1}$）、Na_2S（$0.5 mol \cdot L^{-1}$）、$KSb(OH)_6$（饱和）、$NaHC_4H_4O_6$（饱和）、$(NH_4)_2C_2O_4$（饱和）、NaAc（$2 mol \cdot L^{-1}$）、K_2CrO_4（$1 mol \cdot L^{-1}$）、Na_2CO_3（饱和）、NH_4Ac（$2 mol \cdot L^{-1}$）、$K_4[Fe(CN)_6]$（$0.5 mol \cdot L^{-1}$）、镁试剂、0.1%铝试剂、罗丹明B、苯、2.5%硫脲。

(4)材料：pH试纸、镍铬丝。

四、实验内容

1. 碱金属、碱土金属离子的鉴定

1）Na^+ 的鉴定

方法一：在盛有 $0.5 mL$ $1 mol \cdot L^{-1}$ NaCl 溶液的试管中，加入 $0.5 mL$ 饱和六羟基锑酸钾 $KSb(OH)_6$ 溶液，观察白色结晶状沉淀的产生。如无沉淀产生，可以用玻璃棒摩擦试管内壁，放置片刻，再观察。写出反应方程式。

方法二：取2滴试液于试管中，加4滴95%乙醇和8滴醋酸铀酰锌溶液，用玻璃棒摩擦管壁，析出淡黄色晶状沉淀：

$$Na^+ + Zn^{2+} + 3UO_2^{2+} + 9Ac^- + 9H_2O \longrightarrow NaAc \cdot Zn(Ac)_2 \cdot 3UO_2(Ac)_2 \cdot 9H_2O \downarrow$$

2）K^+ 的鉴定

在盛有 $0.5 mL$ $1 mol \cdot L^{-1}$ KCl 溶液的试管中，加入 $0.5 mL$ 饱和酒石酸氢钠 $NaHC_4H_4O_6$ 溶液，观察白色结晶状沉淀的产生。如无沉淀产生，可以用玻璃棒摩擦试管内壁，放置片刻，再观察。写出反应方程式。

3）Mg^{2+} 的鉴定

在试管中加2滴 $0.5 mol \cdot L^{-1}$ $MgCl_2$，再加 $6 mol \cdot L^{-1}$ NaOH 溶液，直到生成絮状的 $Mg(OH)_2$ 沉淀为止；然后加入1滴镁试剂，搅拌之，生成蓝色沉淀，表示有 Mg^{2+} 存在。

4）Ca^{2+} 的鉴定

在离心试管中加入 $0.5 mL$ $0.5 mol \cdot L^{-1}$ $CaCl_2$，再加10滴饱和 $(NH_4)_2C_2O_4$ 溶液，有白色沉淀产生。离心分离，弃去清液。若白色沉淀不溶于 $6 mol \cdot L^{-1}$ HAc 溶液而溶于 $2 mol \cdot L^{-1}$ HCl，

表示有 Ca^{2+} 存在。写出反应方程式。

5）Ba^{2+} 的鉴定

在试管中加 2 滴 0.5mol·L^{-1} $BaCl_2$，加 2mol·L^{-1} HAc 和 2mol·L^{-1} NaAc 各 2 滴，然后滴加 2 滴 1mol·L^{-1} K_2CrO_4，有黄色沉淀生成，表示有 Ba^{2+} 存在。写出反应方程式。

2. p 区和 ds 区部分金属离子的鉴定

1）Al^{3+} 的鉴定

在试管中加 2 滴 0.5mol·L^{-1} $AlCl_3$，加 2~3 滴水、2 滴 2mol·L^{-1} HAc 及 2 滴 0.1% 铝试剂，搅拌后，置水浴上加热片刻，再加 1~2 滴 6mol·L^{-1} 氨水，有红色絮状沉淀产生，表示有 Al^{3+} 存在。

2）Pb^{2+} 的鉴定

在离心试管中加 5 滴 0.5mol·L^{-1} $Pb(NO_3)_3$，加 2 滴 1mol·L^{-1} K_2CrO_4 溶液，如有黄色沉淀生成，离心分离，在沉淀上加 2mol·L^{-1} NaOH 溶液，沉淀溶解，表示有 Pb^{2+} 存在。

3）Bi^{3+} 的鉴定沉淀

取 2 滴 0.1mol·L^{-1} $Bi(NO_3)_3$ 试液于点滴板中，加 2 滴 2.5% 硫脲，生成鲜黄色配合物，表示有 Bi^{3+} 存在。

4）Cu^{2+} 的鉴定

在点滴板中加 1 滴 0.5mol·L^{-1} $CuCl_2$ 试液，加 1 滴 6mol·L^{-1} HAc 溶液酸化，再加 1 滴 0.5mol·L^{-1} $K_4[Fe(CN)_6]$ 溶液，生成红棕色沉淀，表示有 Cu^{2+} 存在。

5）Ag^+ 的鉴定

在试管中加 5 滴 0.1mol·L^{-1} $AgNO_3$ 试液，加 5 滴 2mol·L^{-1} HCl，产生白色沉淀。在沉淀中加入 6mol·L^{-1} 氨水至沉淀完全溶解。此溶液再用 6mol·L^{-1} HNO_3 酸化，又有白色沉淀产生，表示有 Ag^+ 存在。

6）Cd^{2+} 的鉴定

在点滴板中加 2 滴 0.2mol·L^{-1} $Cd(NO_3)_2$ 试液，加 2 滴 0.5mol·L^{-1} Na_2S 溶液，生成亮黄色沉淀，表示有 Cd^{2+} 存在。

3. 部分混合离子的分离和鉴定

取 Ag^+ 试液 2 滴和 Cd^{2+}、Al^{3+}、Ba^{2+}、Na^+ 试液各 5 滴，加到离心管中，混合均匀后，按图 6-23-1 所示方案进行分离和鉴定。

1）Ag^+ 的分离和鉴定

在混合试液中加 1 滴 6mol·L^{-1} HCl，充分振荡，离心后在上清液中再加 1 滴 6mol·L^{-1} HCl 检验沉淀是否完全，若不完全则重复前面操作；若沉淀完全，则离心分离后把上层清液转入另一离心试管中，按下述"Al^{3+} 的分离和鉴定"进行操作。沉淀用 10 滴蒸馏水洗涤，离心分离，洗涤液并入上清液中。沉淀中加入 2~3 滴 6mol·L^{-1} 氨水，充分振荡使之溶解，再加 1~2 滴 6mol·L^{-1} HNO_3 酸化，有白色沉淀析出，表示有 Ag^+ 存在。

2）Al^{3+} 的分离和鉴定

往上述"Ag^+ 的分离和鉴定"中的清液中滴加 6mol·L^{-1} 氨水至显碱性，充分振荡，离心分离，把上清液转入另一离心试管中，按下述"Ba^{2+} 的分离和鉴定"进行处理。沉淀中加入 2mol·L^{-1} HAc 和 2mol·L^{-1} NaAc 各 2 滴，再加 2 滴铝试剂，搅拌后水浴加热，产生红色沉淀，表示有 Al^{3+} 存在。

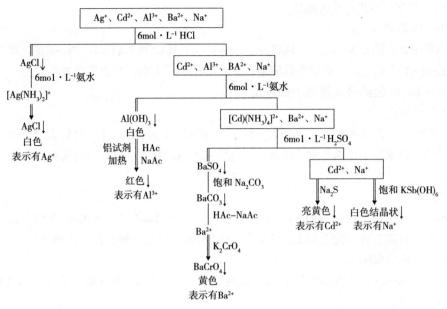

图 6 - 23 - 1　Ag^+、Cd^{2+}、Al^{3+}、Ba^{2+}、Na^+ 的分离鉴定流程图

3）Ba^{2+} 的分离和鉴定

在上述"Al^{3+} 的分离和鉴定"中的清液中滴加 $6mol \cdot L^{-1}$ H_2SO_4 至产生白色沉淀，再过量 2 滴，充分振荡，离心分离，把上清液转入另一离心试管中，按下述"Cd^{2+}、Na^+ 的分离和鉴定"进行处理。沉淀用 10 滴热蒸馏水洗涤，离心分离，洗涤液并入上面清液中。沉淀中加入 4~5 滴饱和 Na_2CO_3 溶液，充分振荡，再加入 $2mol \cdot L^{-1}$ HAc 和 $2mol \cdot L^{-1}$ NaAc 各 3 滴，充分振荡，然后加入 1~2 滴 $1mol \cdot L^{-1}$ K_2CrO_4 溶液，产生黄色沉淀，表示有 Ba^{2+} 存在。

4）Cd^{2+}、Na^+ 的分离和鉴定

取少量上述"Ba^{2+} 的分离和鉴定"中的清液于一支试管中，加入 2~3 滴 $0.5mol \cdot L^{-1}$ Na_2S 溶液，产生亮黄色沉淀，表示有 Cd^{2+} 存在。

取少量上述"Ba^{2+} 的分离和鉴定"中的清液于另一支试管中，加入几滴饱和 $KSb(OH)_6$ 溶液，并用玻棒摩擦管壁，产生白色结晶状沉淀，表示有 Na^+ 存在。

【思考题】

(1) 上述方案中溶解 $BaCO_3$ 沉淀时，为什么用 HAc 而不用 HCl？

(2) 用 $K_4[Fe(CN)_6]$ 检出 Cu^{2+} 时，为什么要用 HAc 酸化溶液？

(3) 在未知溶液分析中，当由碳酸盐制取铬酸盐沉淀时，为什么必须用 HAc 溶液去溶解碳酸盐沉淀，而不用强酸如盐酸去溶解？

(4) 在用硫代乙酰胺从离子混合试液中沉淀 Cd^{2+}、Hg^{2+}、Bi^{3+}、Pb^{2+} 等离子时，为什么要控制溶液的酸度为 $0.3mol \cdot L^{-1}$？酸度太高或太低对分离有何影响？控制酸度为什么用盐酸而不用硝酸？在沉淀过程中，为什么还要加水稀释？

五、实验习题

(1)选用一种试剂区别下列四种溶液：

KCl $\quad$ Cd(NO$_3$)$_2$ $\quad$ AgNO$_3$ $\quad$ ZnSO$_4$

(2)选用一种试剂区别下列四种离子：

Cu^{2+} $\quad$ Zn^{2+} $\quad$ Hg^{2+} $\quad$ Cd^{2+}

(3)用一种试剂分离下列各组离子：

①Zn^{2+}和Cd^{2+}；②Zn^{2+}和Al^{3+}；③Cu^{2+}和Hg^{2+}；④Zn^{2+}和Cu^{2+}；⑤Zn^{2+}和Sb^{3+}

(4)如何把BaSO$_4$转化为BaCO$_3$？与Ag$_2$CrO$_4$转化为AgCl相比，哪一种转化比较容易？为什么？

【附注】

在一般情况下，为了沉淀完全，加入的沉淀剂只需比理论计算过量20%~50%即可。若沉淀剂过量太多，会引起较强盐效应、配合物生成等副作用，反而增大沉淀的溶解度。

第三部分　第一过渡系元素

一、Cr

Cr 属ⅥB 族元素，最常见的是 +3 和 +6 氧化态的化合物。铬(Ⅲ)盐溶液与氨水或氢氧化钠溶液反应可制得灰蓝色氢氧化铬胶状沉淀。它具有两性，既溶于酸又溶于碱：

$$Cr^{3+} + 3OH^- \longrightarrow Cr(OH)_3 \downarrow$$

$$Cr(OH)_3 + 3H^+ \longrightarrow Cr^{3+} + 3H_2O$$

$$Cr(OH)_3 + OH^- \longrightarrow CrO_2^- + 2H_2O$$

在碱性溶液中铬(Ⅲ)有较强的还原性：

$$2CrO_2^- + 3H_2O_2 + 2OH^- \longrightarrow 2CrO_4^{2-} + 4H_2O$$

工业上和实验室中常见的铬(Ⅵ)化合物是它的含氧酸盐：铬酸盐和重铬酸盐。它们在水溶液中存在下列平衡：

$$2CrO_4^{2-} + 2H^+ \Longleftrightarrow Cr_2O_7^{2-} + H_2O$$

除加酸、加碱条件下可使这个平衡发生移动外，向溶液中加入 Ba^{2+}、Pb^{2+} 或 Ag^+，由于生成溶度积较小的铬酸盐，也能使上述平衡向左移动。所以，无论是向铬酸盐溶液中还是向重铬酸盐溶液中加入这些金属离子，生成的都是铬酸盐沉淀。例如：

$$Cr_2O_7^{2-} + 2Ba^{2+} + H_2O \longrightarrow 2H^+ + 2BaCrO_4 \downarrow$$

重铬酸盐在酸性溶液中是强氧化剂，其还原产物都是 Cr^{3+} 的盐。例如：

$$Cr_2O_7^{2-} + 3SO_3^{2-} + 8H^+ \longrightarrow 2Cr^{3+} + 3SO_4^{2-} + 4H_2O$$

$$Cr_2O_7^{2-} + 6Fe^{2+} + 14H^+ \longrightarrow 2Cr^{3+} + 6Fe^{3+} + 7H_2O$$

后一个反应在分析化学中，常用来测定铁。

二、Mn

Mn 属ⅦB 族元素，最常见的是 +2、+4 和 +7 氧化态的化合物。

Mn^{2+} 在酸性介质中比较稳定，在碱性介质中易被氧化：

$$Mn^{2+} + 2OH^- \longrightarrow Mn(OH)_2 \downarrow$$

$$2Mn(OH)_2 + O_2 \longrightarrow 2MnO(OH)_2 \downarrow$$

$$Mn(OH)_2 + ClO^- \longrightarrow MnO(OH)_2 \downarrow + Cl^-$$

氢氧化锰属碱性氢氧化物，溶于酸及酸性盐溶液中，而不溶于碱：

$$Mn(OH)_2 + 2H^+ \longrightarrow Mn^{2+} + 2H_2O$$

$$Mn(OH)_2 + 2NH_4^+ \longrightarrow Mn^{2+} + 2NH_3 + 2H_2O$$

二氧化锰是锰(Ⅳ)的重要化合物，可由锰(Ⅶ)与锰(Ⅱ)的化合物作用而得到：

$$2MnO_4^- + 3Mn^{2+} + 2H_2O \longrightarrow 5MnO_2 \downarrow + 4H^+$$

在酸性介质中二氧化锰是一种强氧化剂:

$$MnO_2 + SO_3^{2-} + 2H^+ == Mn^{2+} + SO_4^{2-} + H_2O$$

$$2MnO_2 + 2H_2SO_4(浓) == 2MnSO_4 + O_2\uparrow + 2H_2O$$

在碱性介质中,有氧化剂存在时,锰(Ⅳ)能被氧化转变成锰(Ⅵ)的化合物:

$$2MnO_2 + 4KOH + O_2 == 2K_2MnO_4 + 2H_2O$$

锰酸盐只有在强碱性溶液中(pH≥14.4)才是稳定的。如果在酸性或弱碱性、中性条件下,会发生歧化反应:

$$3MnO_4^{2-} + 4H^+ == 2MnO_4^- + MnO_2\downarrow + 2H_2O$$

锰(Ⅶ)的化合物中最重要的是高锰酸钾。其固体加热到473K以上分解出氧气,是实验室制备氧气的简便方法:

$$2KMnO_4 == K_2MnO_4 + MnO_2 + O_2\uparrow$$

高锰酸钾是最重要和最常用的氧化剂之一,它的还原产物因介质的酸碱性不同而不同。
酸性介质:

$$2MnO_4^- + 5SO_3^{2-} + 6H^+ == 2Mn^{2+} + 5SO_4^{2-} + 3H_2O$$

中性介质:

$$2MnO_4^- + 3SO_3^{2-} + H_2O == 2MnO_2\downarrow + 3SO_4^{2-} + 2OH^-$$

碱性介质:

$$2MnO_4^- + SO_3^{2-} + 2OH^- == 2MnO_4^{2-} + SO_4^{2-} + H_2O$$

三、铁系元素

Fe、Co、Ni属Ⅷ族元素,常见的氧化态为+2和+3。

铁系元素氢氧化物均难溶于水,其氧化还原性质可归纳如下:

	还原性增强 →	
$Fe(OH)_2$ 白色	$Co(OH)_2$ 粉色	$Ni(OH)_2$ 绿色
$Fe(OH)_3$ 棕红色	$Co(OH)_3$ 棕色	$Ni(OH)_3$ 黑色
	→ 氧化性增强	

有关反应式:

$$Fe^{2+} + 2OH^- == Fe(OH)_2\downarrow$$

$$4Fe(OH)_2 + O_2 + 2H_2O == 4Fe(OH)_3\downarrow$$

$$CoCl_2 + 2NaOH == Co(OH)_2\downarrow + 2NaCl$$

$$4Co(OH)_2 + O_2 + 2H_2O == 4Co(OH)_3\downarrow$$

$$2Co(OH)_2 + Cl_2 + 2NaOH == 2Co(OH)_3\downarrow + 2NaCl$$

$$NiSO_4 + 2NaOH == Ni(OH)_2\downarrow + Na_2SO_4$$

$$2Ni(OH)_2 + Cl_2 + 2NaOH =\!=\!= 2Ni(OH)_3 \downarrow + 2NaCl$$

$$Fe(OH)_3 + HCl =\!=\!= FeCl_3 + H_2O$$

$$2CoO(OH) + 6HCl =\!=\!= 2CoCl_2 + Cl_2 \uparrow + 4H_2O$$

$$[\,Co(OH)_3 \xrightarrow{-H_2O} CoO(OH)\,]$$

$$2NiO(OH) + 6HCl =\!=\!= 2NiCl_2 + Cl_2 \uparrow + 4H_2O$$

$$[\,Ni(OH)_3 \xrightarrow{-H_2O} NiO(OH)\,]$$

铁系元素能形成多种配合物。这些配合物的形成,常常作为 Fe^{3+}、Fe^{2+}、Co^{2+}、Ni^{2+} 离子的鉴定方法。

铁的配合物:

$$2[\,Fe(CN)_6\,]^{3-} + 3Fe^{2+} =\!=\!= Fe_3[\,Fe(CN)_6\,]_2 \downarrow 腾氏蓝$$

$$3[\,Fe(CN)_6\,]^{4-} + 4Fe^{3+} =\!=\!= Fe_4[\,Fe(CN)_6\,]_3 \downarrow 普鲁氏蓝$$

$$Fe^{3+} + nSCN^- =\!=\!= [\,Fe(NCS)_n\,]^{3-n}\ (n = 1 \sim 6) 血红色$$

钴的配合物:

$$Co^{2+} + 4SCN^- \xrightarrow{\text{乙醚}} [\,Co(NCS)_4\,]^{2-} 蓝色$$

镍的配合物:

桃红色沉淀

$Fe(II)$、$Fe(III)$ 均不形成氨配合物,$Co(II)$、$Co(III)$ 均可形成氨配合物,但后者比前者稳定:

$$CoCl_2 + NH_3 \cdot H_2O =\!=\!= Co(OH)Cl \downarrow + NH_4Cl$$

$$Co(OH)Cl + 7NH_3 + H_2O =\!=\!= [\,Co(NH_3)_6\,](OH)_2 + NH_4Cl$$

$$4[\,Co(NH_3)_6\,](OH)_2 + O_2 + 2H_2O =\!=\!= 4[\,Co(NH_3)_6\,](OH)_3$$

N_i^{2+} 与 NH_3 能形成蓝色的 $[\,Ni(NH_3)_6\,]^{2+}$ 离子,但该配离子遇酸、遇碱、水稀释、受热等均可发生分解反应:

$$[\,Ni(NH_3)_6\,]^{2+} + 6H^+ =\!=\!= Ni^{2+} + 6NH_4^+$$

$$[\,Ni(NH_3)_6\,]^{2+} + 2OH^- =\!=\!= Ni(OH)_2 \downarrow + 6NH_3 \uparrow$$

$$2[\,Ni(NH_3)_6\,]SO_4 + 2H_2O \xrightarrow{\triangle} Ni_2(OH)_2SO_4 \downarrow + 10NH_3 \uparrow + (NH_4)_2SO_4$$

实验 24　第一过渡系元素(一)(铬、锰)

一、实验目的

掌握铬、锰主要氧化态的化合物的重要性质及各氧化态之间相互转化的条件。

二、实验用品

(1)仪器：试管、硬质试管、离心试管、离心机、水浴锅、试管夹、酒精灯。

(2)固体药品：二氧化锰、铋酸钠。

(3)液体药品：$HCl(2mol \cdot L^{-1}$、浓)、$H_2SO_4(1mol \cdot L^{-1}$、浓)、$HAc(2mol \cdot L^{-1}$、$6mol \cdot L^{-1})$、$NaOH(0.2mol \cdot L^{-1}$、$2mol \cdot L^{-1}$、$6mol \cdot L^{-1})$、$K_2Cr_2O_7(0.1mol \cdot L^{-1})$、$FeSO_4(0.5mol \cdot L^{-1})$、$K_2CrO_4(0.1mol \cdot L^{-1})$、$AgNO_3(0.1mol \cdot L^{-1})$、$BaCl_2(0.1mol \cdot L^{-1})$、$Pb(NO_3)_2(0.1mol \cdot L^{-1})$、$MnSO_4(0.2mol \cdot L^{-1}$、$0.5mol \cdot L^{-1}$、$0.002mol \cdot L^{-1})$、$NH_4Cl(2mol \cdot L^{-1})$、$NaClO(稀)$、$CH_3CSNH_2(0.1mol \cdot L^{-1})$、$Na_2S(0.1mol \cdot L^{-1}$、$0.5mol \cdot L^{-1})$、$KMnO_4(0.1mol \cdot L^{-1})$、$Na_2SO_3(0.1mol \cdot L^{-1})$、$NaNO_2(0.1mol \cdot L^{-1})$、$HNO_3(6mol \cdot L^{-1})$。

(4)材料：pH试纸、火柴。

三、实验内容

1. 铬的化合物的重要性质

1)铬(Ⅵ)的氧化性

$Cr_2O_7^{2-}$ 转变为 Cr^{3+}。

在约3mL $K_2Cr_2O_7$ 溶液中，加入所选择的还原剂，观察溶液颜色的变化，写出反应方程式(保留溶液供下面实验用)。

【思考题】

(1)转化反应须在何种介质(酸性或碱性)中进行？为什么？

(2)从电势值、还原剂被氧化后产物的颜色、产物的毒性考虑，选择哪些还原剂为宜？

2)铬(Ⅵ)的缩合平衡

(1)取少量的 $Cr_2O_7^{2-}$ 溶液，加入所选择的试剂使其转化为 CrO_4^{2-}。

(2)取少量的 CrO_4^{2-} 溶液，加入所选择的试剂使其转化为 $Cr_2O_7^{2-}$。

$Cr_2O_7^{2-}$ 与 CrO_4^{2-} 在何种介质中可相互转化？

3)氢氧化铬(Ⅲ)的两性

Cr^{3+} 转变为 $Cr(OH)_3$ 沉淀，并试验 $Cr(OH)_3$ 的两性。

在上述"铬(Ⅵ)的氧化性"实验中所保留的 Cr^{3+} 溶液中，逐滴加入2mol·L^{-1} NaOH溶液，观察沉淀物的颜色，写出反应方程式。

将所得沉淀物分成两份，分别试验与酸、碱的反应，观察溶液的颜色，写出反应方程式。

4）铬（Ⅲ）的还原性

CrO_2^- 转变为 CrO_4^{2-}。

在上述"氢氧化铬（Ⅲ）的两性"实验中得到的 CrO_2^- 溶液中，加入所选择的氧化剂，水浴加热，观察溶液颜色的变化，写出反应方程式。

【思考题】

(1) 转化反应须在何种介质（酸性或碱性）中进行？为什么？

(2) 从电势值、还原剂被氧化后产物的颜色、产物的毒性考虑，选择哪些氧化剂为宜？

5）重铬酸盐和铬酸盐的溶解性

分别在 $Cr_2O_7^{2-}$ 与 CrO_4^{2-} 溶液中加入少量的 $0.1mol \cdot L^{-1}$ $AgNO_3$、$BaCl_2$ 和 $Pb(NO_3)_2$，观察产物的颜色和状态，比较并解释实验结果，写出反应方程式。

【思考题】

试总结 $Cr_2O_7^{2-}$ 与 CrO_4^{2-} 相互转化的条件及它们形成盐的溶解性大小。

2. 锰的化合物的重要性质

1）氢氧化锰（Ⅱ）的生成和性质

取 4 份 $1mL$ $0.2mol \cdot L^{-1}$ $MnSO_4$ 溶液：

第一份：滴加 $0.2mol \cdot L^{-1}$ NaOH 溶液，观察沉淀的颜色。振荡试管，有何变化？

第二份：滴加 $0.2mol \cdot L^{-1}$ NaOH 溶液，产生沉淀后迅速加过量的 NaOH 溶液，沉淀是否溶解？

第三份：滴加 $0.2mol \cdot L^{-1}$ NaOH 溶液，迅速加入 $2mol \cdot L^{-1}$ HCl，有何现象发生？

第四份：滴加 $0.2mol \cdot L^{-1}$ NaOH 溶液，迅速加入 $2mol \cdot L^{-1}$ NH_4Cl，沉淀是否溶解？

写出上述有关反应方程式。此实验说明 $Mn(OH)_2$ 具有哪些性质？

2）Mn^{2+} 的氧化

试验 $MnSO_4$ 和 NaClO 溶液在酸、碱介质中的反应。比较 Mn^{2+} 在何介质中易氧化。

3）MnS 的生成和性质

往 $MnSO_4$ 溶液中滴加饱和 H_2S 溶液（或 $0.1mol \cdot L^{-1}$ CH_3CSNH_2 溶液并水浴加热），有无沉淀产生？若改用 Na_2S 溶液，又有何结果？请用事实说明 MnS 的性质和生成沉淀的条件。

【思考题】

试总结 Mn^{2+} 的性质。

4）二氧化锰的生成和性质

(1) 往盛有少量 $0.1mol \cdot L^{-1}$ $KMnO_4$ 溶液的试管中，逐滴加入 $0.5mol \cdot L^{-1}$ $MnSO_4$ 溶液，观察沉淀的颜色。往沉淀中加入 $1mol \cdot L^{-1}$ H_2SO_4 和 $0.1mol \cdot L^{-1}$ Na_2SO_3 溶液，沉淀

是否溶解？写出有关反应方程式。

（2）在盛有少量（米粒大小）二氧化锰固体的试管中加入 2mL 浓硫酸，加热，观察反应前后颜色。有何气体产生？写出反应方程式。

3. 高锰酸钾的性质

分别试验 $KMnO_4$ 溶液与 Na_2SO_3 溶液在酸性（$1mol \cdot L^{-1}$ H_2SO_4）、近中性（蒸馏水）、碱性（$6mol \cdot L^{-1}$ NaOH）介质中的反应，比较它们的产物因介质不同有何不同？写出反应方程式。

【思考题】

当 $KMnO_4$、Na_2SO_3 和介质的添加顺序不同时，反应产物是否相同？解释之。要得到理想的实验结果，三者添加顺序应如何？用量应如何？

4. Mn^{2+} 离子的鉴定

在试管中加入 2 滴 $0.002mol \cdot L^{-1}$ $MnSO_4$ 溶液，并用 5 滴 $6mol \cdot L^{-1}$ HNO_3 酸化，再加入少量 $NaBiO_3$ 固体，振荡试管，溶液呈紫红色表示有 Mn^{2+} 存在。写出反应方程式。

四、实验习题

（1）根据实验结果，设计一张铬的各种氧化态转化关系图。

（2）在碱性介质中，氧能把 $Mn(II)$ 氧化为 $Mn(VI)$；在酸性介质中，$Mn(VI)$ 又可将 KI 氧化为 I_2。写出有关反应方程式，并解释以上现象。Na_2SO_3 标准液可滴定析出碘的含量，试由此设计一个测定溶解氧含量的方法。

实验 25　第一过渡系元素(二)(铁、钴、镍)

一、实验目的

试验并掌握二价铁、钴、镍的还原性和三价铁、钴、镍的氧化性;试验并掌握铁、钴、镍配合物的生成及性质。

二、实验用品

(1)仪器:试管、硬质试管、离心机、离心试管、水浴锅、试管夹、酒精灯。

(2)固体药品:硫酸亚铁铵、硫氰酸钾。

(3)液体药品:HCl(浓)、H_2SO_4(1mol·L^{-1}、6mol·L^{-1})、NaOH(2mol·L^{-1}、6mol·L^{-1})、$(NH_4)_2Fe(SO_4)_2$(0.1mol·L^{-1})、$CoCl_2$(0.1mol·L^{-1})、$NiSO_4$(0.1mol·L^{-1})、KI(0.5mol·L^{-1})、$K_4[Fe(CN)_6]$(0.5mol·L^{-1})、氨水(6mol·L^{-1}、2mol·L^{-1}、浓)、氯水、碘水、四氯化碳、戊醇或乙醚、H_2O_2(3%)、$FeCl_3$(0.2mol·L^{-1})、KSCN(0.5mol·L^{-1})、镍试剂(二乙酰二肟、丁二酮肟、1%)。

(4)材料:碘化钾淀粉试纸。

三、实验内容

1. 铁(Ⅱ)、钴(Ⅱ)、镍(Ⅱ)化合物的还原性(参见文末二维码)

1)铁(Ⅱ)的还原性

(1)酸性介质　往盛有0.5mL氯水的试管中加入3滴6mol·L^{-1} H_2SO_4溶液,然后滴加0.1mol·L^{-1} $(NH_4)_2Fe(SO_4)_2$溶液,观察现象,写出反应式(如现象不明显,可滴加1滴KSCN溶液,出现红色,证明有Fe^{3+}生成)。

(2)碱性介质　在一支试管中放入2mL蒸馏水和3滴6mol·L^{-1} H_2SO_4溶液煮沸,以赶尽溶于其中的空气,然后溶入少量硫酸亚铁铵晶体。在另一支试管中加入3mL 6mol·L^{-1} NaOH溶液煮沸,冷却后,用一长滴管吸取NaOH溶液,插入$(NH_4)_2Fe(SO_4)_2$溶液直到试管底部,慢慢挤出滴管中的NaOH溶液,观察产物颜色和状态。振荡后放置一段时间,观察又有何变化?写出反应方程式。产物留作下面实验用。

【思考题】

"碱性介质"实验要求整个操作都要避免将空气带进溶液中,为什么?

2)钴(Ⅱ)的还原性

(1)往盛有0.1mol·L^{-1} $CoCl_2$溶液的试管中加入氯水,观察有何变化?

(2)在盛有1mL $CoCl_2$溶液的试管中滴入稀NaOH溶液,观察沉淀的生成。所得沉淀分成两份,一份置于空气中,另一份加入新配制的氯水,观察有何变化?第二份留作下面实验备用。

3)镍(Ⅱ)的还原性

用 0.1mol·L⁻¹ NiSO₄ 溶液按上述"钴(Ⅱ)的还原性"实验方法操作,观察现象,第二份沉淀留作下面实验备用。

2. 铁(Ⅲ)、钴(Ⅲ)、镍(Ⅲ)化合物的氧化性

(1)在前面实验中保留下来的 $Fe(OH)_3$、$Co(OH)_3$ 和 $Ni(OH)_3$ 沉淀中均加入浓盐酸,振荡后各有何变化?并用碘化钾淀粉试纸检验所放出的气体。

(2)在上述实验中制得的 $FeCl_3$ 溶液中加入 KI 溶液,再加入 CCl_4,振荡后观察现象,写出反应方程式。

【思考题】

综合上述实验所观察到的现象,总结 +2 价氧化态的铁、钴、镍化合物的还原性和 +3 价氧化态的铁、钴、镍化合物的氧化性的变化规律。

3. 配合物的生成

1)铁的配合物

(1)往盛有 1mL 0.5mol·L⁻¹ $K_4[Fe(CN)_6]$ 溶液的试管中加入约 0.5mL 的碘水,振荡试管后加入数滴 $(NH_4)_2Fe(SO_4)_2$ 溶液,有何现象发生?此为 Fe^{2+} 的鉴定反应。

(2)往盛有 1mL 新配制的 $(NH_4)_2Fe(SO_4)_2$ 溶液试管中加入碘水,振荡试管后,将溶液分成两份,各滴入数滴 KSCN 溶液,然后向其中一支试管中注入约 0.5mL 3% H_2O_2 溶液,观察现象。此为 Fe^{3+} 的鉴定反应。

【思考题】

试从配合物的生成对电极电势的改变来解释为什么 $[Fe(CN)_6]^{4-}$ 能把 I_2 还原成 I^-,而 Fe^{2+} 则不能。

(3)往 $FeCl_3$ 溶液中加入 $K_4[Fe(CN)_6]$ 溶液,观察现象,写出反应方程式。这也是 Fe^{3+} 的鉴定反应。

(4)往盛有 0.5mL 0.2mol·L⁻¹ $FeCl_3$ 的试管中,滴入浓氨水直至过量,观察沉淀是否溶解。

2)钴的配合物

(1)往盛有 1mL $CoCl_2$ 溶液的试管中加入少量 KSCN 固体,观察固体周围的颜色。再加入 0.5mL 戊醇或乙醚,振荡后,观察水相和有机相的颜色。这个反应可用来鉴定 Co^{2+}。

(2)往 0.5mL $CoCl_2$ 溶液中注入浓氨水,至生成的沉淀刚好溶解为止,静置一段时间后,观察溶液的颜色有何变化。

3)镍的配合物

(1)往盛有 2mL 0.1mol·L⁻¹ NiSO₄ 溶液中加入过量 6mol·L⁻¹ 氨水,观察现象。静置片刻,再观察现象,写出离子反应方程式。把溶液分成四份:一份加入 2mol·L⁻¹ NaOH 溶液,一份加入 1mol·L⁻¹ H_2SO_4 溶液,一份加 5mL 水稀释,一份煮沸,观察各有何变化?

【思考题】

根据实验结果比较 $[Co(NH_3)_6]^{2+}$ 配离子和 $[Ni(NH_3)_6]^{2+}$ 配离子氧化还原性的相对大小及溶液稳定性。

(2)在白色点滴板凹穴中加 1 滴 $0.1mol \cdot L^{-1}$ $NiSO_4$ 溶液和 1 滴 $2mol \cdot L^{-1}$ 氨水，然后再加 1 滴镍试剂(丁二酮肟的酒精溶液)，观察产物的颜色和状态。此为 Ni^{2+} 的鉴定反应。

四、实验习题

(1)制取 $Co(OH)_3$、$Ni(OH)_3$ 时，为什么要以 $Co(Ⅱ)$、$Ni(Ⅱ)$ 为原料在碱性溶液中进行氧化，而不直接制取?

(2)今有一瓶含有 Fe^{3+}、Co^{2+}、Ni^{2+} 离子的混合液，如何将它们分离出来? 请设计分离示意图。

(3)总结 $Fe(Ⅱ、Ⅲ)$、$Co(Ⅱ、Ⅲ)$、$Ni(Ⅱ、Ⅲ)$ 所形成主要化合物的性质。

(4)有一瓶浅绿色晶体 A，可溶于水得到溶液 B，于 B 中加入不含氧气的 $6mol \cdot L^{-1}$ $NaOH$ 溶液，有白色沉淀 C 和气体 D 生成。C 在空气中逐渐变棕色，气体 D 使红色石蕊试纸变蓝。若将溶液 B 加以酸化再滴加一紫红色溶液 E，则得到浅黄色溶液 F，于 F 中加入黄血盐溶液，立即产生深蓝色的沉淀 G。若溶液 B 中加入 $BaCl_2$ 溶液，有白色沉淀 H 析出，此沉淀不溶于强酸。问：A、B、C、D、E、F、G、H 是什么物质? 写出分子式和有关的反应式。

铁钴镍

实验 26　常见阳离子的分离与鉴定（二）

一、实验目的

学习混合离子分离的方法，进一步巩固离子鉴定的条件和方法；熟练运用元素（Ag、Pb、Fe、Co、Ni）的化学性质。

二、实验原理

常见阳离子的分离与鉴定的方法分为系统分析法和分别分析法。系统分析法是将可能共存的阳离子按一定顺序用"组试剂"将性质相似的离子逐组分离，然后再将各组离子进行分离和鉴定，如经典的 H_2S 系统分析法、"两酸两碱"系统分析法。分别分析法是分别取出一定量的试液，设法排除鉴定方法的干扰离子，加入适当的试剂，直接进行鉴定的方法。

若有干扰物质存在，必须消除其干扰。常用的方法为分离法和掩蔽法，如常用的沉淀分离法、溶剂萃取分离法、配位掩蔽法和氧化还原掩蔽法等。例如用酒石酸或 F^- 配位掩蔽 Fe^{3+}，用 Zn 或 $SnCl_2$ 还原掩蔽 Fe^{3+}，消除其对 Co^{2+} 鉴定反应的干扰。

有些鉴定反应的产物在水中溶解度较大或不稳定，可加入特殊有机溶剂使其溶解度降低或稳定性增加。例如在 $[Co(NCS)_4]^{2-}$ 溶液中加入丙酮或戊醇，在 $CrO(O_2)_2$ 溶液中加入乙醚或戊醇。

增加温度可以加快化学反应的速率。对溶解度随温度升高而显著增加的物质，如沉淀 $PbCl_2$，可加热使其溶解而与其他沉淀物分离；相反，若用稀盐酸沉淀 Pb^{2+}，不宜在热溶液中进行。

此外，待测离子的浓度必须足够大，反应才能显著进行和有明显的特征现象。例如用 HCl 溶液鉴定 Ag^+，必须离子积大于溶度积才有 AgCl 沉淀生成。即便如此，若沉淀量太少，也不易观察到。

溶液的酸碱性不仅影响反应物或产物的溶解性、稳定性和灵敏度等，更主要的是关系到鉴定反应的完全程度。例如用二乙酰二肟鉴定 Ni^{2+}，溶液的适宜酸度是 $pH = 5 \sim 10$。在强酸性溶液中，红色沉淀分解，因沉淀剂是一种有机弱酸；而在强碱性溶液中，Ni^{2+} 形成 $Ni(OH)_2$ 沉淀，鉴定反应不能进行。

本次实验学习熟练运用 Ag^+、Pb^{2+}、Fe^{3+}、Co^{2+} 和 Ni^{2+} 的化学性质，进行分离和鉴定。其实验设计方案如图 6 - 26 - 1 所示。

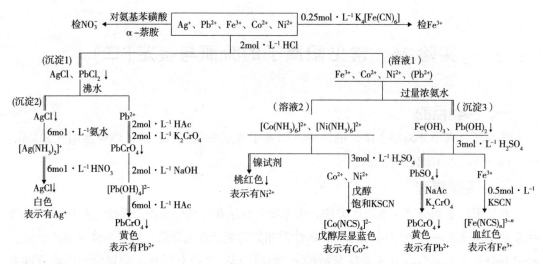

图 6 - 26 - 1　Ag^+、Pb^{2+}、Fe^{3+}、Co^{2+}、Ni^{2+} 的分离鉴定流程图

三、实验用品

（1）仪器：试管、烧杯、离心试管、离心机、水浴锅、试管夹、点滴板、酒精灯。

（2）固体药品：Zn 粉。

（3）液体药品：Ag^+、Pb^{2+}、Fe^{3+}、Co^{2+}、Ni^{2+} 混合液（五种盐均为硝酸盐，其浓度均为 $0.2mol \cdot L^{-1}$）、$HCl(2mol \cdot L^{-1})$、$HNO_3(6mol \cdot L^{-1})$、$H_2SO_4(3mol \cdot L^{-1})$、$HAc(2mol \cdot L^{-1}$、$6mol \cdot L^{-1})$、$NaOH(2mol \cdot L^{-1})$、氨水（浓、$6mol \cdot L^{-1}$）、NaAc（饱和）、$K_2CrO_4(2mol \cdot L^{-1})$、$K_4[Fe(CN)_6](0.25mol \cdot L^{-1})$、$KSCN(0.5mol \cdot L^{-1}$、饱和）、戊醇、镍试剂（二乙酰二肟、1%）。

（4）材料：pH 试纸。

四、实验内容

1. NO_3^- 的鉴定

在点滴板中滴入 3 滴混合液，加 1 滴 $6mol \cdot L^{-1}HAc$ 溶液酸化后用玻棒蘸取少量 Zn 粉加入试液，搅拌均匀，使溶液中 NO_3^- 还原为 NO_2^-。再加入对氨基苯磺酸与 α - 萘胺溶液各 1 滴，有何现象？

取混合溶液 20 滴，放入离心试管并按以下实验步骤进行分离和鉴定。

2. Fe^{3+} 的鉴定

取 1 滴试液加到白色点滴板凹穴中，加 1 滴 $0.25mol \cdot L^{-1}$ $K_4[Fe(CN)_6]$。观察沉淀的生成和颜色，该物质是何沉淀？

3. Ag^+、Pb^{2+} 和 Fe^{3+}、Co^{2+}、Ni^{2+} 的分离及 Ag^+、Pb^{2+} 的分离和鉴定

向试液中滴加 5 滴 $2mol \cdot L^{-1}HCl$，充分振荡，静置片刻，离心沉降，向上层清液中加 1 滴 $2mol \cdot L^{-1}HCl$ 溶液以检验沉淀是否完全。吸出上层清液，编号为溶液 1。用 $2mol \cdot L^{-1}HCl$ 溶液洗涤沉淀，编号为沉淀 1。观察沉淀的颜色，写出反应方程式。

1）Ag^+ 和 Pb^{2+} 的分离及 Pb^{2+} 的鉴定

向沉淀 1 中加 6 滴水，在沸水浴中加热 3min 以上并不时搅动。停止搅动，待沉淀沉

降后，趁热取 3 滴清液于黑色点滴板上，加 $2mol \cdot L^{-1}$ HAc 和 $2mol \cdot L^{-1}$ K_2CrO_4 溶液各 1 滴，有什么生成？加 $2mol \cdot L^{-1}$ NaOH 溶液后又怎样？再加 $6mol \cdot L^{-1}$ HAc 溶液又如何？

取清液后离心所余沉淀，编号为沉淀 2。

【思考题】

Pb^{2+} 的鉴定有可能现象不明显，请查阅不同温度时 $PbCl_2$ 在水中的溶解度并作出解释。

2）Ag^+ 的鉴定

向沉淀 2 中滴加 $6mol \cdot L^{-1}$ 氨水，至沉淀刚好溶解，再加入 $6mol \cdot L^{-1}$ HNO_3，沉淀重新生成。观察沉淀的颜色，并写出反应方程式。

4. Co^{2+}、Ni^{2+} 和 Fe^{3+}、Pb^{2+} 的分离

在溶液 1 中加入约 15 滴浓氨水至 Pb^{2+} 离子和 Fe^{3+} 离子沉淀完全，离心分离，取出清液编号为溶液 2，所得沉淀编号为沉淀 3。用浓氨水洗涤沉淀，观察沉淀 3 的颜色。

5. Co^{2+}、Ni^{2+} 的鉴定

Ni^{2+} 的鉴定：取 2 滴溶液 2 置于点滴板凹穴中，加 2 滴镍试剂，观察沉淀的生成和颜色，该物质是何沉淀？

Co^{2+} 的鉴定：剩余的溶液 2 转入试管中，加入 $3mol \cdot L^{-1}$ H_2SO_4 至溶液呈酸性。然后加入 0.5mL 戊醇，再加 5 滴饱和 KSCN 溶液，振荡，观察上层戊醇的颜色。

6. Fe^{3+}、Pb^{2+} 的分离和鉴定

在沉淀 3 中滴加 $3mol \cdot L^{-1}$ H_2SO_4 至沉淀完全变为白色，离心分离，所得沉淀用于鉴定 Pb^{2+} 离子，所得清液用于鉴定 Fe^{3+} 离子。

Pb^{2+} 的鉴定：在沉淀中加入饱和 NaAc 使沉淀溶解（若不明显可水浴加热），再加几滴 $2mol \cdot L^{-1}$ K_2CrO_4，观察沉淀的生成和颜色。

Fe^{3+} 的鉴定：在清液中加入几滴 KSCN 溶液，观察溶液的颜色变化。

五、实验习题

设计分离和鉴定下列混合离子的方案：

（1）Ag^+、Cu^{2+}、Al^{3+}、Fe^{3+}、Ba^{2+}、Na^+；

（2）Pb^{2+}、Mn^{2+}、Hg^{2+}、Co^{2+}、Ba^{2+}、K^+。

知识
拓展

第七章　制备与综合性实验

实验 27　由海盐制备试剂级氯化钠

一、实验目的

学习由海盐制试剂级氯化钠及其纯度检验的方法；练习溶解、过滤、蒸发、结晶等基本操作；了解用目视比色和比浊进行限量分析的原理和方法。

二、实验原理

粗食盐中，除含有泥沙、草木屑等不溶性杂质外，还含有 Ca^{2+}、Mg^{2+}、Fe^{3+}、SO_4^{2-}、CO_3^{2-} 等杂质离子。不溶性杂质可通过过滤法除去。可溶性杂质可采用化学法，选用合适的化学试剂，使之转化为沉淀滤除。方法如下：

在粗食盐饱和溶液中，加入稍过量的 $BaCl_2$ 溶液，则

$$Ba^{2+} + SO_4^{2-} =\!=\!= BaSO_4 \downarrow$$

再向溶液中加入适量的 NaOH 和 Na_2CO_3 溶液，使溶液中的 Ca^{2+}、Mg^{2+}、Fe^{3+} 及过量的 Ba^{2+} 转化为相应的沉淀：

$$Ca^{2+} + CO_3^{2-} =\!=\!= CaCO_3 \downarrow$$
$$Mg^{2+} + 2OH^- =\!=\!= Mg(OH)_2 \downarrow$$
$$4Mg^{2+} + 4CO_3^{2-} + H_2O =\!=\!= Mg(OH)_2 \cdot 3MgCO_3 \downarrow + CO_2 \uparrow$$
$$2Fe^{3+} + 3CO_3^{2-} + 3H_2O =\!=\!= 2Fe(OH)_3 \downarrow + 3CO_2 \uparrow$$
$$Fe^{3+} + 3OH^- =\!=\!= Fe(OH)_3 \downarrow$$
$$Ba^{2+} + CO_3^{2-} =\!=\!= BaCO_3 \downarrow$$

产生的沉淀用过滤的方法除去，过量的氢氧化钠和碳酸钠可用盐酸中和除去，少量可溶性钾盐在蒸发、浓缩和结晶过程中留在母液中而被除去。

三、实验用品

(1)仪器：烧杯(100mL)、量筒(100mL)、漏斗、吸滤瓶、布氏漏斗、三角架、酒精灯、石棉网、台秤、分析天平、表面皿、蒸发皿、水泵、比色管架、比色管、离心试管。

(2)固体药品：粗食盐、氯化钠（C. P. ）。

(3)液体药品：$Na_2CO_3(1mol \cdot L^{-1})$、$BaCl_2(1mol \cdot L^{-1})$、$HCl(2mol \cdot L^{-1}$、$3mol \cdot L^{-1})$、$NaOH(2mol \cdot L^{-1})$、$KSCN(25\%)$、$C_2H_5OH(95\%)$、$(NH_4)Fe(SO_4)_2$ 标准溶液（含 Fe^{3+} $0.01g \cdot L^{-1}$）、Na_2SO_4 标准溶液（含 $SO_4^{2-}0.01g \cdot L^{-1}$）。

(4)材料：滤纸、pH 试纸。

四、基本操作

(1)固体的溶解、过滤、蒸发、结晶和固液分离，参见第二章第六、七节。

(2)目视比色法，参见本实验附注。

五、实验内容

1. 氯化钠的精制

1)粗食盐的溶解

在台秤上称取 10g 粗食盐，放入 100mL 小烧杯中，再加入 35mL 水，加热并搅动，使其溶解。

2)SO_4^{2-} 的除去

加热溶液至沸腾，在不断搅动下，往热溶液中滴加 $1.5 \sim 2mL$ $1mol \cdot L^{-1}BaCl_2$ 溶液，继续加热煮沸数分钟，使硫酸钡颗粒长大易于过滤。为检验沉淀是否完全，将烧杯从石棉网上取下，待沉淀沉降后，沿烧杯壁在上层清液中滴加 $2 \sim 3$ 滴 $BaCl_2$ 溶液，如果溶液不出现混浊，表明 SO_4^{2-} 已沉淀完全；如果发生混浊，则应继续往热溶液中滴加 $BaCl_2$ 溶液，直至 SO_4^{2-} 沉淀完全为止。静置片刻，用普通漏斗过滤。

3)Ca^{2+}、Mg^{2+}、Fe^{3+} 和过量 Ba^{2+} 的除去

将所得滤液加热近沸，在不断搅拌下加入 $1mL$ $2mol \cdot L^{-1}NaOH$ 溶液，再边搅拌边滴加 $4 \sim 5mL$ $1mol \cdot L^{-1}Na_2CO_3$ 溶液至沉淀完全为止（如何检验?）。静置片刻，用普通漏斗过滤，弃去沉淀。

4)溶液的中和

在滤液中滴加 $2mol \cdot L^{-1}$ 盐酸，充分搅动，赶尽 CO_2，直至溶液呈微酸性（pH 为 $4 \sim 5$）。

5)蒸发、浓缩和结晶

将溶液转移至蒸发皿中，用小火加热蒸发、浓缩，并不断搅拌防止暴溅，浓缩至稠液状（切不可将溶液蒸干，为什么?），停止加热。取下蒸发皿，冷却后，减压过滤，把产品抽干，用干净滴管吸取少量 95% 的乙醇淋洗产品 $2 \sim 3$ 次。将抽干的 NaCl 晶体转入蒸发皿中，在水浴上把产品烤干或在石棉网上用小火加热，轻轻搅拌干燥。冷却至室温，称重，计算产率。

2. 产品纯度检验

本实验只对部分杂质如 Fe^{3+} 和 SO_4^{2-} 的含量进行限量分析，即把产品配成一定浓度的溶液，与标准系列溶液分别进行目视比色和比浊，以确定其含量范围。若产品溶液的颜色

和浊度不深于某一标准溶液，则杂质含量低于某一规定的限度。

1）Fe^{3+} 的限量分析

在酸性介质中，Fe^{3+} 与 SCN^- 生成血红色配离子 $Fe(NCS)_n^{(3-n)}$（$n=1\sim6$），其颜色随配位体数目 n 的增大而变深。

标准系列溶液的配制[①]：用吸管移取 0.30mL、0.90mL 及 1.50mL 浓度为 $0.01g\cdot L^{-1}$ 的 $(NH_4)Fe(SO_4)_2$ 标准溶液，分别加入三支 25mL 的比色管中，再各加入 2.00mL 25% KSCN 溶液和 2mL $3mol\cdot L^{-1}$ HCl 溶液，用蒸馏水稀释至刻度，摇匀。装有 0.30mL Fe^{3+} 标准溶液的比色管，内含 0.003mg 的 Fe^{3+}，其溶液相当于一级试剂；装有 0.90mL Fe^{3+} 标准溶液的比色管，内含 0.009mg Fe^{3+}，其溶液相当于二级试剂；装有 1.50mL Fe^{3+} 标准溶液的比色管，内含 0.015mg Fe^{3+}，其溶液相当于三级试剂。

试样溶液的配制：称取 3.00g NaCl 产品，放入一支 25mL 比色管中，加 10mL 蒸馏水使其溶解，再加入 2.00mL 25% KSCN 溶液和 2mL $3mol\cdot L^{-1}$ HCl 溶液，用蒸馏水稀释至刻度，摇匀。

把试样溶液与标准溶液进行目视比色，以确定所制产品的纯度等级。

2）SO_4^{2-} 的限量分析

SO_4^{2-} 与 $BaCl_2$ 溶液反应，生成难溶的 $BaSO_4$ 白色沉淀而使溶液产生混浊。当 $BaCl_2$ 的含量一定时，溶液的混浊度与 SO_4^{2-} 浓度成正比。

标准系列溶液的配制[②]：用吸管吸取 1.00mL、2.00mL 及 5.00mL 浓度为 $0.01g\cdot L^{-1}$ 的 Na_2SO_4 标准溶液，分别加入三支 25mL 的比色管中，再各加入 3.00mL 25% $BaCl_2$ 溶液、1mL $3mol\cdot L^{-1}$ HCl 及 5mL 95% 乙醇，用蒸馏水稀释至刻度，摇匀。装有 1.00mL SO_4^{2-} 标准溶液的比色管，内含 0.01mg SO_4^{2-}，其溶液相当于一级试剂；装有 2.00mL SO_4^{2-} 标准溶液的比色管，内含 0.02mg SO_4^{2-}，其溶液相当于二级试剂；装有 5.00mL SO_4^{2-} 标准溶液的比色管，内含 0.05mg SO_4^{2-}，其溶液相当于三级试剂。

试样溶液的配制：称取 1.00g 产品 NaCl 放入一支 25mL 比色管中，加入 10mL 蒸馏水使其溶解。再加入 3.00mL 25% $BaCl_2$ 溶液、1mL $3mol\cdot L^{-1}$ HCl 溶液及 5mL 95% 乙醇，加蒸馏水稀释至刻度，摇匀。把试样溶液与标准溶液进行比浊，以确定所制产品纯度等级。

注：①、②标准系列溶液由实验室准备。

六、数据记录与结果

粗食盐的质量/g：_____

提纯后 NaCl 的质量/g：_____

产率：_____

产品纯度检验的结果：_____

七、实验习题

（1）在粗食盐提纯过程中涉及哪些基本操作？有哪些注意事项？

（2）叙述由粗食盐制取试剂级氯化钠的原理。其中的 Ca^{2+}、Mg^{2+}、SO_4^{2-}、K^+ 和 Fe^{3+} 是如何除去的？

（3）本实验能否先加入 Na_2CO_3 溶液以除去 Ca^{2+}、Mg^{2+} 离子，然后再加入 $BaCl_2$ 溶液以除去 SO_4^{2-} 离子？为什么？

（4）分析本实验收率过高或过低的原因。

【附注】

1. 国家标准（GB/T 1266—2006）规定

（1）化学试剂氯化钠的技术条件：

①氯化钠含量不少于：优级纯　99.8％；
　　　　　　　　　　分析纯　99.5％；
　　　　　　　　　　化学纯　99.5％。

②pH 值（50g/L、25℃）：5.0～8.0。

③杂质最高含量见表1，指标以百分数表示的质量分数计。

（2）产品检验按 GB 619—1988 之规定进行取样和验收。测定中所需标准溶液、杂质标准液、制剂和制品按 GB/T 601、GB/T 602、GB/T 603 的规定制备。

（3）GB/T 602—2002 中硫酸盐标准溶液的配制方法：称取 0.148g 于 105～110℃干燥至恒重的无水硫酸钠，溶于蒸馏水，移入 1000mL 容量瓶中，稀释至刻度。

表1　化学试剂氯化钠的杂质指标

名　称	优级纯	分析纯	化学纯
澄清度试验	合格	合格	合格
水不溶物	0.003	0.005	0.02
干燥失量	0.2	0.5	0.5
溴化物（Br^-）	0.005	0.01	0.05
碘化物（I^-）	0.001	0.002	0.012
硫酸盐（SO_4^{2-}）	0.001	0.002	0.005
磷酸盐（PO_4^{3-}）	0.0005	0.001	—
总氮量（以 N 计）	0.0005	0.001	0.003
镁（Mg）	0.001	0.002	0.005
钾（K）	0.01	0.02	0.04
钙（Ca）	0.002	0.005	0.01
亚铁氰化物（以 $[Fe(CN)_6]^{4-}$ 计）	0.0001	0.0001	—
铁（Fe）	0.0001	0.0002	0.0005
砷（As）	0.00002	0.00005	0.0001
钡（Ba）	0.001	0.001	0.001
重金属（以 Pb 计）	0.0005	0.0005	0.001

2. 目视比色法

常用的目视比色法是利用一套由同等材料制成的一定体积的且内径相同的比色管，将一系列不同量的标准溶液依次加入各比色管中，分别加入等量的显色剂和其他试剂，用溶剂稀释至刻度，把这些比色管按溶液颜色的深浅顺序，排列在比色管架上，即为一套标准色阶。再将一定量的被测物质加入另一支相同规格的比色管中，在同样条件下显色，用溶剂稀释至刻度。把被测物质溶液的颜色与标准色阶进行对比，其方法是从管口垂直向下观察，若被测溶液与色阶中某一溶液的颜色深度相同，则被测溶液的浓度就等于该标准溶液的浓度；若被测溶液颜色深度介于相邻两种色阶溶液之间，则被测溶液的浓度可取这两种色阶溶液浓度的平均值。

实验 28 重铬酸钾的制备
——固体碱熔氧化法

一、实验目的

学习用固体碱熔氧化法从铬铁矿粉制备重铬酸钾的基本原理和操作方法；学习熔融、浸取；巩固过滤、结晶和重结晶等基本操作；运用容量分析方法测定产品含量。

二、实验原理

经过精选后的铬铁矿的主要成分是亚铬酸铁 $[Fe(CrO_2)_2$ 或 $FeO \cdot Cr_2O_3]$，其中含 Cr_2O_3 为 35% ~45% 。除铁外，还有硅、铝等杂质。由铬铁矿精粉制备重铬酸钾的第一步是将有效成分 Cr_2O_3 由矿石中提取出来。根据 $Cr(III)$ 的还原性质通常选择在强碱性条件下，用强氧化剂将 $Cr(III)$ 氧化成 $Cr(VI)$，从而将难溶于水的 Cr_2O_3 氧化成易溶于水的铬酸盐。其具体反应过程是：将铬铁矿粉与碱混合，在空气中用氧气或与其他强氧化剂，例如氯酸钾加热熔融，生成可溶性的六价铬酸盐。

$$4FeO \cdot Cr_2O_3 + 8Na_2CO_3 + 7O_2 =\!=\!= 8Na_2CrO_4 + 2Fe_2O_3 + 8CO_2 \uparrow$$

在实验室中，为降低熔点，使上述反应能在较低温度下进行，可加入固体氢氧化钠作助熔剂，并以氯酸钾代替氧气加速氧化。其反应为：

$$6FeO \cdot Cr_2O_3 + 12Na_2CO_3 + 7KClO_3 =\!=\!= 12Na_2CrO_4 + 3Fe_2O_3 + 7KCl + 12CO_2 \uparrow$$

$$6FeO \cdot Cr_2O_3 + 24NaOH + 7KClO_3 =\!=\!= 12Na_2CrO_4 + 3Fe_2O_3 + 7KCl + 12H_2O$$

同时，三氧化二铝、三氧化二铁和二氧化硅转变为相应的可溶性盐：

$$Al_2O_3 + Na_2CO_3 =\!=\!= 2NaAlO_2 + CO_2 \uparrow$$

$$Fe_2O_3 + Na_2CO_3 =\!=\!= 2NaFeO_2 + CO_2 \uparrow$$

$$SiO_2 + Na_2CO_3 =\!=\!= Na_2SiO_3 + CO_2 \uparrow$$

用水浸取熔体，铁(III)酸钠强烈水解，生成的氢氧化铁沉淀与其他不溶性杂质(如三氧化二铁、未反应的铬铁矿等)一起成为残渣；而铬酸钠、偏铝酸钠、硅酸钠则进入溶液。吸滤后，弃去残渣，将滤液的 pH 调到 7 ~8，促使偏铝酸钠、硅酸钠水解生成沉淀，与铬酸钠分开：

$$NaAlO_2 + 2H_2O =\!=\!= Al(OH)_3 \downarrow + NaOH$$

$$Na_2SiO_3 + 2H_2O =\!=\!= H_2SiO_3 \downarrow + 2NaOH$$

过滤后，将含有铬酸钠的滤液酸化，使其转变为重铬酸钠：

$$2CrO_4^{2-} + 2H^+ =\!=\!= Cr_2O_7^{2-} + H_2O$$

重铬酸钾则由重铬酸钠与氯化钾进行复分解反应制得：

$$Na_2Cr_2O_7 + 2KCl =\!=\!= K_2Cr_2O_7 + 2NaCl$$

【思考题】

重铬酸钾和氯化钠均为可溶性盐，怎样利用不同温度下溶解度的差异使它们分离？

三、实验用品

(1) 仪器：铁坩埚、水浴锅、蒸发皿、抽滤装置(布氏漏斗)、烧杯(100mL、250mL)、坩埚钳、泥三角、碘量瓶、移液管(25mL)、容量瓶(250mL)、碱式滴定管(50mL)、研钵。

(2) 固体药品：铬铁矿粉(100 目)、无水碳酸钠、氢氧化钠、氯酸钾、氯化钾、碘化钾。

(3) 液体药品：H_2SO_4（$2mol \cdot L^{-1}$、$3mol \cdot L^{-1}$、$6mol \cdot L^{-1}$）、$Na_2S_2O_3$ 标准溶液（$0.1mol \cdot L^{-1}$）、无水乙醇、淀粉指示剂(0.2%)。

四、仪器操作

(1) 固体的溶解、过滤、结晶，参见第二章第六、七节。

(2) 移液管、容量瓶的使用和滴定操作，参见第二章第五节。

五、实验内容

1. 氧化焙烧

称取6g铬铁矿粉与4g氯酸钾在研钵中混合均匀，取碳酸钠和氢氧化钠各4.5g于铁坩埚中混匀后，先用小火熔融，再将矿粉分 3~4 次加入坩埚中并不断搅拌。加完矿粉后，用煤气灯强热，灼烧30~35min，稍冷几分钟，将坩埚置于冷水中骤冷一下，以便浸取。

2. 熔块提取

用少量去离子水于坩埚中加热至沸，将溶液倾入100mL烧杯中，再往坩埚中加水，加热至沸，如此3~4次，即可取出熔块，将全部熔块与溶液一起在烧杯中煮沸15min，不断搅拌，稍冷后抽滤，残渣用10mL去离子水洗涤，控制溶液与洗涤液总体积为40mL左右，吸滤，弃去残渣。

3. 中和除铝、硅

将滤液用$3mol \cdot L^{-1}$硫酸调节 pH 为 7~8，加热煮沸 3min 后，趁热过滤，残渣用少量去离子水洗涤后弃去。

4. 酸化和复分解结晶

将滤液转移至100mL蒸发皿中，用$6mol \cdot L^{-1}$硫酸调 pH 至强酸性(注意溶液颜色的变化)。再加1g氯化钾，在水浴上浓缩至表面有晶膜为止。冷却结晶，抽滤，得重铬酸钾晶体(若需提纯，可按 $K_2Cr_2O_7 : H_2O = 1 : 1.5$ 的质量比加水，加热使晶体溶解，浓缩，冷却结晶，得纯重铬酸钾晶体)，最后在 40~50℃下烘干，称量。

5. 产品含量的测定

准确称取试样2.5g溶于250mL容量瓶中，用移液管吸取25.00mL该溶液放入250mL碘量瓶中，加入10mL $2mol \cdot L^{-1}H_2SO_4$ 和2g碘化钾，放于暗处5min，然后加入100mL水，用$0.1mol \cdot L^{-1}Na_2S_2O_3$标准溶液滴定至溶液变成黄绿色，然后加入3mL淀粉指示剂，再继续滴定至蓝色褪去并呈亮绿色为止。由 $Na_2S_2O_3$ 标准溶液的浓度和用量计算出产品含量。

【附注】

如实验中没有铬铁矿，可用三氧化二铬代替来制备重铬酸钾。

实验 29 高锰酸钾的制备
——固体碱熔氧化法

一、实验目的

学习用碱熔法从二氧化锰制备高锰酸钾的基本原理和操作方法；熟悉熔融、浸取；巩固过滤、结晶和重结晶等基本操作。

二、实验原理

软锰矿的主要成分是二氧化锰。二氧化锰在较强氧化剂（如氯酸钾）存在下与碱共熔时，可被氧化成为锰酸钾：

$$3MnO_2 + KClO_3 + 6KOH \xrightarrow{熔融} 3K_2MnO_4 + KCl + 3H_2O$$

熔块由水浸取后，随着溶液碱性降低，水溶液中的 MnO_4^{2-} 不稳定，发生歧化反应。一般在弱碱性或近中性介质中，歧化反应趋势较小，反应速率也较慢。但在弱酸性介质中，MnO_4^{2-} 易发生歧化反应，生成 MnO_4^- 和 MnO_2。如向含有锰酸钾的溶液中通入 CO_2 气体，可发生如下反应：

$$3K_2MnO_4 + 2CO_2 \rightleftharpoons 2KMnO_4 + MnO_2\downarrow + 2K_2CO_3$$

经减压过滤除去二氧化锰后，将溶液浓缩即可析出暗紫色的针状高锰酸钾晶体。

三、实验用品

(1)仪器：铁坩埚、启普气体发生器、坩埚钳、泥三角、布氏漏斗、烘箱、蒸发皿、烧杯(250mL)、表面皿。

(2)固体药品：二氧化锰、氢氧化钾、氯酸钾、碳酸钙、亚硫酸钠。

(3)液体药品：工业盐酸。

(4)材料：8号铁丝。

四、仪器操作

(1)启普气体发生器的安装和调试，参见第二章第十节。

(2)固体的溶解、过滤和结晶，参见第二章第六、七节。

五、实验内容

1. 二氧化锰的熔融氧化

称取2.5g氯酸钾固体和5.2g氢氧化钾固体，放入铁坩埚中，用铁棒将物料混合均匀。将铁坩埚放在泥三角上，用坩埚钳夹紧，小火加热，边加热边用铁棒搅拌，待混合物熔融后，将3g二氧化锰固体分多次小心加入铁坩埚中，防止火星外溅。随着熔融物的黏度增大，用力加快搅拌以防结块或黏在坩埚壁上。待反应物干涸后，提高温度，强热5min，得到墨绿色锰酸钾熔融物，用铁棒尽量捣碎。

【思考题】

(1)为什么制备锰酸钾时要用铁坩埚而不用瓷坩埚？

(2)实验时，为什么使用铁棒而不使用玻璃棒搅拌？

2. 浸取

待盛有熔融物的铁坩埚冷却后，用铁棒尽量将熔块捣碎，并将其侧放于盛有 100mL 蒸馏水的 250mL 烧杯中以小火共煮，直到熔融物全部溶解为止，小心用坩埚钳取出坩埚。

3. 锰酸钾的歧化

趁热向浸取液中通入二氧化碳气体至锰酸钾全部歧化为止(可用玻璃棒蘸取溶液于滤纸上，如果滤纸上只有紫红色而无绿色痕迹，即表示锰酸钾已歧化完全，pH 为 10 ~ 11)，然后静止片刻，抽滤。

【思考题】

该操作步骤中，为什么要使用玻璃棒而不使用铁棒搅拌溶液？

4. 滤液的蒸发结晶

将滤液倒入蒸发皿中，蒸发浓缩至表面开始析出 $KMnO_4$ 晶膜为止，自然冷却晶体，然后抽滤，将高锰酸钾晶体抽干。

5. 高锰酸钾晶体的干燥

将晶体转移到已知质量的表面皿中，用玻璃棒将其分开。放入烘箱中(80℃为宜，不能超过 240℃)干燥 0.5h，冷却后称量，计算产率。

6. 纯度分析

实验室备有基准物质草酸、硫酸，设计分析方案，确定所制备的产品中高锰酸钾的含量。

六、实验习题

(1)总结启普气体发生器的构造和使用方法。

(2)为了使 K_2MnO_4 发生歧化反应，能否用 HCl 代替 CO_2？为什么？

(3)由锰酸钾在酸性介质中歧化的方法来得到高锰酸钾的最大转化率是多少？还可采取何种实验方法提高锰酸钾的转化率？

【附注】

(1)一些化合物在不同温度下的溶解度见表 1。

表 1 一些化合物在不同温度下的溶解度

化合物 \ $s/(\text{g}/100\text{g 水})$ \ $t/℃$	0	10	20	30	40	50	60	70	80	90	100
KCl	27.6	31.0	34.0	37.0	40.0	42.6	45.5	48.3	51.1	54.0	56.7
$K_2CO_3 \cdot 2H_2O$	51.3	52	52.5	53.2	53.9	54.8	55.9	57.1	58.3	59.6	60.9
$KMnO_4$	2.83	4.4	6.4	9.0	12.56	16.89	22.2	—	—	—	—

(2)若通入 CO_2 过多，溶液的 pH 较低，溶液中会生成大量的 $KHCO_3$，而 $KHCO_3$ 的溶解度比 K_2CO_3 小得多，在溶液浓缩时，$KHCO_3$ 会和 $KMnO_4$ 一起析出。

实验 30　离子配合物的离子交换分离及 $[CrCl_2(H_2O)_4]^+$、$[CrCl(H_2O)_5]^{2+}$、$[Cr(H_2O)_6]^{3+}$ 的可见光谱

一、实验目的

了解离子交换树脂分离元素的一般原理与方法；复习离子交换树脂的装柱、淋洗等基本操作；学习使用可见光谱鉴别离子的方法。

二、实验原理

利用离子交换色谱技术对离子进行分离，是制备和提纯物质的重要方法。离子交换色谱法是以阳离子交换树脂或阴离子交换树脂为固定相，含有待分离离子的溶液及淋洗液为流动相，离子交换反应发生在树脂和溶液之间，通过树脂上的功能基团与溶液中电荷相同的离子进行异相交换反应。如本实验所使用的氢型阳离子交换树脂（$RSO_3^-H^+$）与带正电荷的阳离子间可进行如下交换反应：

$$RSO_3^-H^+ + M^+ \longrightarrow RSO_3^-M^+ + H^+$$

吸附在树脂上的离子又可被 H^+ 置换而解吸下来：

$$RSO_3^-M^+ + H^+ \longrightarrow RSO_3^-H^+ + M^+$$

因此离子交换反应是非均相的可逆平衡反应，不同的离子对于一种离子交换树脂的亲和性大小是有差别的，它受各种因素制约，其中离子所带电荷多少是重要因素之一。阳离子所带正电荷越多，对阳离子交换树脂上的阴离子基团的亲和性越大，越容易被吸附。本实验中，三种配阳离子对氢型阳离子交换树脂上的 SO_3^- 基团亲和性大小的顺序为：

$$[CrCl_2(H_2O)_4]^+ < [CrCl(H_2O)_5]^{2+} < [Cr(H_2O)_6]^{3+}$$

正是由于对树脂亲和性大小的不同，使这些配阳离子能够得到分离。由于低电荷的阳离子对树脂的亲和性小，以较低浓度的 H^+ 溶液淋洗即可被洗脱下来，而高电荷的阳离子对树脂的亲和性大，从树脂上被洗脱下来则需要更高浓度的酸。

本实验使用的 $0.1\,mol \cdot L^{-1}$ $HClO_4$ 能从交换柱上洗脱 $[CrCl_2(H_2O)_4]^+$，当 $HClO_4$ 浓度增加至 $1\,mol \cdot L^{-1}$ 时可洗脱 $[CrCl(H_2O)_5]^{2+}$，而从树脂上置换出结合非常强的 $[Cr(H_2O)_6]^{3+}$ 则需要 $3\,mol \cdot L^{-1}$ $HClO_4$。

实验配制溶液所使用的 $CrCl_3 \cdot 6H_2O$ 固体，经 X 射线结构研究表明实际上是 $[trans-CrCl_2(H_2O)_4]Cl \cdot 2H_2O$ 配合物。固态时，它含有独立的 $[trans-CrCl_2(H_2O)_4]^+$、Cl^- 和 H_2O 单元。未配位的水分子相互之间与配离子中水分子之间形成氢键。在水溶液中 $[trans-CrCl_2(H_2O)_4]^+$ 经过水合作用可形成 $[CrCl(H_2O)_5]^{2+}$：

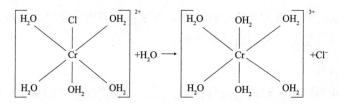

$[CrCl(H_2O)_5]^{2+}$ 进一步发生水合作用，可生成 $[Cr(H_2O)_6]^{3+}$：

由离子交换色谱法可以得到每一种配合物的纯溶液，并根据可见光谱(测 λ_{max})鉴定这些配合物。文献给出的光谱测定数据如下：

$$[Cr(H_2O)_6]^{3+} \qquad \Delta = 17400 cm^{-1}$$

$$[CrCl_6]^{3-} \qquad \Delta = 13600 cm^{-1}$$

本实验所分离的三种配阳离子均属于八面体配合物，其中

$$\Delta/cm^{-1} = 10Dq = \frac{1}{\lambda \times 10^{-7}/nm}$$

三、实验用品

(1)仪器：离子交换柱、7200 分光光度计(或其他型号分光光度计)、温度计(100℃)。

(2)固体药品：732 型阳离子交换树脂、$CrCl_3 \cdot 6H_2O$(六水合三氯化铬，C. P.)。

(3)液体药品：$HClO_4$($3mol \cdot L^{-1}$、$1mol \cdot L^{-1}$、$0.1mol \cdot L^{-1}$、$0.002mol \cdot L^{-1}$)、HCl($2mol \cdot L^{-1}$)。

(4)材料：玻璃棒(50cm)、玻璃棉。

四、实验内容

1. 装柱

取洁净的离子交换柱四根，分别装入 3/4 柱体积的蒸馏水，用一根玻璃棒推一小团棉花或玻璃棉到柱的底部，防止树脂漏下。将预先用 $2mol \cdot L^{-1}$ HCl 溶液处理过(732 型阳离子交换树脂需用 $2mol \cdot L^{-1}$ HCl 溶液浸泡 $24h$ 后，用水冲洗至溶液显中性，才可使用)已转成氢型的 732 型阳离子交换树脂和水一起倒入柱中，使它最后的高度接近 $30cm$，让水流过树脂，直到流出的溶液为无色。然后，降低水平面使水略高于树脂的顶端，待用，决不允许树脂干燥。离子交换装置如图 7 – 30 – 1 所示。

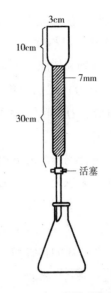

【思考题】

当水平面下降到树脂以下或树脂干燥，会带来什么问题？

2. 配制溶液

配制 100mL 0.35mol·L^{-1}[trans–CrCl$_2$(H$_2$O)$_4$]$^+$溶液：称取 9.3g CrCl$_3$·6H$_2$O 固体溶于 100mL 0.002mol·L^{-1} HClO$_4$溶液中。溶液要现用现配。

【思考题】

(1) 为什么要将 CrCl$_3$·6H$_2$O 固体溶解在酸性溶液中？

(2) 为什么溶液要现用现配？

3. 分离反式二氯四水合铬(Ⅲ)配离子

将 5mL 0.35mol·L^{-1}[trans–CrCl$_2$(H$_2$O)$_4$]$^+$溶液注入预先准备好的阳离子交换柱中，排出溶液至液面与树脂的水平面相同。将 0.1mol·L^{-1} HClO$_4$溶液注入柱中，控制流速

图 7–30–1 离子交换装置

为每秒 1 滴，排出溶液，收集颜色相对较深的洗脱液约 5mL(若溶液太稀则测不到光谱值)。用可见分光光度计在波长 400~700nm 间测量由离子交换树脂交换出的[trans–CrCl$_2$(H$_2$O)$_4$]$^+$溶液的可见光谱。

4. 分离一氯五水合铬(Ⅲ)配离子

将 10mL 0.35mol·L^{-1}[trans–CrCl$_2$(H$_2$O)$_4$]$^+$溶液注入小烧杯中，在 50~60℃水浴中加热 1.5min，立即加入 10mL 蒸馏水，混合均匀，把全部溶液倒入一个新柱中，放出溶液至其水平面略高于树脂水平面。先用 0.1mol·L^{-1}的 HClO$_4$溶液洗涤柱子，直到没有反应的[CrCl$_2$(H$_2$O)$_4$]$^+$已经洗脱干净，流出液基本无色为止。接着用 1mol·L^{-1}的 HClO$_4$洗脱[CrCl(H$_2$O)$_5$]$^{2+}$，方法同前。收集约 5mL 洗脱液中颜色较深的部分，测量溶液的可见光谱。

5. 分离水合铬(Ⅲ)离子

将 10mL 0.35mol·L^{-1}的[CrCl$_2$(H$_2$O)$_4$]$^+$溶液加 10mL 蒸馏水稀释，煮沸 5min，直到转化为[Cr(H$_2$O)$_6$]$^{3+}$溶液。再加入 10mL 水，混合均匀后冷却到室温。把全部溶液倒入一个新柱中，并排出柱内溶液直到液面和树脂达到同一平面。先用 1mol·L^{-1}的 HClO$_4$溶液冲洗这个交换柱以除去未反应的[CrCl$_2$(H$_2$O)$_4$]$^+$或[CrCl(H$_2$O)$_5$]$^{2+}$，然后用 3mol·L^{-1} HClO$_4$洗脱[Cr(H$_2$O)$_6$]$^{3+}$，方法同前。收集约 5mL 颜色相对较深的洗脱液，测溶液的可见光谱。

6. 从混合物中分离[CrCl$_2$(H$_2$O)$_4$]$^+$、[CrCl(H$_2$O)$_5$]$^{2+}$ 和 [Cr(H$_2$O)$_6$]$^{3+}$

进行前面实验时，最初配制的溶液已发生部分水合，成为混合配离子溶液。溶液中存在的[CrCl$_2$(H$_2$O)$_4$]$^+$、[CrCl(H$_2$O)$_5$]$^{2+}$、[Cr(H$_2$O)$_6$]$^{3+}$的量取决于溶液放置时间的长

短，放置一夜后几乎全部转化为$[Cr(H_2O)_6]^{3+}$。

取 10mL 最初配制的溶液，用 10mL 蒸馏水稀释混合均匀，倒入一个新柱中，排出柱内溶液直到和树脂达到同一平面。首先用 $0.1mol \cdot L^{-1}$ $HClO_4$ 溶液洗脱可能存在的一些 $[CrCl_2(H_2O)_4]^+$，收集颜色最深的一部分，用光谱鉴别。接着用 $1mol \cdot L^{-1}$ $HClO_4$ 溶液洗脱 $[CrCl(H_2O)_5]^{2+}$，作光谱鉴别。最后用 $3mol \cdot L^{-1}$ $HClO_4$ 溶液洗脱 $[Cr(H_2O)_6]^{3+}$，记录它的光谱。

在进行混合溶液分离时，一定要把前一种离子洗脱干净，要看到洗脱液颜色由浅到深再到浅至无色为止，然后再换较浓酸洗脱后一种离子。这样才能保证三种离子分离完全，不至于相互干扰，使分离失败。同时要注意控制流速。

将分离混合溶液得到的光谱与前面作为已知配合物测出的那些光谱进行比较，记录溶液中目前存在的化合物，并粗略估计各种配阳离子在混合溶液中的含量。

五、实验习题

(1)为什么用 $HClO_4$ 溶液洗脱 Cr(Ⅲ)，而不使用 HCl 溶液洗脱？

(2)为什么本实验用可见光谱鉴定配合物，而不用红外光谱？

(3)有 10mL $0.5mol \cdot L^{-1}$ $[CrCl(H_2O)_5]^{2+}$ 溶液，其中一部分水合生成 $[Cr(H_2O)_6]^{3+}$。为测定水合速率，需测定一段时间后溶液中含有 $[CrCl(H_2O)_5]^{2+}$ 和 $[Cr(H_2O)_6]^{3+}$ 的量。将溶液加入氢型阳离子交换柱中，用碱滴定置换出 H^+。如果中和释出的 H^+ 需 80mL $0.15mol \cdot L^{-1}$ NaOH 溶液，问在此溶液中 $[CrCl(H_2O)_5]^{2+}$ 和 $[Cr(H_2O)_6]^{3+}$ 浓度各是多少？

(4)如何从 $K_3[Fe(CN)_6]$ 中分离 $K_4[Fe(CN)_6]$？

实验 31　铬(Ⅲ)配合物的合成和分裂能的测定

一、实验目的

了解不同配体对配合物中心离子 d 轨道能级分裂的影响；学习铬(Ⅲ)配合物的制备方法；学习配合物分裂能的测定方法。

二、实验原理

过渡金属离子形成配合物时，在配体场的作用下，中心离子的 d 轨道发生能级分裂。配体场的对称性不同，分裂的形式不同，分裂后轨道的能量差也不同。在八面体场的影响下，5 个简并的 d 轨道分裂成两组：t_{2g}(3 个简并轨道)和 e_g(2 个简并轨道)，后者能量较高。e_g 轨道和 t_{2g} 轨道间的能量差$[E(e_g) - E(t_{2g})]$称为分裂能，用 Δ_o(或 $10Dq$)表示。分裂能的大小取决于配体场的强弱。

配合物的分裂能可通过测定其电子光谱求得。对于中心离子价层电子构型为 $d^1 \sim d^9$ 的配合物，用分光光度计在不同波长 λ 下测其溶液的吸光度 A，以 A 为纵坐标、λ 为横坐标作图可得配合物的电子光谱。由电子光谱上相应吸收峰所对应的波长可计算出分裂能 Δ_o。计算公式如下：

$$\Delta_o = \bar{\nu} = \frac{1}{\lambda_{max}} \times 10^7 \,(\lambda_{max} \text{的单位为 nm，} \Delta_o \text{的单位通常为 cm}^{-1})$$

对于 d 电子数不同的配合物，其电子光谱不同，计算 Δ_o 的方法也不同。本实验中，中心离子 Cr^{3+} 的价层电子构型为 $3d^3$，有三种 $d-d$ 跃迁，相应地在电子光谱上应有 3 个吸收峰，但实验中往往只能测得 2 个明显的吸收峰，第三个吸收峰则被强烈的电荷迁移吸收所覆盖。对于八面体场中 d^3 电子构型的配合物，在电子光谱中应先确定最大波长的吸收峰所对应的波长 λ_{max}，然后代入上述计算公式求其分裂能 Δ_o。

对于相同中心离子的配合物，按其 Δ_o 的相对大小将配位体排序，即得到光谱化学序列。

三、实验用品

(1)仪器：7200 型分光光度计(或其他型号分光光度计)、烧杯(25mL)3 个、研钵 1 个、蒸发皿 1 个、量筒(10mL)1 个、微型漏斗及吸滤瓶 1 套、表面皿 1 个。

(2)药品：草酸(s)、草酸钾(s)、重铬酸钾(s)、硫酸铬钾(s)、乙二胺四乙酸二钠(EDTA、s)、三氯化铬(s)、丙酮。

四、实验内容

1. 铬(Ⅲ)配合物的合成

在 10mL 水中溶解 0.6g 草酸钾和 1.4g 草酸，再慢慢加入 0.5g 研细的重铬酸钾，并不断搅拌，待反应完毕后，蒸发溶液近干，使晶体析出。冷却后用微型漏斗及吸滤瓶过滤，并用丙酮洗涤晶体，得到暗绿色的 $K_3[Cr(C_2O_4)_3] \cdot 3H_2O$ 晶体，在烘箱内于 110℃ 下烘干。

2. 铬(Ⅲ)配合物溶液的配制

1)$K_3[Cr(C_2O_4)_3]$ 溶液的配制

在电子天平上称取 0.02g $K_3[Cr(C_2O_4)_3] \cdot 3H_2O$ 晶体，溶于 10mL 去离子水中。

2)$K[Cr(H_2O)_6](SO_4)_2$ 溶液的配制

称取 0.08g 硫酸铬钾，溶于 10mL 去离子水中。

3)$[Cr(EDTA)]^-$ 溶液的配制

称取 0.01g EDTA 溶于 10mL 水中，加热使其溶解，然后加入 0.01g $CrCl_3$，稍加热，得到紫色的 $[Cr(EDTA)]^-$ 溶液。

3. 配合物电子光谱的测定

在 360~700nm 波长范围内，以去离子水为参比液，用1cm 的比色皿，进行波长扫描，测定上述各配合物溶液的吸收曲线，即得以波长 λ 为横坐标、吸光度 A 为纵坐标的各配合物的电子光谱。

五、实验数据处理

(1)从各个配合物电子光谱上确定最大波长吸收峰所对应的波长 λ_{max}，并计算各配合物的晶体场分裂能 Δ_o。

(2)将得到的 Δ_o 数据与理论值进行比较。

六、实验习题

(1)配合物中心离子的 d 轨道在八面体场中如何分裂？写出 Cr(Ⅲ)八面体配合物中 Cr^{3+} 的 d 电子排布式。

(2)影响过渡金属离子分裂能大小的主要因素有哪些？

(3)写出 $C_2O_4^{2-}$、H_2O、EDTA 在光谱化学序中的前后顺序。

(4)本实验中配合物溶液的浓度是否要十分准确？为什么？

【注意事项】

六价铬的化合物具有毒性，使用时要加以注意，不得随意把铬化合物排入下水道或倒入废液缸，而需集中收集在指定容器中。

实验 32　从含银废液中回收金属银

一、实验目的

运用所学化学知识设计方案从含银废液中提取银；掌握金属的性质，选择和设计合理的分离提纯方法。

二、实验原理

银是一种稀有贵重金属，它的盐（如 $AgNO_3$）需求量很大，除了用作化学试剂和药物外，还用于镀银、染发、制照相乳剂等。因此，从含银废液中回收金属银，既能减少它对水的污染，又可节约经费开支。

含银废液主要来源于电镀、制镜、胶片处理等场所和化学实验室，其中的银多以 $[Ag(NH_3)_2]^+$、$[Ag(S_2O_3)_2]^{3-}$、Ag^+ 或 $AgCl$ 等形式存在。例如，生产电子元器件时，须利用火法或酸溶法将银固定在金属面板上，在此过程中会产生大量含银废液；电子工业上基于导电性的要求，常常要对某些电器、仪表进行银电镀。这些过程中都会产生含银电镀废液。电镀废液银含量一般为 $10 \sim 12g \cdot L^{-1}$，银主要以氰化物 $[Ag(CN)_2]^-$ 的形式存在。

回收银的方法有多种，本实验采用的方法是将废银液中的 $Ag(I)$ 以 $AgCl$ 沉淀的形式析出，$AgCl$ 用氨水溶解后，再用 Zn 粉还原 $[Ag(NH_3)_2]^+$，得到纯银粉。其反应如下：

$$Ag^+ + Cl^- = AgCl\downarrow$$

$$AgCl + 2NH_3 \cdot H_2O = [Ag(NH_3)_2]^+ + Cl^- + 2H_2O$$

$$2[Ag(NH_3)_2]^+ + Zn = [Zn(NH_3)_4]^{2+} + 2Ag\downarrow$$

该方法操作简便，回收银粉纯度高，所得银粉可用于制备分析纯硝酸银试剂。

三、实验用品

（1）仪器：烧杯（带刻度 100mL、250mL）、量筒（100mL）、酒精灯、P_{16} 砂芯玻璃漏斗、布氏漏斗、吸滤瓶、玻璃棒、三脚架、石棉网、台秤、分析天平、干燥箱。

（2）药品：HCl（$2mol \cdot L^{-1}$、$6mol \cdot L^{-1}$、浓）、HNO_3（$0.01mol \cdot L^{-1}$、$1:1$、浓）、H_2SO_4（$3mol \cdot L^{-1}$、浓）、$NH_3 \cdot H_2O$（浓）、$NaCl$（$3mol \cdot L^{-1}$）、$Ba(NO_3)_2$（$0.01mol \cdot L^{-1}$）、锌粉、含银废液。

（3）材料：滤纸。

四、实验内容

（1）取无 CN^- 含银废液 50mL，在加热、搅拌下，加入浓 HCl，使废液呈强酸性，再加入 $3mol \cdot L^{-1}NaCl$ 溶液，使溶液中有足够的 Cl^- 存在，保证 $AgCl$ 沉淀完全。

（2）$AgCl$ 沉淀中常混有 $PbCl_2$、Hg_2Cl_2 和 Ag_2S 沉淀，经加热、搅拌数分钟后，趁热分

离除去 PbCl$_2$。

(3)在剩下的沉淀物中加入浓 HNO$_3$ 和少量 2mol · L^{-1}HCl 溶液，加热并充分搅拌，使 Hg$_2$Cl$_2$ 转变成可溶物，Ag$_2$S 沉淀转变成 AgCl 沉淀，冷却分离。

(4)除去溶液，再用 0.01mol · L^{-1}HNO$_3$ 洗涤，即得白色 AgCl 沉淀。

(5)将 AgCl 沉淀用足量浓 NH$_3$ · H$_2$O 溶解，有不溶物时可过滤去除，在滤液中加入过量锌粉还原 [Ag(NH$_3$)$_2$]$^+$，得暗灰色粗银粉。用 3mol · L^{-1}H$_2$SO$_4$ 处理粗银粉以除去过量的锌粉，最后用蒸馏水洗涤至经 Ba(NO$_3$)$_2$ 溶液检验无 SO$_4^{2-}$ 存在时，过滤、烘干沉淀物，即得纯银粉，称重，并计算银的回收率。

(6)称取 3g 银粉，溶于 5mL 稀 HNO$_3$(1:1)溶液中，用 P$_{16}$ 砂芯玻璃漏斗减压抽滤，除去不溶物，然后将滤液转入蒸发皿中，加热蒸发浓缩至糊状时，停止加热，析出白色 AgNO$_3$ 结晶物，将结晶物置于浓 H$_2$SO$_4$ 干燥器中干燥或烘箱(120℃左右)中烘干至恒重，称重，将产品装入棕色瓶保存。

五、实验习题

(1)简述本实验回收银的原理。

(2)影响银的回收率的因素有哪些？

(3)如何由银粉制得分析纯 AgNO$_3$？

(4)为何要趁热分离 PbCl$_2$？

【注意事项】
该方法不适用于含 CN$^-$ 的废液。

实验 33 热致变色材料的合成

一、实验目的

了解在非水溶剂中变色材料的制备；了解热致变色的机理及影响因素。

二、实验原理

在温度高于或低于某个特定温度区间会发生颜色变化的材料叫作热致变色（Thermo-chromic）材料。颜色随温度连续变化的现象称为连续热致变色，而只在某一特定温度下发生颜色变化的现象称为不连续热致变色。能够随温度升降反复发生颜色变化的称为可逆热致变色，而随温度变化只能发生一次颜色变化的称为不可逆热致变色。热致变色材料已在工业和高新技术领域得到广泛应用，有些热致变色材料也用于儿童玩具和防伪技术中。

热致变色的机理很复杂，其中无机氧化物的热致变色多与晶体结构的变化有关，无机配合物则与其配位结构或水合程度有关，有机分子的异构化也可以引起热致变色。

四氯合铜二乙基铵盐 $[(CH_3CH_2)_2NH_2]_2CuCl_4$ 在温度较低时，由于氯离子与二乙基铵离子中氢之间的氢键较强和晶体场稳定化作用，处于扭曲的平面正方形结构。随着温度升高，分子内振动加剧，其结构就从扭曲的平面正方形结构转变为扭曲的正四面体结构，相应地其颜色也就由亮绿色转变为黄色。由此可见配合物结构变化是引起颜色变化的重要因素之一。

四氯合铜二乙基铵可通过盐酸二乙基铵盐和氯化铜反应制得：

$$2(CH_3CH_2)_2NH_2Cl + CuCl_2 \cdot 2H_2O === [(CH_3CH_2)_2NH_2]_2CuCl_4 + 2H_2O$$

由于产品极易溶于水，吸湿自溶，所以为得到其结晶，反应必须在无水溶剂中进行，在干燥的冬季做此实验效果较好。

三、实验用品

（1）仪器：天平（精确至 0.1g）、锥形瓶（50mL）2 个、烧杯（150mL）、量筒（10mL、50mL）、抽滤泵、抽滤瓶、布氏漏斗、玻璃干燥器、毛细管、橡皮筋、温度计。

（2）药品：盐酸二乙基铵、异丙醇、$CuCl_2 \cdot 2H_2O$、无水乙醇、经活化的 3A 或 4A 分子筛、凡士林。

四、实验内容

1. 热致变色材料四氯合铜二乙基铵盐的制备

称取 3.2g 盐酸二乙基铵溶于装有 15mL 异丙醇的 50mL 锥形瓶中；另取一个同样的锥形瓶，称取 1.7g 的 $CuCl_2 \cdot 2H_2O$，加 3mL 无水乙醇，微热使其全部溶解。然后将二者混合，加入约 10 粒（依具体情况而定；总之使溶液用冰水冷却后有晶体析出）经活化的 3A 或 4A 分子筛，以促进晶体的形成。用冰水冷却，即可析出亮绿色针状结晶。迅速抽滤，并用少量异丙醇洗涤沉淀，将产物放入干燥器中保存(此操作要快)。

2. 热致变色现象的观察

取上述样品适量，装入一端封口的毛细管中墩结实，用凡士林密封管口，以防其中样品吸湿。用橡皮筋将此毛细管固定在温度计上，使样品部位靠近温度计下端水银泡。将带有毛细管的温度计一起放入装有约 100mL 水的 150mL 烧杯中，缓慢加热，当温度升高至 40~55℃ 时，注意观察变色现象，并记录变色温度范围。然后从热水中取出温度计，室温下观察随着温度降低样品颜色的变化，并记录变色温度范围。

五、实验习题

(1)制备过程中加入 3A 分子筛的作用是什么？

(2)在制备四氯合铜二乙基铵盐时要注意什么？

(3)四氯合铜二乙基铵盐热致变色的原因是什么？

第八章　研究与设计性实验

实验 34　一种钴(Ⅲ)配合物的制备

一、实验目的

掌握制备金属配合物最常用的方法——水溶液中的取代反应和氧化还原反应，了解其基本原理和方法；对配合物组成进行初步推断；学习使用电导率仪。

二、实验原理

根据标准电极电势 $E^{\ominus}(Co^{3+}/Co^{2+}) = 1.84V$ 可知，三价钴盐不如二价钴盐稳定，生成配合物后，电极电势降低，如 $E^{\ominus}[Co(NH_3)_6^{3+}/Co(NH_3)_6^{2+}] = 0.10V$，这时的三价钴又比二价钴稳定。因此常采用空气或 H_2O_2 氧化二价钴配合物的方法来制备三价钴的配合物。

钴(Ⅲ)的氨配合物有多种，常见的 Co(Ⅲ)配合物有：$[Co(NH_3)_6]Cl_3$(橙黄色)、$[Co(NH_3)_5H_2O]Cl_3$(砖红色)、$[Co(NH_3)_5Cl]Cl_2$(紫红色)等。

它们的制备条件各不相同。在有活性炭作催化剂时，主要生成$[Co(NH_3)_6]Cl_3$；没有活性炭存在时，主要生成$[Co(NH_3)_5Cl]Cl_2$。

溶液中 Co(Ⅱ)的配合物还原性较强，能很快地进行取代反应(是活性的)，而 Co(Ⅲ)配合物的氧化性很弱，它的取代反应则很慢(是惰性的)。

Co(Ⅲ)的配合物制备过程一般为：通过 Co(Ⅱ)(实际上是它的水合配合物)和配体之间的一种快速反应生成 Co(Ⅱ)的配合物，然后使它被氧化成为相应的 Co(Ⅲ)配合物(配位数均为6)。本实验利用 H_2O_2 氧化有氨和氯化铵存在的二氯化钴溶液来制备一种钴(Ⅲ)的配合物，其反应式为：

$$2CoCl_2 + 8NH_3 \cdot H_2O + 2NH_4Cl + H_2O_2 =\!=\!= 2[Co(NH_3)_5H_2O]Cl_3 + 8H_2O$$

再加入浓 HCl 可生成$[Co(NH_3)_5Cl]Cl_2$ 紫红色晶体：

$$[Co(NH_3)_5H_2O]Cl_3 \xrightarrow{\text{浓 HCl}} [Co(NH_3)_5Cl]Cl_2 + H_2O$$

用化学分析方法确定某配合物的组成，通常先确定配合物的外界，然后将配离子破坏再来看其内界。配离子的稳定性受很多因素影响，通常可用加热或改变溶液酸碱性来破坏它。本实验是初步推断，一般使用定性、半定量甚至估量的分析方法。推定配合物的化学式后，可用电导率仪来测定一定浓度配合物溶液的导电性，与已知电解质溶液的导电性进行对比，可确定该配合物化学式中含有几个离子，从而进一步确定该化学式。

游离的 Co^{2+} 离子在酸性溶液中可与硫氰化钾作用生成蓝色配合物 $[Co(NCS)_4]^{2-}$。因其在水中离解度大，故常加入硫氰化钾浓溶液或固体，并加入戊醇和乙醚以提高其稳定性。由此可用来鉴定 Co^{2+} 离子的存在，其反应如下：

$$Co^{2+} + 4SCN^- \rightleftharpoons [Co(NCS)_4]^{2-}$$
（蓝色）

游离的 NH_4^+ 离子可由奈氏试剂来检定，其反应如下：

$$NH_4^+ + 2[HgI_4]^{2-} + 4OH^- \rightleftharpoons \left[O \begin{array}{c} Hg \\ \\ Hg \end{array} NH_2 \right] I\downarrow + 7I^- + 3H_2O$$

三、实验用品

(1)仪器：台秤、烧杯、锥形瓶、量筒、研钵、漏斗、铁架台、酒精灯、试管、滴管、药勺、试管夹、漏斗架、石棉网、温度计、电导率仪等。

(2)固体药品：氯化铵、氯化钴、硫氰化钾。

(3)液体药品：浓氨水、硝酸(浓)、盐酸($6mol \cdot L^{-1}$、浓)、H_2O_2(30%)、$AgNO_3$($2mol \cdot L^{-1}$)、$SnCl_2$($0.5mol \cdot L^{-1}$、新配)、奈氏试剂、乙醇、乙醚、戊醇等。

(4)材料：pH试纸、滤纸。

四、仪器操作

(1)试剂的取用，参见第二章第四节。

(2)水浴加热，参见第二章第三节。

(3)试样的过滤、洗涤、干燥，参见第二章第七节。

(4)电导率仪的使用，参见第三章第三节。

五、实验内容

1. 制备 Co(Ⅲ)配合物

在锥形瓶中将 1.0g 氯化铵溶于 6mL 浓氨水中，待完全溶解后，手持锥形瓶颈不断振摇，使溶液均匀。分数次加入 2.0g $CoCl_2$ 粉末，边加边摇动，加完后继续摇动使溶液成棕色稀浆。再往其中滴加 2~3mL 30% H_2O_2，边加边摇动，加完后再摇动。当固体完全溶解于溶液中停止起泡时，慢慢加入 6mL 浓盐酸，边加边摇动，并在水浴上微热，温度不要超过 85℃，边摇边加热 10~15min，然后在室温下冷却混合物，待完全冷却后抽滤，依次用 3mL 冷水、3mL 冷的 $6mol \cdot L^{-1}$ 盐酸和少量乙醇洗涤沉淀，产物在 105℃ 左右烘干，冷却后称量，并计算产率。

【思考题】

(1)将氯化钴加入氯化铵与浓氨水的混合液中，会发生什么反应？生成何种配合物？

(2)上述实验中加过氧化氢起何作用？如不用过氧化氢还可以用哪些物质？用这些物

质有什么不好？上述实验中加浓盐酸的作用是什么？

2. 组成的初步推断

（1）用小烧杯取 0.1g 所制得的产物，加入 15mL 蒸馏水，混匀后用 pH 试纸检验其酸碱性。

（2）取 2mL 实验（1）中所得溶液于离心试管中，慢慢滴加 $2mol \cdot L^{-1}$ $AgNO_3$ 溶液并搅动，直至加 1 滴 $AgNO_3$ 溶液后上部清液没有沉淀生成。离心分离，取出清液注入另一支离心试管中，往清液中加 1～2mL 浓硝酸并搅动，再往溶液中滴加 $AgNO_3$ 溶液，看有无沉淀，若有，离心，并与第一次的沉淀量相比较。

（3）取 2mL 实验（1）中所得的溶液于试管中，加几滴 $0.5mol \cdot L^{-1}$ $SnCl_2$ 溶液（为什么？），振荡后加入一粒绿豆粒大小的硫氰化钾固体，振摇后再加入 0.5mL 戊醇、0.5mL 乙醚（为什么？），振荡后观察上层溶液中的颜色。

（4）取 2mL 实验（1）中所得的溶液于试管中，加入少量蒸馏水，得溶液清亮后，加 2 滴奈氏试剂并观察现象。

（5）将实验（1）中剩下的混合液加热，观察溶液变化，直至其完全变成棕黑色后停止加热，冷却后用 pH 试纸检验溶液的酸碱性，然后过滤（必要时用双层滤纸）。取所得的清液，分别做一次实验（3）、实验（4）。观察现象与原来的有什么不同？

通过这些实验推断出此配合物的组成，写出其化学式。

（6）由上述自己初步推断的化学式来配制 100mL $0.01mol \cdot L^{-1}$ 该配合物的溶液，用电导率仪测量其电导率，然后稀释 10 倍后再测其电导率并与表 8 - 34 - 1 中的数据进行对比，来确定其化学式中所含离子数。

表 8 -34 -1　几种不同类型电解质的电导率

电解质	类型（离子数）	电导率 $\kappa/\mu S \cdot cm^{-1}$	
		$0.01mol \cdot L^{-1}$	$0.001mol \cdot L^{-1}$
KCl	1 - 1 型（2）	1230	133
$BaCl_2$	1 - 2 型（3）	2150	250
$K_3[Fe(CN)_6]$	1 - 3 型（4）	3400	420

六、实验习题

（1）要使本实验制备的产品的产率高，你认为哪些步骤是比较关键的？为什么？

（2）试总结制备 Co（Ⅲ）配合物的化学原理及制备的几个步骤。

（3）有五个不同的配合物，分析其组成后确定有共同的实验式：$K_2CoCl_2I_2(NH_3)_2$；电导测定得知在水溶液中五个化合物的电导率数值均与硫酸钠相近。请写出五个不同配离子的结构式，并说明不同配离子间有何不同？

【附注】

对于溶解度很小或与水反应的离子化合物用电导仪测定电导率时，可改用有机溶剂如硝基苯或乙腈来测定，可获得同样的结果。

实验 35　四氧化三铅组成的测定

一、实验目的

测定 Pb_3O_4 的组成；进一步练习碘量法操作；学习用 EDTA 测定溶液中的金属离子。

二、实验原理

Pb_3O_4 为红色粉末状固体，俗称铅丹或红丹。该物质为混合价态氧化物，其化学式可写成 $2PbO \cdot PbO_2$，即式中氧化数为 +2 的 Pb 占 2/3，而氧化数为 +4 的 Pb 占 1/3。但根据其结构，Pb_3O_4 应为铅酸盐 Pb_2PbO_4。

Pb_3O_4 与 HNO_3 反应时，由于 PbO_2 的生成，固体的颜色很快从红色变为棕黑色：

$$Pb_3O_4 + 4HNO_3 = PbO_2 + 2Pb(NO_3)_2 + 2H_2O$$

很多金属离子均能与多齿配体 EDTA 以 1:1 的比例生成稳定的螯合物。以 +2 价金属离子 M^{2+} 为例，其反应如下：

$$M^{2+} + EDTA^{4-} = MEDTA^{2-}$$

因此，只要控制溶液的 pH，选用适当的指示剂，就可用 EDTA 标准溶液对溶液中的特定金属离子进行定量测定。本实验中 Pb_3O_4 经 HNO_3 作用分解后生成的 Pb^{2+}，可用六亚甲基四胺控制溶液的 pH 为 5~6，以二甲酚橙为指示剂，用 EDTA 标准液进行测定。

PbO_2 是一种很强的氧化剂，在酸性溶液中，它能定量地氧化溶液中的 I^-：

$$PbO_2 + 4I^- + 4HAc = PbI_2 + I_2 + 2H_2O + 4Ac^-$$

因此可用碘量法来测定所生成的 PbO_2。

三、实验用品

(1)仪器：分析天平、台秤、称量瓶、干燥器、量筒(10mL、100mL)、烧杯(50mL)、锥形瓶(250mL)、吸滤瓶、布氏漏斗、酸式滴定管(50mL)、碱式滴定管(50mL)、洗瓶、水泵。

(2)固体药品：四氧化三铅(A. R.)、碘化钾(A. R.)。

(3)液体药品：HNO_3(6mol·L^{-1})、EDTA 标准溶液(0.05mol·L^{-1})、$Na_2S_2O_3$ 标准溶液(0.05mol·L^{-1})、NaAc-HAc(1:1)混合液、$NH_3 \cdot H_2O$(1:1)、六亚甲基四胺(20%)、淀粉(2%)。

(4)材料：滤纸、pH 试纸。

四、实验内容

1. Pb_3O_4 的分解

用分析天平准确称取 0.5g 干燥的 Pb_3O_4，把它置于 50mL 的小烧杯中，同时加入 2mL $6mol \cdot L^{-1}$ HNO_3 溶液，用玻璃棒搅拌，使之充分反应，可以看到红色的 Pb_3O_4 很快变为棕黑色的 PbO_2。接着吸滤将反应产物进行固液分离，用蒸馏水少量多次地洗涤固体，保留滤液及固体供下面实验用。

【思考题】

能否加其他酸如 H_2SO_4 或 HCl 溶液使 Pb_3O_4 分解? 为什么?

2. PbO 含量的测定

把上述滤液全部转入锥形瓶中，往其中加入 4～6 滴二甲酚橙指示剂，并逐滴加入 1:1 的氨水，至溶液由黄色变为橙色，再加入 20% 的六亚甲基四胺至溶液呈稳定的紫红色(或橙红色)，再过量 5mL，此时溶液的 pH 为 5～6。然后用 EDTA 标准液滴定溶液由紫红色变为亮黄色时，即为终点，记下所消耗的 EDTA 溶液的体积。

3. PbO_2 含量的测定

将上述固体 PbO_2 连同滤纸一并置于另一只锥形瓶中，往其中加入 30mL HAc – NaAc 混合液，再向其中加入 0.8g 固体 KI，摇动锥形瓶，使 PbO_2 全部反应而溶解，此时溶液呈透明棕色。用 $Na_2S_2O_3$ 标准溶液滴定至溶液呈淡黄色时，加入 1mL 2% 淀粉液，继续滴定至溶液蓝色刚好褪去为止，记下所用去的 $Na_2S_2O_3$ 溶液的体积。

【思考题】

PbO_2 氧化 I^- 需在酸性介质中进行，能否加 HNO_3 或 HCl 溶液以替代 HAc? 为什么?

五、数据记录与结果处理

由上述实验计算出试样中 +2 价铅与 +4 价铅的摩尔比，以及 Pb_3O_4 在试样中的质量分数，记入表 8 – 35 – 1 中。

表 8 – 35 – 1　数据记录及结果处理

项　目	PbO 含量测定		PbO_2 含量测定	
标准溶液体积 V/mL	EDTA		$Na_2S_2O_3$	
标准溶液浓度 c/mol·L^{-1}	EDTA		$Na_2S_2O_3$	
物质的量 n/mol	PbO		PbO_2	
质量 m/g	PbO		PbO_2	
摩尔比 Pb(Ⅱ):Pb(Ⅳ)				
测定总质量(PbO + PbO_2)/g				
称量样品质量/g				
Pb_3O_4 质量分数/%				
Pb_3O_4 组成				

本实验要求 +2 价铅与 +4 价铅的摩尔比为 2±0.05、Pb_3O_4 在试样中的质量分数 ≥ 95% 方为合格。

六、实验习题

(1)从实验结果,分析产生误差的原因。

(2)自行设计另外一个实验,以测定 Pb_3O_4 的组成。

实验 36　硫酸亚铁铵的制备

一、实验目的

根据有关原理及数据设计并制备复盐硫酸亚铁铵；进一步掌握水浴加热、溶解、过滤、蒸发、结晶等基本操作；了解检验产品中杂质含量的一种方法——目视比色法。

二、实验原理

硫酸亚铁铵又称摩尔盐，是浅蓝绿色单斜晶体，它能溶于水，但难溶于乙醇。在空气中它不易被氧化，比硫酸亚铁稳定，所以在化学分析中可作为基准物质，用来直接配制标准溶液或标定未知溶液浓度。

由硫酸铵、硫酸亚铁和硫酸亚铁铵在水中的溶解度数据(表 8 - 36 - 1)可知，在一定温度范围内，硫酸亚铁铵的溶解度比组成它的每一组分的溶解度都小。因此，很容易从浓的硫酸亚铁和硫酸铵混合溶液中制得结晶状的摩尔盐 $FeSO_4 \cdot (NH_4)_2SO_4 \cdot 6H_2O$。在制备过程中，为了使 Fe^{2+} 不被氧化和水解，溶液需保持足够的酸度。

表 8 - 36 - 1　　几种盐的溶解度数据　　　　　　　　　　　　　　　g/100g 水

温度 t/℃	10	20	30	40
$(NH_4)_2SO_4 (M = 132.1)$	73.0	75.4	78.0	81.0
$FeSO_4 \cdot 7H_2O (M = 277.9)$	37.0	48.0	60.0	73.3
$FeSO_4 \cdot (NH_4)_2SO_4 \cdot 6H_2O (M = 392.1)$		36.5	45.0	53.0

本实验是先将金属铁屑溶于稀硫酸制得硫酸亚铁溶液：

$$Fe + H_2SO_4 =\!=\!=\!= FeSO_4 + H_2 \uparrow$$

然后加入等物质的量的硫酸铵制得混合溶液，加热浓缩，冷至室温，便析出硫酸亚铁铵复盐。

$$FeSO_4 + (NH_4)_2SO_4 + 6H_2O =\!=\!=\!= FeSO_4 \cdot (NH_4)_2SO_4 \cdot 6H_2O$$

将产品配成溶液，利用可见光分光光度计(仪器使用参见第三章第四节)与各标准溶液进行比色，如果产品溶液的颜色比某一标准溶液的颜色浅，就可确定杂质含量低于该标准溶液中的含量，即低于某一规定的限度，所以这种方法又称为限量分析。本实验仅做摩尔盐中 Fe^{3+} 的限量分析。

三、实验内容

(1)根据上述原理，设计出制备复盐硫酸亚铁铵的方法。

(2)列出实验所需的仪器、药品及材料。

(3)制备硫酸亚铁铵。

(4)产品检验——Fe^{3+} 的限量分析，以确定产品等级。

(5)完成实验报告。

四、提示及注意事项

(1)由机械加工过程得到的铁屑表面沾有油污,可采用碱煮(10% Na_2CO_3 溶液,约10min)的方法除去。

(2)在铁屑与硫酸作用的过程中,会产生大量 H_2 及少量有毒气体(如 H_2S、PH_3 等),应注意通风,避免发生事故。

(3)所制得的硫酸亚铁溶液和硫酸亚铁铵溶液均应保持较强的酸性(pH 为 1~2)。

(4)在进行 Fe^{3+} 的限量分析时,应使用含氧较少的去离子水来配制硫酸亚铁铵溶液。

【思考题】

(1)铁屑净化及混合硫酸亚铁和硫酸铵溶液以制备复盐时均需加热,加热时应注意什么问题?

(2)怎样确定所需的硫酸铵用量?

(3)抽滤得到硫酸亚铁铵晶体后,如何除去晶体表面上附着的水分?

【附注】

Fe^{3+} 标准溶液的配制(实验室配制):

先配制 0.01mg·mL^{-1} 的 Fe^{3+} 标准溶液,然后用移液管吸取该标准溶液 5.00mL、10.00mL 和 20.00mL 分别放入 3 支比色管中,各加入 2.00mL(2.0mol·L^{-1})HCl 溶液和 0.50mL(1.0mol·L^{-1})KSCN 溶液。用备用的含氧较少的去离子水将溶液稀释到 25.00mL,摇匀,得到 25mL 溶液中含 Fe^{3+} 0.05mg、0.10mg 和 0.20mg 三个级别的 Fe^{3+} 标准溶液,它们分别为 Ⅰ级、Ⅱ级和Ⅲ级试剂中 Fe^{3+} 的最高允许含量。

用上述相似的方法配制 25mL 含 1.00g 摩尔盐的溶液,若溶液颜色与Ⅰ级试剂的标准溶液的颜色相同或略浅,便可确定为Ⅰ级产品,其中 Fe^{3+} 的质量分数为:

$$Fe^{3+}的质量分数 = (0.05 \times 10^{-3}g/1.00g) \times 100\% = 0.005\%$$

Ⅱ级和Ⅲ级产品以此类推。

实验 37　离子鉴定和未知物的鉴别

一、实验目的

运用所学的元素及化合物的基本性质，进行常见物质的分离、鉴定或鉴别，进一步巩固常见阳离子和阴离子重要反应的基本知识。

二、实验原理

当一个试样需要鉴定或者一组未知物需要鉴别时，通常可根据以下几个方面进行判断。

1. 物态

(1)观察试样在常温时的状态，如果是固体要观察它的晶形。

(2)观察试样的颜色，这是判断的一个重要因素。溶液试样可根据离子的颜色，固体试样可根据化合物的颜色以及配成溶液后离子的颜色，预测哪些离子可能存在，哪些离子不可能存在。

(3)嗅、闻试样的气味。

2. 溶解性

固体试样的溶解性也是判断的一个重要因素。首先试验是否溶于水，在冷水中怎样？热水中怎样？不溶于水的再依次用盐酸(稀、浓)、硝酸(稀、浓)试验其溶解性。

3. 酸碱性

酸或碱可直接通过对指示剂的反应加以判断。两性物质借助于既能溶于酸，又能溶于碱的性质加以判别。可溶性盐的酸碱性可用它的水溶液加以判别。有时也可以根据试液的酸碱性来排除某些离子存在的可能性。

4. 热稳定性

物质的热稳定性是有差别的，有的物质常温时就不稳定，有的物质灼热时易分解，还有的物质受热时易挥发或升华。

5. 鉴定或鉴别反应

经过前面对试样的观察和初步试验，再进行相应的鉴定或鉴别反应，就能给出更准确的判断。在基础无机化学实验中鉴定反应大致采用以下几种方式：

(1)通过与某试剂反应，生成沉淀，或沉淀溶解，或放出气体。必要时再对生成的沉淀和气体做性质试验。

(2)显色反应。

(3)焰色反应。

(4)硼砂珠试验。

(5)其他特征反应。

注：以上只是提供一个途径，具体问题可灵活运用。

三、实验内容（可选做或另行确定）

（1）根据下述实验内容列出实验用品及分析步骤。

（2）区分二片银白色金属片：铝片、锌片。

（3）鉴别四种黑色和近于黑色的氧化物：CuO、Co_2O_3、PbO_2、MnO_2。

（4）未知混合液 1、2、3 分别含有 Cr^{3+}、Mn^{2+}、Fe^{3+}、Co^{2+}、Ni^{2+} 离子中的大部分或全部，设计一个实验方案以确定未知液中含有哪几种离子？哪几种离子不存在？

（5）盛有以下十种硝酸盐溶液的试剂瓶标签被腐蚀，试加以鉴别：$AgNO_3$、$Pb(NO_3)_2$、$NaNO_3$、$Cd(NO_3)_2$、$Ni(NO_3)_2$、$Al(NO_3)_3$、KNO_3、$Ba(NO_3)_2$、$Fe(NO_3)_3$、$Mn(NO_3)_2$。

（6）盛有下列十种固体钠盐的试剂瓶标签脱落，试加以鉴别：$NaNO_3$、Na_2S、$Na_2S_2O_3$、Na_3PO_4、$NaCl$、Na_2CO_3、$NaHCO_3$、Na_2SO_4、$NaBr$、Na_2SO_3。

实验 38 三草酸根合铁(Ⅲ)酸钾的制备及表征

一、实验目的

学习制备三草酸根合铁(Ⅲ)酸钾晶体，掌握配合物制备的基本原理和方法，了解配合物组成的测定方法；掌握加热、过滤、沉淀的洗涤、结晶和重结晶等操作方法；掌握定量分析的基本操作。

二、实验原理

1. 配合物制备原理

三草酸根合铁(Ⅲ)酸钾 $K_3[Fe(C_2O_4)_3] \cdot 3H_2O$ 为绿色单斜晶体，水中溶解度0℃时为 $4.7g \cdot 100g^{-1}$，100℃时为 $118g \cdot 100g^{-1}$，难溶于 C_2H_5OH。100℃时脱去结晶水，230℃时分解。三草酸根合铁(Ⅲ)酸钾的制备有两种方法，一种是由三氯化铁和草酸钾直接反应制得；另一种是以草酸亚铁为原料，通过沉淀、氧化、配位等一系列过程制备三草酸根合铁(Ⅲ)酸钾。其主要反应如下：

(1)以三氯化铁为原料制备 $K_3[Fe(C_2O_4)] \cdot 3H_2O$：

$$FeCl_3 + 3K_2C_2O_4 = K_3[Fe(C_2O_4)_3] + 3KCl$$

(2)以草酸亚铁为原料制备 $K_3[Fe(C_2O_4)] \cdot 3H_2O$：

①在过量的 $K_2C_2O_4$ 存在下，用 H_2O_2 氧化 FeC_2O_4 生成 $K_3[Fe(C_2O_4)_3]$：

$$6FeC_2O_4 + 3H_2O_2 + 6K_2C_2O_4 = 4K_3[Fe(C_2O_4)_3] + 2Fe(OH)_3(s)$$

②加入过量的草酸溶液将 $Fe(OH)_3$ 转化为 $K_3[Fe(C_2O_4)_3]$：

$$2Fe(OH)_3 + 3H_2C_2O_4 + 3K_2C_2O_4 = 2K_3[Fe(C_2O_4)_3] + 6H_2O$$

2. 组成的测定原理

要确定所得配合物的组成，必须综合应用各种方法。化学分析可以确定各组分的质量分数，从而确定化学式。配合物中的金属离子的含量一般可通过容量滴定、比色分析或原子吸收光谱法确定。本实验配合物中的铁(Ⅲ)、草酸根含量采用氧化还原滴定法测定，高锰酸钾为氧化剂。

(1)高锰酸钾法测定草酸根含量：

$$5C_2O_4^{2-} + 2MnO_4^- + 16H^+ = 2Mn^{2+} + 10CO_2 + 8H_2O$$

(2)高锰酸钾法测定铁(Ⅲ)含量：

用锌粉将 Fe^{3+} 还原成 Fe^{2+}，再用高锰酸钾标准溶液滴定亚铁离子。

$$MnO_4^- + 5Fe^{2+} + 8H^+ = Mn^{2+} + 5Fe^{3+} + 4H_2O$$

三、实验用品

(1)仪器：分析天平、磁力搅拌器、水浴锅、布氏漏斗、热滤漏斗、真空泵、抽滤瓶、

219

酸碱两用滴定管(50mL)、移液管(25mL)、锥形瓶(250mL)、量筒(5mL、10mL)、称量瓶(25mm×40mm)。

(2)试剂：草酸钾(s、$K_2C_2O_4 \cdot H_2O$)、草酸亚铁(s、FeC_2O_4)、草酸(s、$H_2C_2O_4$)、锌粉(s)、三氯化铁溶液(0.4g · mL^{-1}、$FeCl_3 \cdot 6H_2O$)、过氧化氢(30%、H_2O_2)、硫酸(3mol · L^{-1}、H_2SO_4)、$KMnO_4$ 标准溶液(0.050mol · L^{-1})、酒精(95%)、丙酮。

四、实验内容

1. 三草酸根合铁(Ⅲ)酸钾的制备

1)以三氯化铁为原料制备三草酸根合铁(Ⅲ)酸钾

称取 12g 草酸钾放入 100mL 烧杯中，加入 20mL 蒸馏水，加热使草酸钾全部溶解。在溶液近沸时边搅动边加入 8mL 三氯化铁溶液(0.4g · mL^{-1})，搅匀后将溶液置于暗处冷却结晶，减压过滤得粗产品。

将粗产品溶解在约 20mL 热水中，用热滤漏斗趁热过滤(需要事先加热)。将滤液放在暗处冷却，待结晶完全后减压过滤，用少量 95% 乙醇洗涤，将产品置于表面皿中，常温下避光干燥，称量，记录产品外观及质量(注意：$K_3[Fe(C_2O_4)_3]$ 见光易分解，结晶时应避光)。

2)以草酸亚铁为原料制备三草酸根合铁(Ⅲ)酸钾

称取 2.0g 黄色的草酸亚铁固体，加入 5mL 蒸馏水配成悬浮液，边搅拌边加入 3.2g $K_2C_2O_4 \cdot H_2O$ 固体。水浴加热 40℃并保持此温度，逐滴滴加 10mL 30% H_2O_2 溶液(反应剧烈，注意安全)。继续加热溶液至沸，将 1.2g $H_2C_2O_4 \cdot 2H_2O$ 固体慢慢加入至体系呈亮绿色透明溶液，并将烧杯壁上的物质溶解。趁热往清亮溶液中快速加入 8mL 95% 乙醇(不搅拌)，放在暗处，冷至室温。待析出晶体，减压过滤，分别用 5mL 95% 乙醇、5mL 丙酮洗涤产物，抽干，常温下避光干燥，称量，记录产品外观及质量。

2. 三草酸根合铁(Ⅲ)酸钾配离子组成的化学分析

1)配合物中草酸根含量的测定

用差减法准确称取 0.5g 左右三草酸根合铁(Ⅲ)酸钾样品 3 份，置于 250mL 锥形瓶中，加入 30mL 蒸馏水和 10mL 3mol · L^{-1} H_2SO_4，溶解，加热至 75~80℃，趁热用 $KMnO_4$ 标准溶液滴定，滴定至溶液呈微红色，半分钟内不褪色即为终点(滴定液保留待用)，记录用去的 $KMnO_4$ 标准溶液的体积，计算产物中 $C_2O_4^{2-}$ 的含量。

2)配合物中铁(Ⅲ)含量的测定

向步骤 1)中保留的滴定液中加入约 0.5g 锌粉至黄色消失，加热 3min，使溶液中 Fe(Ⅲ)完全被还原成 Fe(Ⅱ)，抽滤，用温水洗涤沉淀，小心地将滤液完全转移至 250mL 锥形瓶中，用 $KMnO_4$ 滴定至微红色，记录用去的 $KMnO_4$ 标准溶液的体积，计算产物中 Fe^{3+} 的含量。

五、数据记录与结果处理

1. 产率计算

产品外观：＿＿＿＿＿＿＿＿＿＿＿＿＿＿　　　原料/g：＿＿＿＿＿＿＿＿＿＿＿＿＿＿

产量/g：＿＿＿＿＿＿＿＿＿＿＿＿＿＿　　　产率/%：＿＿＿＿＿＿＿＿＿＿＿＿＿＿

2. 三草酸根合铁(Ⅲ)酸钾配离子组成的测定

测定结果填入表 8 - 38 - 1。

表 8 - 38 - 1　三草酸根合铁(Ⅲ)酸钾配离子组成的测定结果

项　目		组　别		
		Ⅰ	Ⅱ	Ⅲ
$c(KMnO_4)/mol \cdot L^{-1}$				
$m(样品)/g$				
$C_2O_4^{2-}$ 含量的测定	$V(KMnO_4)/mL$			
	$n(C_2O_4^{2-})/mmol$			
Fe^{3+} 含量的测定	$V(KMnO_4)/mL$			
	$n(Fe^{3+})/mmol$			
摩尔比$(C_2O_4^{2-} : Fe^{3+})$				
平均摩尔比$(C_2O_4^{2-} : Fe^{3+})$				
配合物的分子式				

六、注意事项

(1)三草酸根合铁(Ⅲ)酸钾的制备应注意温度的控制。

(2)三草酸根合铁离子溶液配好后保存在暗处，避免见光分解。

【思考题】

(1)确定配合物中的铁含量还可以采取什么方法？如何实现？

(2)制备三草酸根合铁(Ⅲ)酸钾时，是在充分搅拌下将 $FeCl_3$ 溶液逐滴加到近沸的草酸钾溶液中，如果一次性倒入 $FeCl_3$ 溶液或反过来将草酸溶液加入 $FeCl_3$ 溶液中，将可能产生什么问题？

实验 39 一种稀土铕纳米胶束荧光探针的制备和性能初探

一、实验目的

学习氧化硅基纳米胶束的合成方法，了解稀土离子发光的原理和纳米胶束荧光探针的性质检测；掌握加热、过滤、沉淀、离心等基本操作方法；掌握铕纳米胶束作为 2,6 – 吡啶二甲酸荧光探针的光学响应的基本操作。

二、实验原理

二氧化硅/有机硅交联嵌段共聚物胶束具有优异的自组装性质、高度的稳定性及易于表面改性等特点。纳米结构二氧化硅材料包括单分散二氧化硅颗粒、二氧化硅包覆的功能化纳米颗粒以及介孔二氧化硅纳米颗粒等材料，具有制备方法简便、粒径可调、稳定的化学性质、温和的表面功能化以及广泛的应用前景等优势，在纳米界占据着重要地位。2012年施剑林课题组报道了利用十六烷基氯化铵（CTAC）作为结构导向剂、正硅酸四乙酯（TEOS）作为二氧化硅前驱体、三乙醇胺（TEA）作为碱性催化剂合成了均一尺寸的 MSNs。该方法的制备过程中，CTAC 在碱性介质中自组装形成胶束，TEOS 分子会在表面凝结形成二氧化硅，除去表面活性剂后，就得到了介孔结构（图 8 – 39 – 1）。该方法通过改变 TEA 的添加量，可以实现 MSNs 尺寸在 25nm（TEA、0.08g）、50nm（TAE、0.06g）、67nm（TEA、0.04g）、105nm（TEA、0.02g）的调节。

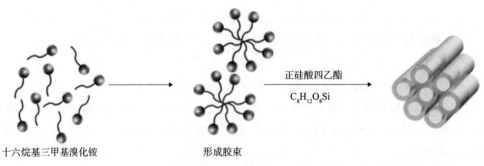

十六烷基三甲基溴化铵　　　　　　形成胶束

正硅酸四乙酯
$C_8H_{12}O_8Si$

图 8 – 39 – 1　MSNs 的制备

镧系离子通常显示微弱而尖锐的吸收光谱，这是由于 f – f 跃迁的影响，f 轨道电子激发后产生发射光谱，使得这些离子"发光"。通常发射荧光或者磷光。荧光是指从高能态向具有更多相同多重度的低能态的跃迁，大部分稀土元素自身不发光，但在较高能量的光照射下会发出弱的荧光，稀土配合物由于配体到中心离子的能量转移产生荧光。Eu^{3+} 属于光致发光机制，发射出的谱线是由离子内的 4f 电子组态内的电子由激发态的 $^5D_0$ 能级跃迁到基态的 ^7F_J（J = 0，1，2，3，4）能级产生的能量辐射，属于 f – f 跃迁。当发生 $^5D_0 \rightarrow {}^7F_J$（橙色光)为主，Eu(Ⅲ)形成有机配合物时常常会在近紫外区受激发后，发射出较强的可见荧光，有机配体弥补了离子吸光系数小的缺陷，敏化了它的发光。镧系离子的 f - f 跃迁是禁阻的，天线配体可将能量转移给镧系离子，从而镧系离子被敏化发光。然而，单一的镧系配合物水溶性差、光稳定性差及机械强度弱等缺点限制了它的应用。近年来，将纳米材料作为基质与镧系配合物结合，形成镧系配合物复合功能化纳米材料正成为新的研究趋势。镧系功能化纳米材料不仅保留了纳米材料和镧系配合物的优异性质，而且有效改进了镧系配合物的缺点，从而实现了镧系复合纳米材料的多功能化。

本实验采用简单的"一锅煮"合成方式，将铕离子与二苯甲酰甲烷形成的配合物锚定在二氧化硅纳米胶束上，通过控制反应温度和 pH 值，使铕纳米胶束沉淀分离，得到铕纳米胶束荧光探针，可用于 DPA 的检测，在加入一定量的 DPA 溶液后，纳米探针的红色荧光猝灭。

胶体的丁达尔现象：丁达尔效应是胶体特有的光学性质。通常情况下，分散系根据分散尺寸范围，可分为溶液、胶体及粗分散系统三大类。胶体分散系统的粒子尺寸在 1 ~ 1000nm 之间，当可见光束通过胶体系统时，胶粒尺寸小于入射光的波长，此时发生散射，可以在侧面观测到乳白色的散射光的光柱(也称丁达尔效应)，由于胶体系统不均匀，在胶粒或介质分子上产生的散射光并不能完全抵消。丁达尔效应是溶胶特有的光学现象，溶液分散系统粒子直径小于 1nm，为均相系统，此时散射光因相互干涉而抵消，几乎观测不到光的散射，透明的胶体分散体系和溶液体系在肉眼上很难区分，而丁达尔效应可以帮助我们作简单的判断。

瑞利公式是描述散射光强度的经验公式，在分散相与分散介质等条件相同的情况下，瑞利公式可简写为：

$$I = K\frac{nV^2}{\lambda^4}$$

式中　I——散射光的强度；

　　　K——与折射率等相关的系数；

　　　n——单位体积的分散相粒子数；

　　　V——每个胶粒的体积；

　　　λ——入射光的波长。

三、实验用品

(1)仪器：分析天平、加热型磁力搅拌器、布氏漏斗、真空泵、抽滤瓶、磁子(1.5cm)、锥形瓶(250mL)、离心机、暗箱式紫外分析仪(或手持式紫外分析仪)。

(2)试剂：二苯甲酰甲烷(s、$C_{15}H_{12}O_2$)、无水乙醇、十六烷基三甲基溴化铵(s、$C_{19}H_{42}BrN$)、三乙醇胺、三乙胺、硝酸铕溶液($0.05mol \cdot L^{-1}$)、酒精(95%)、2,6 - 吡啶二甲酸溶液($5\mu mol \cdot L^{-1}$)、丙酮。

四、实验内容

1. 铕纳米胶束探针的制备

在分析天平上称取约 0.25g 二苯甲酰甲烷固体，置于 250mL 锥形瓶中，加入无水乙醇 20mL，加入一粒 1.5cm 长圆柱形磁子，置于加热搅拌装置上，设置温度为 60℃，转速为 500r/min，加热至固体全部溶解。混合 10mL 无水乙醇和 10mL 蒸馏水，将醇水混合物加入上述清亮溶液中，混合均匀后，加入 0.17g 十六烷基三甲基溴化铵固体，待固体溶解后，向溶液滴加 2mL 三乙醇胺，保持 60℃ 搅拌 10min。

向上述溶液中滴加三乙胺溶液，至溶液变成浅黄色(约 20~30 滴，注意三乙胺不能太过量)，匀速缓慢地向体系中滴加 1mL 正硅酸四乙酯溶液(注意：一定要缓慢且匀速滴加，否则无法得到均匀的纳米胶束粒子)，继续搅拌 15min，向浅黄色溶液中滴加 2mL 0.05mol·L⁻¹ 的硝酸铕溶液，此时有白色沉淀析出，继续保持 60℃ 搅拌 1h 后，停止加热和搅拌，不要移动锥形瓶，陈化 30min。减压过滤，用乙醇和丙酮少量多次洗涤产物，并用大量蒸馏水清洗，得到白色粉末固体。

2. 利用溶胶的丁达尔效应初步判断粒子尺寸和均匀度

取少量产物装入 5mL 塑料离心管中，加水至 4mL 刻度线，盖紧离心管盖用力摇晃，使之在蒸馏水中分散，静置 1min，吸取上层清液至小烧杯或样品瓶中，加水至容器 1/2 处，在另一同样大小烧杯或样品中加入等体积的蒸馏水(注意洗干净烧杯中的灰尘)。用激光笔从侧面照射体系，观察两种分散系光路的形状，如果体系中出现一条光亮的"通路"，则为溶胶体系，分散在介质中的粒子波长小于入射光波长，发生了光的散射，如图 8-39-2 所示，可以初步判断粒子的半径在 550nm 以下。

(a) 蒸馏水　　　　　　　　　　　　(b) 胶束分散系

图 8-39-2　溶胶的丁达尔效应

3. 铕纳米胶束作为 2,6-吡啶二甲酸荧光探针的光学响应(图 8-39-3)

2,6-吡啶二甲酸(Dipicolinic acid, DPA)是炭疽芽孢中的特有生物标志物，快速准确地判断 DPA 的存在是预防炭疽杆菌传播的有效手段。铕纳米胶束探针与 DPA 接触后会发生荧光猝灭，其强烈的红色荧光随着 DPA 的浓度减小逐渐减弱，直至淬灭，能快速判断 DPA 的存在。

取少量的铕纳米探针装入 5mL 塑料离管中，加水至 4mL 处，用力摇匀，使胶束分散在水中，置于紫外灯365nm波长光照下观察样品荧光强度，再滴加几滴5μmol·L^{-1}的2,6-吡啶二甲酸(DPA)溶液，摇匀，再次置于紫外灯365nm波长光照下观察样品荧光强度(注意不可用紫外灯照射眼睛)。将上述铕探针样品与硝酸铕-DPA混合样品管对比，分别在波长为245nm及365nm处照射，观察样品荧光强度变化。

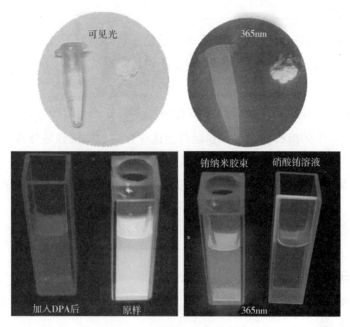

图8-39-3 铕纳米探针的光学响应

五、注意事项

(1)紫外灯和激光笔光源不能直射眼睛，以免造成眼睛损伤。

(2)本次实验中滴加正硅酸四乙酯时一定要缓慢匀速滴加，否则无法得到均匀的纳米胶束粒子；反应时间不得少于30min，否则可能造成反应失败；三乙胺具有挥发性和腐蚀性，滴到皮肤上应马上冲洗干净。

【思考题】

(1)根据胶体的丁达尔效应，如何简单地判断所合成纳米粒子的直径范围？

(2)反应中加入的三乙胺及三乙醇胺的作用是什么？如何设计实验证明二者的作用？

(3)如何设计实验探索不同尺寸二氧化硅纳米胶束粒子的可控合成？

实验 40　碱式碳酸铜的制备

一、实验目的

通过碱式碳酸铜制备条件的探求和生成物颜色、状态的分析，研究反应物的合理配料比并确定制备反应合适的温度条件，以培养独立设计实验的能力。

二、知识补充

碱式碳酸铜 $Cu_2(OH)_2CO_3$ 为天然孔雀石的主要成分，呈暗绿色或淡蓝绿色，加热至 200℃ 即分解，在水中的溶解度很小，新制备的试样在沸水中很容易分解。

【思考题】

(1) 哪些铜盐适合制取碱式碳酸铜？写出硫酸铜溶液和碳酸钠溶液反应的化学方程式。

(2) 估计反应的条件，如反应温度、反应物浓度及反应物配料比，对反应产物是否有影响？

三、实验用品

由学生自行列出所需仪器、药品、材料之清单，经指导教师的同意，即可进行实验。

四、实验内容

1. 反应物溶液配制

配制 $0.5mol \cdot L^{-1}$ 的 $CuSO_4$ 溶液和 $0.5mol \cdot L^{-1}$ 的 Na_2CO_3 溶液各 100mL。

2. 制备反应条件的探求

1) $CuSO_4$ 和 Na_2CO_3 溶液的合适配比

在四支试管内均加入 $2.0mL$ $0.5mol \cdot L^{-1}CuSO_4$ 溶液，再分别取 $0.5mol \cdot L^{-1}Na_2CO_3$ 溶液 1.6mL、2.0mL、2.4mL 及 2.8mL 依次加入另外四支编号的试管中。将八支试管放在 75℃ 的恒温水浴中。几分钟后，依次将 $CuSO_4$ 溶液分别倒入 Na_2CO_3 溶液中，振荡试管，比较各试管中沉淀生成的速度、沉淀的数量及颜色，从中得出两种反应物溶液以何种比例相混合为最佳。

【思考题】

(1) 各试管中沉淀的颜色为何会有差别？估计何种颜色产物的碱式碳酸铜含量最高？

(2) 若将 Na_2CO_3 溶液倒入 $CuSO_4$ 溶液中，其结果是否会有所不同？

2) 反应温度的探求

在三支试管中各加入 $2.0mL$ $0.5mol \cdot L^{-1}CuSO_4$ 溶液，另取三支试管各加入由上述实验得到的合适用量的 $0.5mol \cdot L^{-1}Na_2CO_3$ 溶液。从这两列试管中各取 1 支，将它们分别置于室温、50℃、100℃ 的恒温水浴中，数分钟后将 $CuSO_4$ 溶液倒入 Na_2CO_3 溶液中，振荡并观察现象，由实验结果确定制备反应的合适温度。

【思考题】

(1)反应温度对本实验有何影响？

(2)反应在何种温度下进行会出现褐色产物？这种褐色物质是什么？

3. 碱式碳酸铜制备

取 60mL 0.5mol·L^{-1}CuSO$_4$ 溶液，根据上面实验确定的反应物合适比例及适宜温度制取碱式碳酸铜。待沉淀完全后，用蒸馏水洗涤沉淀数次，直到沉淀中不含 SO$_4^{2-}$ 为止，吸干。

将所得产品在烘箱中于 100℃烘干，待冷至室温后称量，并计算产率。

五、实验习题

(1)除反应物的配比和反应的温度对本实验的结果有影响外，反应物的种类、反应进行的时间等因素对产物的质量是否也会有影响？

(2)自行设计一个实验，来测定产物中铜及碳酸根的含量，从而分析所制得的碱式碳酸铜的质量。

实验 41　从废铜液中回收硫酸铜

一、实验目的

学习从生产糖精所用催化剂的废液中回收、制备硫酸铜的方法，提高物质循环利用，培养学生环境保护意识。

二、实验原理

本实验是针对工业生产糖精所用催化剂而产生的废铜液，用置换的方法有效地回收铜。首先利用废铜液与铁刨花作用，废铜液中的铜离子被还原为金属铜：

$$Cu^{2+} + Fe = Fe^{2+} + Cu$$

生成的金属铜粉在空气中加热，生成氧化铜，氧化铜再与硫酸反应生成硫酸铜溶液，经结晶得到 $CuSO_4 \cdot 5H_2O$ 晶体。

$$CuO + H_2SO_4 = CuSO_4 + H_2O$$

三、实验用品

(1)仪器：电子天平、烧杯、布氏漏斗、抽滤瓶。

(2)药品：废铜液、铁刨花、$H_2SO_4(3mol \cdot L^{-1})$。

四、实验内容

1. 铁刨花的处理

称取 30g 铁刨花，加入洗衣粉溶液，加热至沸并不断搅拌，以除去表面的油污。重复操作两次，再用清水漂洗干净。

2. 铜粉的还原

取 300mL 废铜液加水 100mL，加入处理的铁刨花，当看到铁刨花表面有红色析出时，加热搅拌使铜粉从铁刨花表面脱落，铁刨花继续和溶液中的铜离子反应，这样循环往复，直至观察到上层清液中不再有 Cu^{2+} 的蓝绿色时，停止加热。将上述反应产物通过铁丝网筛粉，铜粉随溶液透过铁丝网收集在烧杯里，倾去清液，所得铜粉再用清水洗涤。

3. 硫酸浸泡

用 $3mol \cdot L^{-1} H_2SO_4$ 浸泡铜粉，混杂在铜粉中的铁屑便与 H_2SO_4 反应，这样可除去混杂在铜粉中的铁屑。倾去清液，再用清水洗涤铜粉 2~3 次。

4. 炒铜粉

将洗净的铜粉转移到蒸发皿中，加热并搅拌，此时红色的铜逐渐转变为黑色的氧化铜。如炒粉过程中若发生结块现象，可用研钵研细后再炒，直至黑色不再加深，停止加热。

5. CuSO₄ 晶体的生成

在氧化铜粉末中慢慢滴加 $3\,mol\cdot L^{-1}$ H_2SO_4 溶液，直至黑色的氧化铜全部溶解，趁热过滤，去除固体杂质，滤液自然冷却，结晶即可得到 $CuSO_4\cdot 5H_2O$ 晶体。计算废液中的铜含量。

实验 42 废干电池的综合利用

一、实验目的

了解废干电池对环境的危害以及有效成分的利用方法；掌握无机物的提取、制备、提纯、分析等方法与技能；学习实验方案的设计。

二、实验原理

日常生活中普遍使用的干电池大多为锌－锰干电池。其负极为电池壳体的锌电极，正极为被二氧化锰（为增强导电能力，填充有炭粉）包围的石墨电极，电解质是氯化锌及氯化铵的糊状物，如图 8 - 42 - 1 所示。

其电池反应为：

$$Zn + 2NH_4^+ + 2MnO_2 = 2MnO(OH) + 2NH_3 + Zn^{2+}$$

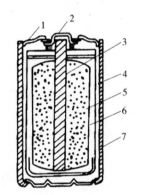

图 8 - 42 - 1 锌－锰干电池构造图
1—火漆；2—黄铜帽；3—石墨；
4—锌筒；5—去极剂；
6—电解液＋淀粉；7—厚纸壳

在使用过程中，锌皮消耗最多，二氧化锰只起到氧化作用，糊状氯化铵作为电解质没有被消耗，炭粉是填料。因而回收处理废干电池可以获得多种物质，如铜、锌、二氧化锰、氯化铵和炭棒等，是变废为宝的一种可利用资源的方法。为了防止锌皮因快速消耗而渗漏电解质，通常在锌皮中掺入汞，形成汞齐。因此乱扔废干电池将对环境造成危害。

本实验对废干电池进行如下回收：

$$废干电池\begin{cases}锌皮\to制备\ ZnSO_4\cdot7H_2O \\ 回收二氧化锰\begin{cases}黑色糊状物 \\ 回收氯化铵\end{cases}\end{cases}$$

将电池中的黑色混合物溶于水，可得氯化铵和氯化锌的混合溶液。依据两者溶解度的不同可回收氯化铵。氯化铵和氯化锌在不同温度下的溶解度列于表 8 - 42 - 1。

表 8 - 42 - 1 氯化铵和氯化锌的溶解度 　　g/100g 水

温度 T/K	273	283	293	303	313	333	353	363	373
NH_4Cl	29.4	33.2	37.2	31.4	45.8	55.3	65.6	71.2	77.3
$ZnCl_2$	342	363	395	437	452	488	541	—	614

氯化铵在 100℃时开始显著地挥发，338℃时解离，350℃时升华。利用氯化铵溶解度的特点，通过反复抽提来提纯产品纯度。

氯化铵产品中的氯化铵含量可由酸碱滴定法测定。氯化铵与甲醛作用生成六亚甲基四胺和盐酸，后者用氢氧化钠标准溶液滴定。其反应式为：

$$4NH_4Cl + 6HCHO == 6(CH_2)_6N_4 + 6H_2O + 4HCl$$

黑色混合物中还含有二氧化锰、炭粉和其他少量有机物，它们不溶于水，过滤后存在于滤渣之中。将滤渣加热除去炭粉和有机物后，可得到二氧化锰。

锌皮溶于硫酸可制备 $ZnSO_4 \cdot 7H_2O$。$ZnSO_4 \cdot 7H_2O$ 极易溶于水（在20℃时 $ZnSO_4 \cdot 7H_2O$ 的溶解度为53.8g/100g 水），不溶于乙醇，39℃时溶于结晶水，100℃时开始失水，在水中水解成酸性。锌皮中所含的杂质铁也同时溶解，除铁后可以得到纯净的 $ZnSO_4 \cdot 7H_2O$。

除铁的方法为：先加少量 H_2O_2 氧化 Fe^{2+} 成为 Fe^{3+}，控制 pH 为8，使 Zn^{2+} 和 Fe^{3+} 均沉淀为氢氧化物沉淀，再加硫酸控制溶液 pH 为4，此时氢氧化锌溶解而氢氧化铁不溶解，可过滤除去。

回收时，铜帽可作为实验或生产硫酸铜的原料，炭棒留作电极使用。电池里面的黑色物质是二氧化锰、炭粉、氯化铵、氯化锌等的混合物，这些混合物可以分别加以提取。同学们可利用课外活动时间预先分解废干电池，剖开电池后，再从中选取一项或几项进行实验研究。

三、实验要求

1. 从黑色混合物的滤液中提取氯化铵

要求：

（1）设计实验方案，提取并提纯氯化铵。

（2）产品定性检验：①证实其为铵盐；②证实其为氯化物；③判断有无杂质存在。

（3）测定产品中 NH_4Cl 的百分含量（此为选做实验）。

提示：滤液的主要成分为 NH_4Cl 和 $ZnCl_2$，两者在不同温度下的溶解度见表8-42-1。

2. 从黑色混合物的滤渣中提取二氧化锰

要求：

（1）设计实验方案，精制二氧化锰。

（2）设计实验方案，验证二氧化锰的催化作用。

（3）试验 MnO_2 与盐酸、MnO_2 与 $KMnO_4$ 的反应。

提示：黑色混合物的滤渣中含有二氧化锰、炭粉和其他少量有机物。用少量水冲洗，滤干固体，灼烧以除去炭粉和有机物。

粗二氧化锰中尚含有一些低价锰和少量其他金属氧化物，应设法除去，以获得精制二氧化锰。纯二氧化锰密度为 $5.03g \cdot cm^{-1}$，535℃时分解为 O_2 和 Mn_2O_3，不溶于水、硝酸及稀 H_2SO_4。

3. 取精制二氧化锰做试验

（1）催化作用 二氧化锰对氯酸钾热分解反应有催化作用。

（2）与浓 HCl 作用 二氧化锰与浓 HCl 在加热时发生如下反应：

$$MnO_2 + 4HCl == MnCl_2 + Cl_2\uparrow + 2H_2O$$

(3)MnO_4^{2-} 的生成及歧化反应 在大试管中加入 1mL 0.002mol·L^{-1}KMnO$_4$ 及 1mL 2mol·L^{-1}NaOH 溶液，再加入少量所制备的 MnO_2 固体。

注意：所设计的实验方法(或采用的装置)尽可能避免造成实验室空气污染。

4. 由锌壳制取七水硫酸锌

要求：

(1)设计实验方案，以锌壳制备七水硫酸锌。

(2)产品定性检验：①证实为硫酸盐；②证实为锌盐；③确定不含 Fe^{3+}、Cu^{2+}。

提示：将洁净的碎锌片以适量的酸溶解。溶液中有 Fe^{3+}、Cu^{2+} 杂质时，设法除去。七水硫酸锌极易溶于水(在 15℃时，无水盐的溶解度为 33.4g/100g 水)，不溶于乙醇。在 39℃时溶于结晶水，100℃开始失水。在水中水解呈酸性。

四、实验用品

(1)仪器：台秤、蒸发皿、布氏漏斗、吸滤瓶、称量瓶、电子天平、碱式滴定管、烧杯、量筒等。

(2)药品：$ZnSO_4·7H_2O$(s)、MnO_2(s)、NH_4Cl(s)、草酸(s)、NaOH(2mol·L^{-1})、甲醛(40%)、KMnO$_4$(0.002mol·L^{-1})、H_2SO_4(2mol·L^{-1})、HNO_3(2mol·L^{-1})、HCl (2mol·L^{-1})、H_2O_2(3%)、$AgNO_3$(0.1mol·L^{-1})、KSCN(0.5mol·L^{-1})、酚酞指示剂 (0.1%)。

(3)材料：废 1 号干电池、pH 试纸、滤纸、剪刀、钳子、螺丝刀、小刀等。

五、实验内容

1. 材料准备

取废 1 号干电池一个，剥去电池外层包装纸，用螺丝刀撬去顶盖，用小刀挖去盖下面的沥青层，用钳子慢慢拔出炭棒(连同铜帽)，可留着作电解用的电极。用剪刀把废电池外壳剥开，取出里面黑色的物质，它为二氧化锰、炭粉、氯化铵、氯化锌等的混合物。电池的锌壳可用以制备 $ZnSO_4·7H_2O$。

2. 从黑色混合物的滤液中提取氯化铵

称取 20g 黑色混合物放入烧杯，加入约 50mL 蒸馏水，搅拌，加热溶解，抽滤，滤液用以提取氯化铵，滤渣留用，以制备二氧化锰及锰的化合物。

把滤液放入蒸发皿，加热蒸发，至滤液中有晶体出现时，改用小火加热，并不断搅拌 (以防止局部过热致使氯化铵分解)。待蒸发皿中留有少量母液时，停止加热，冷却后即得氯化铵固体。用滤纸吸干，称量。用酸碱滴定法测定产品中氯化铵的含量(可选做)。

3. 从黑色混合物的滤渣中提取二氧化锰

将上述 20g 电池黑色混合物的滤渣，用水冲洗 2~3 次，冲洗后将滤渣放入蒸发皿中，先用小火烘干，再在搅拌下用强火灼烧，以除去其中所含的炭粉和有机物。到不冒火星时，再灼烧 5~10min，冷却后即得二氧化锰。用氧化还原滴定法测定得到二氧化锰的纯度 (可选做)。

4. 由废电池锌壳制备 ZnSO$_4$·7H$_2$O

废电池表面剥下的锌壳，可能粘有氯化锌、氯化铵及二氧化锰等杂质，应先用水刷洗除去，然后把锌壳剪碎。锌皮上还可能粘有石蜡、沥青等有机物，用水难以洗净，但它们不溶于酸，可将锌皮溶于酸后过滤除去。

将洁净的 5g 碎锌片以适量的酸（如 2mol·L^{-1}H$_2$SO$_4$）溶解。加热，待反应较快时停止加热，澄清后过滤。把滤液加热近沸，加入 3% H$_2$O$_2$ 溶液 10 滴，在不断搅拌下滴加 2mol·L^{-1} NaOH 溶液，逐渐有大量白色氢氧化锌沉淀产生。当加入 NaOH 溶液 20mL 时，加水 150mL，充分搅拌下继续滴加至 pH = 8 为止（为什么？）。用布氏漏斗减压抽滤，取后期滤液 2mL，加 2mol·L^{-1}HNO$_3$ 溶液 2~3 滴和 0.1mol·L^{-1}AgNO$_3$ 溶液 2 滴，振荡试管，观察现象（可用去离子水代替滤液做对比试验）。如有混浊，说明沉淀中有可溶性杂质，需用去离子水洗涤，直至滤液中不含氯离子时为止，弃去滤液。

将氢氧化锌沉淀转入烧杯中，取 2mol·L^{-1}H$_2$SO$_4$ 溶液约 30mL，滴加到氢氧化锌沉淀中（不断搅拌），当溶液 pH = 4 时，即使还有少量白色沉淀未溶，也不必再加酸，加热搅拌后会逐渐溶解。将溶液加热至沸，促使铁离子水解完全，生成 Fe(OH)$_3$ 沉淀，趁热过滤，弃去沉淀。在除铁的滤液中，滴加 2mol·L^{-1}H$_2$SO$_4$，使溶液 pH = 2（为什么？），将其转入蒸发皿中，在水浴上蒸发、浓缩至液面上出现晶膜。自然冷却后，用布氏漏斗减压抽滤，将晶体放在两层滤纸间吸干，称量。计算产品 ZnSO$_4$·7H$_2$O 的产率。

用 10mL 蒸馏水溶解 1g 制得的 ZnSO$_4$·7H$_2$O，设计检验其中的 Cl$^-$ 和 Fe^{3+} 的方法，并与市售的化学纯 ZnSO$_4$·7H$_2$O 对照。

六、数据记录与结果处理

产品的外观：_____；产品的质量：_____。

计算氯化铵和二氧化锰的回收率以及 ZnSO$_4$·7H$_2$O 的产率，并进行纯度检验。

七、实验习题

（1）讨论提高产品质量和产率的措施。

（2）本方案为什么要加少量的 H$_2$O$_2$ 把 Fe^{2+} 氧化为 Fe^{3+}？

（3）本制备是否还有其他除杂质的方法？

（4）本方案在制备 ZnSO$_4$·7H$_2$O 实验过程中有几次调节 pH？分别起何作用？

（5）设计用酸碱滴定法测定产品中 NH$_4$Cl 含量的实验步骤。

（6）设计用氧化-还原滴定法测定得到 MnO$_2$ 纯度的实验步骤。

实验 43 植物体中某些元素的分离与鉴定

一、实验目的

了解从植物体中分离和鉴定化学元素的方法；训练综合运用元素性质及相关实验知识的能力。

二、实验原理和相关知识

植物体中除了含 C、H、N、O 这些构成有机体的主要元素外，还含有 Na、K、Ca、Mg、Al、Fe、Zn、P、I 等微量元素。植物样品在进行高温灰化处理，除去有机质后，剩余的灰分经过酸液浸溶，可使 Ca、Mg、Al、Fe、P 等元素转化为 Ca^{2+}、Mg^{2+}、Al^{3+}、Fe^{3+}、PO_4^{3-} 进入溶液中，即可进行分离与鉴定。

PO_4^{3-} 的鉴定不受其他几种金属离子的干扰，可直接用钼酸铵法鉴定：

$$PO_4^{3-} + 12MoO_4^{2-} + 24H^+ + 3NH_4^+ =\!=\!= (NH_4)_3PO_4 \cdot 12MoO_3 \downarrow + 12H_2O$$
$$(黄色)$$

Ca^{2+}、Mg^{2+}、Al^{3+}、Fe^{3+} 可通过控制溶液的 pH 进行分离后鉴定。表 8 – 43 – 1 是相应的氢氧化物完全沉淀时 pH 的范围。

表 8 – 43 – 1 氢氧化物完全沉淀时 pH 的范围

氢氧化物	$Ca(OH)_2$	$Mg(OH)_2$	$Fe(OH)_3$	$Al(OH)_3$
$K_{sp}^{\ominus}$	5.6×10^{-6}	1.8×10^{-11}	4.0×10^{-38}	1.3×10^{-33}
氢氧化物沉淀完全时的 pH	>13.0	>11.0	>3.2	>4.7

在 pH >7.8 时，两性氢氧化物 $Al(OH)_3$ 开始溶解。

Ca^{2+} 的鉴定可用草酸铵法：

$$Ca^{2+} + C_2O_4^{2-} =\!=\!= CaC_2O_4 \downarrow (白色)$$

或用在碱性溶液中加 GBHA[乙二醛双缩(2 – 三羟基苯胺)]的方法来鉴定：

$$Ca^{2+} + GBHA =\!=\!= CaGBHA \downarrow (CHCl_3 层显红色)$$

Mg^{2+} 用在强碱性条件下加镁试剂 I(对硝基苯偶氮间苯二酚)生成蓝色沉淀的方法来鉴定：

$$Mg^{2+} + 镁试剂 I \longrightarrow 蓝色沉淀$$

Al^{3+} 可用在微碱性的条件下加铝试剂(金黄色素三羧酸铵)生成红色沉淀的方法来鉴定：

$$Al^{3+} + 铝试剂 \longrightarrow 红色沉淀$$

Fe^{3+} 可用其与 KSCN 或 NH_4SCN 生成血红色配合物的方法来鉴定：

$$Fe^{3+} + nSCN^- =\!=\!= [Fe(NCS)_n]^{3-n} (n = 1 \sim 6)$$

Fe^{3+} 还可用其与黄血盐生成蓝色沉淀的方法来鉴定：

$$Fe^{3+} + K^+ + [Fe(CN)_6]^{4-} =\!=\!= KFe[Fe(CN)_6] \downarrow$$

三、方案设计提示

本实验要求自行设计实验方案，对树叶(枯叶或新叶)、枯枝或茶叶中的 Ca、Mg、Al、Fe、P 五种元素进行分离与鉴定。方案设计提示如下：

(1)Ca、Mg、Al、Fe、P 属植物中的微量元素，因而制得的滤液中相应离子的浓度都不高，为了便于检出，实验时用量不宜太少，可取 1mL 左右。

(2)用钙试剂鉴定 Ca^{2+} 时，可用三乙醇胺掩蔽 Al^{3+}、Fe^{3+} 的干扰。

(3)在离子的分离、鉴定过程中应注意控制好溶液的 pH，先使 Ca^{2+}、Mg^{2+} 与 Al^{3+}、Fe^{3+} 分离，鉴定 Ca^{2+} 和 Mg^{2+}；然后再分离 Al^{3+}、Fe^{3+}，分别加以鉴定。

四、实验用品

(1)仪器：台秤、烧杯、试管、坩埚、坩埚钳、研钵、石棉网、漏斗、漏斗架。

(2)药品：HCl($2mol \cdot L^{-1}$)、HNO_3($2mol \cdot L^{-1}$、$6mol \cdot L^{-1}$、浓)、NaOH($2mol \cdot L^{-1}$、$6mol \cdot L^{-1}$、40%)、$NH_3 \cdot H_2O$($2mol \cdot L^{-1}$、浓)、$CHCl_3$、三乙醇胺、钙试剂、铝试剂、镁试剂 I、$(NH_4)_2MoO_4$(s)、$K_4[Fe(CN)_6]$(s)、KSCN(s)、$(NH_4)_2C_2O_4$(s)。

(3)材料：pH 试纸、滤纸。

五、实验内容

1. 材料准备

(1)树叶(枯叶或绿叶)、枯枝或茶叶等植物材料可由学生自行采集或由实验室提供。

(2)将植物材料洗净、晾干。

2. 试剂配制

根据自行设计的实验方案准备、配制所需试剂。

3. 材料的灰化

取 15g(新叶可多取一些)植物材料置于坩埚中，在酒精灯或煤气灯上加热(于通风橱内进行)，小心炭化(除去水分和黑烟)，继续加热，直至灰化完全。

4. 酸溶及分解

(1)将上述灰化后的植物材料用研钵磨细。

(2)取大部分植物灰，用 15mL $2mol \cdot L^{-1}$HCl 溶解，搅拌，过滤，滤液可用于分离鉴定 Ca^{2+}、Mg^{2+}、Al^{3+}、Fe^{3+}。

(3)取少量植物灰，用 2mL 浓硝酸溶解，再加 30mL 蒸馏水，过滤得透明溶液，可用于鉴定 PO_4^{3-}。

5. 离子鉴定(自行设计实验方案)

(1)分离与鉴定 Ca^{2+}、Mg^{2+}、Al^{3+}、Fe^{3+}。

(2)鉴定 PO_4^{3-}。

附录1 元素的相对原子质量

附表 1-1 元素的相对原子质量

原子序数	元素名称	元素符号	相对原子质量	原子序数	元素名称	元素符号	相对原子质量
1	氢	H	1.00794(7)	32	锗	Ge	72.61(2)
2	氦	He	4.002602(2)	33	砷	As	74.92160(2)
3	锂	Li	6.941(2)	34	硒	Se	78.96(3)
4	铍	Be	9.012182(3)	35	溴	Br	79.904(1)
5	硼	B	10.811(7)	36	氪	Kr	83.80(1)
6	碳	C	12.0107(8)	37	铷	Rb	85.4678(3)
7	氮	N	14.00674(7)	38	锶	Sr	87.62(1)
8	氧	O	15.9994(3)	39	钇	Y	88.90585(2)
9	氟	F	18.9984032(5)	40	锆	Zr	91.224(2)
10	氖	Ne	20.1797(6)	41	铌	Nb	92.90638(2)
11	钠	Na	22.9897790(2)	42	钼	Mo	95.94(1)
12	镁	Mg	24.3050(6)	43	锝	Tc	[98]*
13	铝	Al	26.981538(2)	44	钌	Ru	101.07(2)
14	硅	Si	28.0855(3)	45	铑	Rh	102.90550(2)
15	磷	P	30.973761(2)	46	钯	Pd	106.42(1)
16	硫	S	32.066(6)	47	银	Ag	107.8682(2)
17	氯	Cl	35.4527(9)	48	镉	Cd	112.411(8)
18	氩	Ar	39.948(1)	49	铟	In	114.818(3)
19	钾	K	39.0983(1)	50	锡	Sn	118.719(7)
20	钙	Ca	40.078(4)	51	锑	Sb	121.760(1)
21	钪	Sc	44.955910(8)	52	碲	Te	127.60(3)
22	钛	Ti	47.867(1)	53	碘	I	126.90447(3)
23	钒	V	50.9415(1)	54	氙	Xe	131.29(2)
24	铬	Cr	51.9961(6)	55	铯	Cs	132.90545(2)
25	锰	Mn	53.938049(9)	56	钡	Ba	137.327(7)
26	铁	Fe	55.845(2)	57	镧	La	138.9055(2)
27	钴	Co	58.933200(9)	58	铈	Ce	140.116(1)
28	镍	Ni	58.6934(2)	59	镨	Pr	140.90765(2)
29	铜	Cu	63.546(3)	60	钕	Nd	144.24(3)
30	锌	Zn	65.39(2)	61	钷	Pm	[145]*
31	镓	Ga	69.723(1)	62	钐	Sm	150.36(3)

236

原子序数	元素名称	元素符号	相对原子质量	原子序数	元素名称	元素符号	相对原子质量
63	铕	Eu	151.964(1)	88	镭	Ra	[226]*
64	钆	Gd	157.25(3)	89	锕	Ac	[227]*
65	铽	Tb	158.92534(2)	90	钍	Th	232.0381(1)*
66	镝	Dy	162.50(3)	91	镤	Pa	231.03588(2)*
67	钬	Ho	164.93032(2)	92	铀	U	238.0289(1)*
68	铒	Er	167.26(3)	93	镎	Np	[237]*
69	铥	Tm	168.93421(2)	94	钚	Pu	[244]*
70	镱	Yb	173.04(3)	95	镅	Am	[243]*
71	镥	Lu	174.967(1)	96	锔	Cm	[247]*
72	铪	Hf	178.49(2)	97	锫	Bk	[247]*
73	钽	Ta	180.9479(1)	98	锎	Cf	[251]*
74	钨	W	183.84(1)	99	锿	Es	[252]*
75	铼	Re	186.207(1)	100	镄	Fm	[257]*
76	锇	Os	190.23(3)	101	钔	Md	[258]*
77	铱	Ir	192.217(3)	102	锘	No	[259]*
78	铂	Pt	195.078(2)	103	铹	Lr	[260]*
79	金	Au	196.96655(2)	104	𬬻	Rf	[261]*
80	汞	Hg	200.59(2)	105	𬭶	Db	[262]*
81	铊	Tl	204.3833(2)	106	𬭳	Sg	[263]*
82	铅	Pb	207.2(1)	107	𬭛	Bh	[264]*
83	铋	Bi	208.98038(2)	108	𬭊	Hs	[265]*
84	钋	Po	[210]*	109	鿏	Mt	[268]*
85	砹	At	[210]*	110	𫟼	Ds	[269]*
86	氡	Rn	[222]*	111	𬬭	Rg	[272]*
87	钫	Fr	[223]*	112		Uub	[277]*

注：1. 本表相对原子质量引自 1997 年国际相对原子质量表，以^{12}C = 12 为基准，( )内为末尾数的准确度。

2. [ ] 为放射性元素最长寿命同位素的质量数。

3. 带*者为放射性元素。

附录2 常用酸碱溶液的密度和浓度

附表2-1 常用酸溶液的密度和浓度

化学式	名称	密度(20℃) $\rho/g \cdot mL^{-1}$	质量分数 $\omega/\%$	物质的量浓度 $c/mol \cdot L^{-1}$	配制方法
H_2SO_4	浓硫酸	1.84	98	18	
	稀硫酸	1.18	25	3	将167mL浓H_2SO_4稀释至1L
	稀硫酸	1.06	9	1	将55mL浓H_2SO_4稀释至1L
HNO_3	浓硝酸	1.42	69	16	
	稀硝酸	1.20	32	6	将375mL浓HNO_3稀释至1L
	稀硝酸	1.07	12	2	将125mL浓HNO_3稀释至1L
HCl	浓盐酸	1.19	36~38	11.7~12.5	
	稀盐酸	1.10	20	6	将498mL浓HCl稀释至1L
	稀盐酸	1.03	7	2	将165mL浓HCl稀释至1L
H_3PO_4	浓磷酸	1.69	85	14.6	
	稀磷酸	1.15	26	3	将205mL浓H_3PO_4稀释至1L
$HClO_4$	高氯酸	1.68	70	11.6	
CH_3COOH	冰醋酸	1.05	99	17.5	
	稀醋酸	1.02	12	2	将116mL冰醋酸稀释至1L
HF	氢氟酸	1.13	40	23	
H_2S	氢硫酸			0.1	H_2S气体饱和水溶液(新制)

附表2-2 常用碱溶液的密度和浓度

化学式	名称	密度(20℃) $\rho/g \cdot mL^{-1}$	质量分数 $\omega/\%$	物质的量浓度 $c/mol \cdot L^{-1}$	配制方法
$NH_3 \cdot H_2O$	浓氨水	0.88	25~28	12.9~14.8	
	稀氨水	0.96	11	6	将400mL浓氨水稀释至1L
	稀氨水	0.98	4	2	将133mL浓氨水稀释至1L
NaOH	浓氢氧化钠	1.43	40	14	将572g NaOH用少量水溶解并稀释至1L
	稀氢氧化钠	1.22	20	6	将240g NaOH用少量水溶解并稀释至1L
	稀氢氧化钠	1.09	8	2	将80g NaOH用少量水溶解并稀释至1L

化学式	名称	密度(20℃) $\rho/\text{g} \cdot \text{mL}^{-1}$	质量分数 $\omega/\%$	物质的量浓度 $c/\text{mol} \cdot \text{L}^{-1}$	配制方法
$Ba(OH)_2$	饱和氢氧化钡	—	2	0.1	将16.7g $Ba(OH)_2$ 用1L水溶解
$Ca(OH)_2$	饱和氢氧化钙	—	0.025	—	将1.9g $Ca(OH)_2$ 用1L水溶解

附录3 弱电解质的解离常数（离子强度近于零的稀溶液）

附表 3-1 弱酸的解离常数

酸	$t/℃$	级	K_a	pK_a
砷酸(H_3AsO_4)	25	1	5.5×10^{-2}	2.26
	25	2	1.7×10^{-7}	6.76
	25	3	5.1×10^{-12}	11.29
亚砷酸(H_3AsO_3)	25		5.1×10^{-10}	9.29
正硼酸(H_3BO_3)	20		5.4×10^{-10}	9.27
碳酸(H_2CO_3)	25	1	4.5×10^{-7}	6.35
	25	2	4.7×10^{-11}	10.33
铬酸(H_2CrO_4)	25	1	1.8×10^{-1}	0.74
	25	2	3.2×10^{-7}	6.49
氢氰酸(HCN)	25		6.2×10^{-10}	9.21
氢氟酸(HF)	25		6.3×10^{-4}	3.20
氢硫酸(H_2S)	25	1	8.9×10^{-8}	7.05
	25	2	1×10^{-19}	19
过氧化氢(H_2O_2)	25	1	2.4×10^{-12}	11.62
次溴酸($HBrO$)	18		2.8×10^{-9}	8.55
次氯酸($HClO$)	25		2.95×10^{-8}	7.53
次碘酸(HIO)	25		3×10^{-11}	10.5
碘酸(HIO_3)	25		1.7×10^{-1}	0.78
亚硝酸(HNO_2)	25		5.6×10^{-4}	3.25
高碘酸(HIO_4)	25		2.3×10^{-2}	1.64
正磷酸(H_3PO_4)	25	1	6.9×10^{-3}	2.16
	25	2	6.23×10^{-8}	7.21
	25	3	4.8×10^{-13}	12.32
亚磷酸(H_3PO_3)	20	1	5×10^{-2}	1.3
	20	2	2.0×10^{-7}	6.70

续表

酸	$t/{}^{\circ}C$	级	K_a	pK_a
焦磷酸($H_4P_2O_7$)	25	1	1.2×10^{-1}	0.91
	25	2	7.9×10^{-3}	2.10
	25	3	2.0×10^{-7}	6.70
	25	4	4.8×10^{-10}	9.32
硒酸(H_2SeO_4)	25	2	2×10^{-2}	1.7
亚硒酸(H_2SeO_3)	25	1	2.4×10^{-3}	2.62
	25	2	4.8×10^{-9}	8.32
硅酸(H_2SiO_3)	30	1	1×10^{-10}	9.9
	30	2	2×10^{-12}	11.8
硫酸(H_2SO_4)	25	2	1.0×10^{-2}	1.99
亚硫酸(H_2SO_3)	25	1	1.4×10^{-2}	1.85
	25	2	6×10^{-8}	7.2
甲酸(HCOOH)	20		1.77×10^{-4}	3.75
醋酸(HAc)	25		1.76×10^{-5}	4.75
草酸($H_2C_2O_4$)	25	1	5.90×10^{-2}	1.23
	25	2	6.40×10^{-5}	4.19

附表3-2　弱碱的解离常数

碱	$t/{}^{\circ}C$	级	K_b	pK_b
氨水($NH_3 \cdot H_2O$)	25		1.79×10^{-5}	4.75
*氢氧化铍[$Be(OH)_2$]	25	2	5×10^{-11}	10.30
*氢氧化钙[$Ca(OH)_2$]	25	1	3.74×10^{-3}	2.43
	30	2	4.0×10^{-2}	1.4
联氨(NH_2NH_2)	20		1.2×10^{-6}	5.9
羟胺(NH_2OH)	25		8.71×10^{-9}	8.06
*氢氧化铅[$Pb(OH)_2$]	25		9.6×10^{-4}	3.02
*氢氧化银(AgOH)	25		1.1×10^{-4}	3.96
*氢氧化锌[$Zn(OH)_2$]	25		9.6×10^{-4}	3.02

注：1. 本表摘译自 Lide D R. Handbook of Chemistry and Physics：97th Ed. 2016—2017。

2. 带*者摘译自 Weast R C. Handbook of Chemistry and Physics：66th Ed. 1985—1986。

附录4　常用酸碱指示剂

附表 4-1　常用酸碱指示剂

指示剂名称	变色范围(pH)	颜色变化	溶液配制方法
茜素黄	1.9 ~ 3.3	红—黄	0.1% 水溶液
甲基橙	3.1 ~ 4.4	红—橙—黄	0.1% 水溶液
溴酚蓝	3.0 ~ 4.6	黄—蓝	0.1g 溴酚蓝溶于 100mL 20% 乙醇中
刚果红	3.0 ~ 5.2	蓝紫—红	0.1% 水溶液
茜素红	3.7 ~ 5.2	黄—紫	0.1% 水溶液
溴甲酚绿	3.8 ~ 5.4	黄—蓝	0.1g 溴甲酚绿溶于 100mL 20% 乙醇中
甲基红	4.4 ~ 6.2	红—黄	0.1g 甲基红溶于 100mL 60% 乙醇中
溴百里酚蓝	6.0 ~ 7.6	黄—蓝	0.05g 溴百里酚蓝溶于 100mL 20% 乙醇中
中性红	6.8 ~ 8.0	红—黄橙	0.1g 中性红溶于 100mL 60% 乙醇中
甲酚红	7.2 ~ 8.8	亮黄—紫红	0.1g 甲酚红溶于 100mL 50% 乙醇中
百里酚蓝	第一次变色 1.2 ~ 2.8 第二次变色 8.0 ~ 9.6	红—黄 黄—蓝	0.1g 百里酚蓝溶于 100mL 20% 乙醇中
酚酞	8.2 ~ 10.0	无—红	0.1g 酚酞溶于 100mL 60% 乙醇中
百里酚酞	9.3 ~ 10.6	无—蓝	0.1g 百里酚酞溶于 100mL 90% 乙醇中

附录5 难溶电解质的溶度积(291～298K)

附表5-1 难溶电解质的溶度积(291~298K)

难溶电解质	化学式	溶度积 K_{sp}	难溶电解质	化学式	溶度积 K_{sp}
溴化银	AgBr	5.2×10^{-13}	硫化亚铁	FeS	6.3×10^{-18}
氯化银	AgCl	1.8×10^{-10}	氯化亚汞	Hg_2Cl_2	1.3×10^{-18}
		$1.3 \times 10^{-9}(50℃)$	碘化汞	HgI_2	2.8×10^{-29}
氰化银	AgCN	1.2×10^{-16}	碘化亚汞	Hg_2I_2	5.3×10^{-29}
碳酸银	Ag_2CO_3	8.1×10^{-12}	硫化汞	HgS(黑)	1.6×10^{-52}
铬酸银	Ag_2CrO_4	2.0×10^{-12}	硫化亚汞	Hg_2S	1.0×10^{-47}
碘化银	AgI	8.2×10^{-17}	碳酸镁	$MgCO_3$	3.5×10^{-8}
硫化银	Ag_2S	6.3×10^{-50}	氢氧化镁	$Mg(OH)_2$	1.8×10^{-11}
氢氧化铝	$Al(OH)_3$	1.3×10^{-33}	碳酸锰	$MnCO_3$	2.2×10^{-11}
碳酸钡	$BaCO_3$	5.1×10^{-9}	氢氧化锰	$Mn(OH)_2$	1.9×10^{-13}
铬酸钡	$BaCrO_4$	1.2×10^{-10}	硫化锰	MnS(无定形)	2.5×10^{-10}
硫酸钡	$BaSO_4$	1.1×10^{-10}	氢氧化镍	$Ni(OH)_2$(新析出)	2.0×10^{-15}
氢氧化铋	$Bi(OH)_3$	4.0×10^{-31}	硫化镍	$\alpha - NiS$	3.2×10^{-19}
硫化铋	Bi_2S_3	1×10^{-97}		$\beta - NiS$	1.0×10^{-24}
碳酸钙	$CaCO_3$	2.8×10^{-9}	碳酸铅	$PbCO_3$	1.5×10^{-13}
氟化钙	CaF_2	5.3×10^{-9}	草酸铅	PbC_2O_4	8.5×10^{-10}
磷酸钙	$Ca_3(PO_4)_3$	2.0×10^{-29}	氯化铅	$PbCl_2$	1.6×10^{-5}
氢氧化钙	$Ca(OH)_2$	5.6×10^{-6}	铬酸铅	$PbCrO_4$	2.8×10^{-13}
硫酸钙	$CaSO_4$	9.1×10^{-6}	碘化铅	PbI_2	7.1×10^{-9}
硫化镉	CdS	8.0×10^{-27}	碘酸铅	$Pb(IO_3)_2$	3.7×10^{-13}
氢氧化铬	$Cr(OH)_3$	6.3×10^{-31}	氢氧化铅	$Pb(OH)_2$	2.0×10^{-15}
氢氧化钴	$Co(OH)_2$(新析出)	1.6×10^{-15}	硫化铅	PbS	1.08×10^{-28}
硫化钴	$\alpha - CoS$	4.0×10^{-21}	硫酸铅	$PbSO_4$	1.6×10^{-8}
	$\beta - CoS$	2.0×10^{-25}	氢氧化锑	$Sb(OH)_3$	4.0×10^{-42}
氯化亚铜	CuCl	1.2×10^{-6}	氢氧化亚锡	$Sn(OH)_2$	1.4×10^{-28}
氰化亚铜	CuCN	3.2×10^{-20}	硫化亚锡	SnS	1.0×10^{-25}

难溶电解质	化学式	溶度积 K_{sp}	难溶电解质	化学式	溶度积 K_{sp}
碘化亚铜	CuI	1.1×10^{-12}	硫化锡	SnS_2	2.0×10^{-27}
氢氧化铜	$Cu(OH)_2$	2.2×10^{-20}	碳酸锶	$SrCO_3$	1.1×10^{-10}
硫化铜	CuS	6.3×10^{-36}	铬酸锶	$SrCrO_4$	2.2×10^{-5}
硫化亚铜	Cu_2S	2.5×10^{-48}	硫酸锶	$SrSO_4$	3.4×10^{-7}
氢氧化亚铁	$Fe(OH)_2$	8.0×10^{-16}	氢氧化锌	$Zn(OH)_2$	1.2×10^{-17}
氢氧化铁	$Fe(OH)_3$	4.0×10^{-38}	硫化锌	$\alpha - ZnS$	1.6×10^{-24}

附录6 常见金属离子沉淀时的 pH

附表6-1 金属氢氧化物沉淀的 pH(包括形成氢氧配离子的大约值)

氢氧化物	开始沉淀时的 pH 初浓度[M^{n+}]		沉淀完全时的 pH (残留离子浓度 < $10^{-5} mol \cdot L^{-1}$)	沉淀开始溶解的 pH	沉淀完全溶解时的 pH
	$1 mol \cdot L^{-1}$	$0.01 mol \cdot L^{-1}$			
$Sn(OH)_4$	0	0.5	1	13	15
$TiO(OH)_2$	0	0.5	2.0	—	—
$Sn(OH)_2$	0.9	2.1	4.7	10	13.5
$ZrO(OH)_2$	1.3	2.3	3.8	—	—
HgO	1.3	2.4	5.0	11.5	—
$Fe(OH)_3$	1.5	2.3	4.1	14	
$Al(OH)_3$	3.3	4	5.2	7.8	10.8
$Cr(OH)_3$	4	4.9	6.8	12	15
$Be(OH)_2$	5.2	6.2	8.8	—	—
$Zn(OH)_2$	5.4	6.4	8	10.5	12 ~ 13
Ag_2O	6.2	8.2	11.2	12.7	—
$Fe(OH)_2$	6.5	7.5	9.7	13.5	—
$Co(OH)_2$	6.6	7.6	9.2	14.1	—
$Ni(OH)_2$	6.7	7.7	9.5	—	—
$Cd(OH)_2$	7.2	8.2	9.7	—	—
$Mn(OH)_2$	7.8	8.8	10.4	14	—
$Mg(OH)_2$	9.4	10.4	12.4	—	—
$Pb(OH)_2$	—	7.2	8.7	10	13
$Ce(OH)_4$	—	0.8	1.2	—	—
$Th(OH)_4$	—	0.5		—	—
$Tl(OH)_3$	—	约0.6	约1.6	—	—
H_2WO_4	—	约0	约0	—	—
H_2MoO_4	—	—	—	约8	约9
稀土	—	6.8 ~ 8.5	约9.5	—	—
H_2UO_4		3.6	5.1		

附表 6 – 2　沉淀金属硫化物的 pH

pH	被 H_2S 所沉淀的金属
1	Cu, Ag, Hg, Pb, Bi, Cd, Rh, Pd, Os, As, Au, Pt, Sb, Ir, Ge, Se, Te, Mo
2 ~ 3	Zn, Ti, In, Ga
5 ~ 6	Co, Ni
> 7	Mn, Fe

附表 6 – 3　溶液中硫化物沉淀时盐酸的最高浓度

硫化物	Ag_2S	HgS	CuS	Sb_2S_3	Bi_2S_3	SnS_2	CdS	PbS	SnS	ZnS	CoS	NiS	FeS	MnS
盐酸浓度/ $mol \cdot L^{-1}$	12	7.5	7.0	3.7	2.5	2.3	0.7	0.35	0.30	0.02	0.001	0.001	0.0001	0.00008

注：本表摘自北京师范大学化学系无机化学教研室. 简明化学手册. 北京：北京出版社，1980。

附录7 常见配离子的稳定常数

配离子	$K_{稳}$	$\lg K_{稳}$	配离子	$K_{稳}$	$\lg K_{稳}$
1:1			1:3		
$[NaY]^{3-}$	5.0×10^1	1.69	$[Fe(NCS)_3]^0$	2.0×10^3	3.30
$[AgY]^{3-}$	2.0×10^7	7.30	$[CdI_3]^-$	1.2×10^1	1.07
$[CuY]^{2-}$	6.8×10^{18}	18.79	$[Cd(CN)_3]^-$	1.1×10^4	4.04
$[MgY]^{2-}$	4.9×10^8	8.69	$[Ag(CN)_3]^{2-}$	5×10^0	0.69
$[CaY]^{2-}$	3.7×10^{10}	10.56	$[Ni(En)_3]^{2+}$	3.9×10^{18}	18.59
$[SrY]^{2-}$	4.2×10^8	8.62	$[Al(C_2O_4)_3]^{3-}$	2.0×10^{16}	16.30
$[BaY]^{2-}$	6.0×10^7	7.77	$[Fe(C_2O_4)_3]^{3-}$	1.6×10^{20}	20.20
$[ZnY]^{2-}$	3.1×10^{16}	16.49	1:4		
$[CdY]^{2-}$	3.8×10^{16}	16.57	$[Cu(NH_3)_4]^{2+}$	4.8×10^{12}	12.68
$[HgY]^{2-}$	6.3×10^{21}	21.79	$[Zn(NH_3)_4]^{2+}$	5×10^8	8.69
$[PbY]^{2-}$	1.0×10^{18}	18.00	$[Cd(NH_3)_4]^{2+}$	3.6×10^6	6.55
$[MnY]^{2-}$	1.0×10^{14}	14.00	$[Zn(CNS)_4]^{2-}$	2.0×10^1	1.30
$[FeY]^{2-}$	2.1×10^{14}	14.32	$[Zn(CN)_4]^{2-}$	1.0×10^{16}	16.00
$[CoY]^{2-}$	1.6×10^{16}	16.20	$[Cd(SCN)_4]^{2-}$	1.0×10^3	3.00
$[NiY]^{2-}$	4.1×10^{18}	18.61	$[CdCl_4]^{2-}$	3.1×10^2	2.49
$[FeY]^-$	1.2×10^{25}	25.07	$[CdI_4]^{2-}$	3.0×10^6	6.43
$[CoY]^-$	1.0×10^{36}	36.00	$[Cd(CN)_4]^{2-}$	1.3×10^{18}	18.11
$[GaY]^-$	1.8×10^{20}	20.25	$[Hg(CN)_4]^{2-}$	3.1×10^{41}	41.51
$[InY]^-$	8.9×10^{24}	24.94	$[Hg(SCN)_4]^{2-}$	7.7×10^{21}	21.88
$[TlY]^-$	3.2×10^{22}	22.51	$[HgCl_4]^{2-}$	1.6×10^{15}	15.20
$[TlHY]$	1.5×10^{23}	23.17	$[HgI_4]^{2-}$	7.2×10^{29}	29.80
$[CuOH]^+$	1.0×10^5	5.00	$[Co(NCS)_4]^{2-}$	3.8×10^2	2.58
$[AgNH_3]^+$	20×10^3	3.30	$[Ni(CN)_4]^{2-}$	1×10^{22}	22.00
1:2			1:6		
$[Cu(NH_3)_2]^+$	7.4×10^{10}	10.87	$[Cd(NH_3)_6]^{2+}$	1.4×10^6	6.15
$[Cu(CN)_2]^-$	2.0×10^{38}	38.30	$[Co(NH_3)_6]^{2+}$	2.4×10^4	4.38

配离子	$K_{稳}$	$\lg K_{稳}$	配离子	$K_{稳}$	$\lg K_{稳}$
$[Ag(NH_3)_2]^+$	1.7×10^7	7.24	$[Ni(NH_3)_6]^{2+}$	1.1×10^8	8.04
$[Ag(En)_2]^+$	7.0×10^7	7.84	$[Co(NH_3)_6]^{3+}$	1.4×10^{35}	35.15
$[Ag(NCS)_2]^-$	4.0×10^8	8.60	$[AlF_6]^{3-}$	6.9×10^{19}	19.84
$[Ag(CN)_2]^-$	1.0×10^{21}	21.00	$[Fe(CN)_6]^{3-}$	1×10^{42}	42.00
$[Au(CN)_2]^-$	2×10^{38}	38.30	$[Fe(CN)_6]^{4-}$	1×10^{35}	35.00
$[Cu(En)_2]^{2+}$	4.0×10^{19}	19.60	$[Co(CN)_6]^{3-}$	1×10^{64}	64.00
$[Ag(S_2O_3)_2]^{3-}$	1.6×10^{13}	13.20	$[FeF_6]^{3-}$	1.0×10^{16}	16.00

注：1. 摘自 О. Д. Куриленко. Краткнй Справочник По Химии：增订四版. 1974。

2. 表中 Y 表示 EDTA 的酸根；En 表示乙二胺。

附录 8　标准电极电势

由于电极反应处于一定的介质条件下，因此，把明显要求碱性介质的反应列于附表 8-1，其余列入附表 8-2；另外以元素符号的英文字母顺序和氧化数由低到高变化的次序编排，以便查阅。

附表 8-1　在酸性溶液中的标准电极电势

电偶氧化态	电极反应	$E^{\ominus}/V$
Ag(I)—(0)	$Ag^+ + e^- \rightleftharpoons Ag$	+0.7996
(I)—(0)	$AgBr + e^- \rightleftharpoons Ag + Br^-$	+0.07133
(I)—(0)	$AgCl + e^- \rightleftharpoons Ag + Cl^-$	+0.22233
(I)—(0)	$AgI + e^- \rightleftharpoons Ag + I^-$	-0.15224
(I)—(0)	$[Ag(S_2O_3)_2]^{3-} + e^- \rightleftharpoons Ag + 2S_2O_3^{2-}$	+0.01
(I)—(0)	$Ag_2CrO_4 + 2e^- \rightleftharpoons 2Ag + CrO_4^{2-}$	+0.4470
(II)—(I)	$Ag^{2+} + e^- \rightleftharpoons Ag^+$	+1.980
(III)—(I)	$Ag_2O_3(s) + 6H^+ + 4e^- \rightleftharpoons 2Ag^+ + 3H_2O$	+1.76
(III)—(II)	$Ag_2O_3(s) + 2H^+ + 2e^- \rightleftharpoons 2AgO\downarrow + H_2O$	+1.71
Al(III)—(0)	$Al^{3+} + 3e^- \rightleftharpoons Al$	-1.662
(III)—(0)	$[AlF_6]^{3-} + 3e^- \rightleftharpoons Al + 6F^-$	-2.069
As(0)—(-III)	$As + 3H^+ + 3e^- \rightleftharpoons AsH_3$	-0.608
(III)—(0)	$HAsO_2(aq) + 3H^+ + 3e^- \rightleftharpoons As + 2H_2O$	+0.248
(V)—(III)	$H_3AsO_4 + 2H^+ + 2e^- \rightleftharpoons HAsO_2 + 2H_2O(1mol \cdot L^{-1}HCl)$	+0.560
Au(I)—(0)	$Au^+ + e^- \rightleftharpoons Au$	+1.692
(I)—(0)	$[AuCl_2]^- + e^- \rightleftharpoons Au(s) + 2Cl^-$	+1.15
(III)—(0)	$Au^{3+} + 3e^- \rightleftharpoons Au$	+1.498
(III)—(0)	$[AuCl_4]^- + 3e^- \rightleftharpoons Au + 4Cl^-$	+1.002
(III)—(I)	$Au^{3+} + 2e^- \rightleftharpoons Au^+$	+1.401
B(III)—(0)	$H_3BO_3 + 3H^+ + 3e^- \rightleftharpoons B + 3H_2O$	-0.8698
Ba(II)—(0)	$Ba^{2+} + 2e^- \rightleftharpoons Ba$	-2.912
Be(II)—(0)	$Be^{2+} + 2e^- \rightleftharpoons Be$	-1.847
Bi(III)—(0)	$Bi^{3+} + 3e^- \rightleftharpoons Bi(s)$	+0.308
(III)—(0)	$BiO^+ + 2H^+ + 3e^- \rightleftharpoons Bi + H_2O$	+0.320

电偶氧化态	电极反应	$E^{\ominus}/V$
(Ⅲ)—(0)	$BiOCl + 2H^+ + 3e^- \Longrightarrow Bi + Cl^- + H_2O$	+0.1583
(Ⅴ)—(Ⅲ)	$Bi_2O_5 + 6H^+ + 4e^- \Longrightarrow 2BiO^+ + 3H_2O$	+1.6
Br(0)—(-Ⅰ)	$Br_2(aq) + 2e^- \Longrightarrow 2Br^-$	+1.0873
(0)—(-Ⅰ)	$Br_2(l) + 2e^- \Longrightarrow 2Br^-$	+1.066
(Ⅰ)—(-Ⅰ)	$HBrO + H^+ + 2e^- \Longrightarrow Br^- + H_2O$	+1.331
(Ⅰ)—(0)	$HBrO + H^+ + e^- \Longrightarrow \frac{1}{2}Br_2(l) + H_2O$	+1.596
Br(Ⅴ)—(-Ⅰ)	$BrO_3^- + 6H^+ + 6e^- \Longrightarrow Br^- + 3H_2O$	+1.423
(Ⅴ)—(0)	$BrO_3^- + 6H^+ + 5e^- \Longrightarrow \frac{1}{2}Br_2 + 3H_2O$	+1.482
C(Ⅳ)—(Ⅱ)	$CO_2(g) + 2H^+ + 2e^- \Longrightarrow HCOOH(aq)$	-0.199
(Ⅳ)—(Ⅱ)	$CO_2(g) + 2H^+ + 2e^- \Longrightarrow CO(g) + H_2O$	-0.12
(Ⅳ)—(Ⅲ)	$2CO_2 + 2H^+ + 2e^- \Longrightarrow H_2C_2O_4(aq)$	-0.49
(Ⅳ)—(Ⅲ)	$2HCNO + 2H^+ + 2e^- \Longrightarrow (CN)_2 + 2H_2O$	+0.33
Ca(Ⅱ)—(0)	$Ca^{2+} + 2e^- \Longrightarrow Ca$	-2.868
Cd(Ⅱ)—(0)	$Cd^{2+} + 2e^- \Longrightarrow Cd$	-0.4030
(Ⅱ)—(0)	$Cd^{2+} + (Hg,饱和) + 2e^- \Longrightarrow Cd(Hg,饱和)$	-0.3521
Ce(Ⅲ)—(0)	$Ce^{3+} + 3e^- \Longrightarrow Ce$	-2.336
(Ⅳ)—(Ⅲ)	$Ce^{4+} + e^- \Longrightarrow Ce^{3+} (1mol \cdot L^{-1} H_2SO_4)$	+1.443
(Ⅳ)—(Ⅲ)	$Ce^{4+} + e^- \Longrightarrow Ce^{3+} (0.5 \sim 2mol \cdot L^{-1} HNO_3)$	+1.616
(Ⅳ)—(Ⅲ)	$Ce^{4+} + e^- \Longrightarrow Ce^{3+} (1mol \cdot L^{-1} HClO_4)$	+1.70
Cl(0)—(-Ⅰ)	$Cl_2(g) + 2e^- \Longrightarrow 2Cl^-$	+1.35827
(Ⅰ)—(-Ⅰ)	$HOCl + H^+ + 2e^- \Longrightarrow Cl^- + H_2O$	+1.482
(Ⅰ)—(0)	$HOCl + H^+ + e^- \Longrightarrow \frac{1}{2}Cl_2 + H_2O$	+1.611
(Ⅲ)—(Ⅰ)	$HClO_2 + 2H^+ + 2e^- \Longrightarrow HClO + H_2O$	+1.645
(Ⅳ)—(Ⅲ)	$ClO_2 + H^+ + e^- \Longrightarrow HClO_2$	+1.277
(Ⅴ)—(-Ⅰ)	$ClO_3^- + 6H^+ + 6e^- \Longrightarrow Cl^- + 3H_2O$	+1.451
(Ⅴ)—(0)	$ClO_3^- + 6H^+ + 5e^- \Longrightarrow \frac{1}{2}Cl_2 + 3H_2O$	+1.47
(Ⅴ)—(Ⅲ)	$ClO_3^- + 3H^+ + 2e^- \Longrightarrow HClO_2 + H_2O$	+1.214
(Ⅴ)—(Ⅳ)	$ClO_3^- + 2H^+ + e^- \Longrightarrow ClO_2(g) + H_2O$	+1.152
(Ⅶ)—(-Ⅰ)	$ClO_4^- + 8H^+ + 8e^- \Longrightarrow Cl^- + 4H_2O$	+1.389
(Ⅶ)—(0)	$ClO_4^- + 8H^+ + 7e^- \Longrightarrow \frac{1}{2}Cl_2 + 4H_2O$	+1.39
(Ⅶ)—(Ⅴ)	$ClO_4^- + 2H^+ + 2e^- \Longrightarrow ClO_3^- + H_2O$	+1.189
Co(Ⅱ)—(0)	$Co^{2+} + 2e^- \Longrightarrow Co$	-0.24
(Ⅲ)—(Ⅱ)	$Co^{3+} + e^- \Longrightarrow Co^{2+} (3mol \cdot L^{-1} HNO_3)$	+1.842

电偶氧化态	电极反应	$E^{\ominus}/V$
Cr(Ⅲ)—(0)	$Cr^{3+} + 3e^- \rightleftharpoons Cr$	-0.744
(Ⅱ)—(0)	$Cr^{2+} + 2e^- \rightleftharpoons Cr$	-0.913
(Ⅲ)—(Ⅱ)	$Cr^{3+} + e^- \rightleftharpoons Cr^{2+}$	-0.407
(Ⅵ)—(Ⅲ)	$Cr_2O_7^{2-} + 14H^+ + 6e^- \rightleftharpoons 2Cr^{3+} + 7H_2O$	+1.232
(Ⅵ)—(Ⅲ)	$HCrO_4^- + 7H^+ + 3e^- \rightleftharpoons Cr^{3+} + 4H_2O$	+1.350
Cs(Ⅰ)—(0)	$Cs^+ + e^- \rightleftharpoons Cs$	-3.026
Cu(Ⅰ)—(0)	$Cu^+ + e^- \rightleftharpoons Cu$	+0.521
(Ⅰ)—(0)	$Cu_2O(s) + 2H^+ + 2e^- \rightleftharpoons 2Cu + H_2O$	-0.36
(Ⅰ)—(0)	$CuI + e^- \rightleftharpoons Cu + I^-$	-0.185
(Ⅰ)—(0)	$CuBr + e^- \rightleftharpoons Cu + Br^-$	+0.033
(Ⅰ)—(0)	$CuCl + e^- \rightleftharpoons Cu + Cl^-$	+0.137
(Ⅱ)—(0)	$Cu^{2+} + 2e^- \rightleftharpoons Cu$	+0.3419
(Ⅱ)—(Ⅰ)	$Cu^{2+} + e^- \rightleftharpoons Cu^+$	+0.153
(Ⅱ)—(Ⅰ)	$Cu^{2+} + Br^- + e^- \rightleftharpoons CuBr$	+0.640
(Ⅱ)—(Ⅰ)	$Cu^{2+} + Cl^- + e^- \rightleftharpoons CuCl$	+0.538
(Ⅱ)—(Ⅰ)	$Cu^{2+} + I^- + e^- \rightleftharpoons CuI$	+0.86
F(0)—(-Ⅰ)	$F_2 + 2e^- \rightleftharpoons 2F^-$	+2.866
(0)—(-Ⅰ)	$F_2(g) + 2H^+ + 2e^- \rightleftharpoons 2HF(aq)$	+3.053
Fe(Ⅱ)—(0)	$Fe^{2+} + 2e^- \rightleftharpoons Fe$	-0.447
(Ⅲ)—(0)	$Fe^{3+} + 3e^- \rightleftharpoons Fe$	-0.037
(Ⅲ)—(Ⅱ)	$Fe^{3+} + e^- \rightleftharpoons Fe^{2+} (1mol \cdot L^{-1} HCl)$	+0.771
(Ⅲ)—(Ⅱ)	$[Fe(CN)_6]^{3-} + e^- \rightleftharpoons [Fe(CN)_6]^{4-}$	+0.358
(Ⅵ)—(Ⅲ)	$FeO_4^{2-} + 8H^+ + 3e^- \rightleftharpoons Fe^{3+} + 4H_2O$	+2.20
(8/3)—(Ⅱ)	$Fe_3O_4(s) + 8H^+ + 2e^- \rightleftharpoons 3Fe^{2+} + 4H_2O$	+1.23
Ga(Ⅲ)—(0)	$Ga^{3+} + 3e^- \rightleftharpoons Ga$	-0.549
Ge(Ⅳ)—(0)	$H_2GeO_3 + 4H^+ + 4e^- \rightleftharpoons Ge + 3H_2O$	-0.182
H(0)—(-Ⅰ)	$H_2(g) + 2e^- \rightleftharpoons 2H^-$	-2.25
(Ⅰ)—(0)	$2H^+ + 2e^- \rightleftharpoons H_2(g)$	0
(Ⅰ)—(0)	$2H^+ ([H^+] = 10^{-7} mol \cdot L^{-1}) + 2e^- \rightleftharpoons H_2$	-0.414
Hg(Ⅰ)—(0)	$Hg_2^{2+} + 2e^- \rightleftharpoons 2Hg$	+0.7973
(Ⅰ)—(0)	$Hg_2Cl_2 + 2e^- \rightleftharpoons 2Hg + 2Cl^-$	+0.26808
(Ⅰ)—(0)	$Hg_2I_2 + 2e^- \rightleftharpoons 2Hg + 2I^-$	-0.0405
(Ⅱ)—(0)	$Hg^{2+} + 2e^- \rightleftharpoons Hg$	+0.851

电偶氧化态	电极反应	$E^{\ominus}/V$
（Ⅱ）—（0）	$[HgI_4]^{2-} + 2e^- \rightleftharpoons Hg + 4I^-$	-0.04
（Ⅱ）—（Ⅰ）	$2Hg^{2+} + 2e^- \rightleftharpoons Hg_2^{2+}$	$+0.920$
I （0）—（$-$Ⅰ）	$I_2 + 2e^- \rightleftharpoons 2I^-$	$+0.5355$
（0）—（$-$Ⅰ）	$I_3^- + 2e^- \rightleftharpoons 3I^-$	$+0.536$
（Ⅰ）—（$-$Ⅰ）	$HIO + H^+ + 2e^- \rightleftharpoons I^- + H_2O$	$+0.987$
（Ⅰ）—（0）	$HIO + H^+ + e^- \rightleftharpoons \frac{1}{2}I_2 + H_2O$	$+1.439$
（Ⅴ）—（$-$Ⅰ）	$IO_3^- + 6H^+ + 6e^- \rightleftharpoons I^- + 3H_2O$	$+1.085$
（Ⅴ）—（0）	$IO_3^- + 6H^+ + 5e^- \rightleftharpoons \frac{1}{2}I_2 + 3H_2O$	$+1.195$
（Ⅶ）—（Ⅴ）	$H_5IO_6 + H^+ + 2e^- \rightleftharpoons IO_3^- + 3H_2O$	$+1.601$
In（Ⅰ）—（0）	$In^+ + e^- \rightleftharpoons In$	-0.14
（Ⅲ）—（0）	$In^{3+} + 3e^- \rightleftharpoons In$	-0.3382
K（Ⅰ）—（0）	$K^+ + e^- \rightleftharpoons K$	-2.931
La（Ⅲ）—（0）	$La^{3+} + 3e^- \rightleftharpoons La$	-2.379
Li（Ⅰ）—（0）	$Li^+ + e^- \rightleftharpoons Li$	-3.0401
Mg（Ⅱ）—（0）	$Mg^{2+} + 2e^- \rightleftharpoons Mg$	-2.372
Mn（Ⅱ）—（0）	$Mn^{2+} + 2e^- \rightleftharpoons Mn$	-1.185
（Ⅲ）—（Ⅱ）	$Mn^{3+} + e^- \rightleftharpoons Mn^{2+}$	$+1.5415$
（Ⅳ）—（Ⅱ）	$MnO_2 + 4H^+ + 2e^- \rightleftharpoons Mn^{2+} + 2H_2O$	$+1.224$
（Ⅳ）—（Ⅲ）	$2MnO_2(s) + 2H^+ + 2e^- \rightleftharpoons Mn_2O_3(s) + H_2O$	$+1.04$
（Ⅶ）—（Ⅱ）	$MnO_4^- + 8H^+ + 5e^- \rightleftharpoons Mn^{2+} + 4H_2O$	$+1.507$
（Ⅶ）—（Ⅳ）	$MnO_4^- + 4H^+ + 3e^- \rightleftharpoons MnO_2 + 2H_2O$	$+1.679$
（Ⅶ）—（Ⅵ）	$MnO_4^- + e^- \rightleftharpoons MnO_4^{2-}$	$+0.558$
Mo（Ⅲ）—（0）	$Mo^{3+} + 3e^- \rightleftharpoons Mo$	-0.200
（Ⅵ）—（0）	$H_2MoO_4 + 6H^+ + 6e^- \rightleftharpoons Mo + 4H_2O$	0.0
N（Ⅰ）—（0）	$N_2O + 2H^+ + 2e^- \rightleftharpoons N_2 + H_2O$	$+1.766$
（Ⅱ）—（Ⅰ）	$2NO + 2H^+ + 2e^- \rightleftharpoons N_2O + H_2O$	$+1.591$
（Ⅲ）—（Ⅰ）	$2HNO_2 + 4H^+ + 4e^- \rightleftharpoons N_2O + 3H_2O$	$+1.297$
（Ⅲ）—（Ⅱ）	$HNO_2 + H^+ + e^- \rightleftharpoons NO + H_2O$	$+0.983$
（Ⅳ）—（Ⅱ）	$N_2O_4 + 4H^+ + 4e^- \rightleftharpoons 2NO + 2H_2O$	$+1.035$
（Ⅳ）—（Ⅲ）	$N_2O_4 + 2H^+ + 2e^- \rightleftharpoons 2HNO_2$	$+1.065$
（Ⅴ）—（Ⅲ）	$NO_3^- + 3H^+ + 2e^- \rightleftharpoons HNO_2 + H_2O$	$+0.934$
（Ⅴ）—（Ⅱ）	$NO_3^- + 4H^+ + 3e^- \rightleftharpoons NO + 2H_2O$	$+0.957$
（Ⅴ）—（Ⅳ）	$2NO_3^- + 4H^+ + 2e^- \rightleftharpoons N_2O_4 + 2H_2O$	$+0.803$

续表

电偶氧化态	电极反应	$E^{\ominus}/V$
Na(I)—(0)	$Na^+ + e^- \rightleftharpoons Na$	-2.7
(I)—(0)	$Na^+ + (Hg) + e^- \rightleftharpoons Na(Hg)$	-1.84
Ni(II)—(0)	$Ni^{2+} + 2e^- \rightleftharpoons Ni$	-0.257
(III)—(II)	$Ni(OH)_3 + 3H^+ + e^- \rightleftharpoons Ni^{2+} + 3H_2O$	$+2.08$
(IV)—(II)	$NiO_2 + 4H^+ + 2e^- \rightleftharpoons Ni^{2+} + 2H_2O$	$+1.678$
O(0)—($-$ II)	$O_3 + 2H^+ + 2e^- \rightleftharpoons O_2 + H_2O$	$+2.076$
(0)—($-$ II)	$O_2 + 4H^+ + 4e^- \rightleftharpoons 2H_2O$	$+1.229$
(0)—($-$ II)	$O(g) + 2H^+ + 2e^- \rightleftharpoons H_2O$	$+2.421$
(0)—($-$ II)	$\frac{1}{2}O_2 + 2H^+ (10^{-7} mol \cdot L^{-1}) + 2e^- \rightleftharpoons H_2O$	$+0.815$
(0)—($-$ I)	$O_2 + 2H^+ + 2e^- \rightleftharpoons H_2O_2$	$+0.695$
($-$ I)—($-$ II)	$H_2O_2 + 2H^+ + 2e^- \rightleftharpoons 2H_2O$	$+1.776$
(II)—($-$ II)	$F_2O + 2H^+ + 4e^- \rightleftharpoons H_2O + 2F^-$	$+2.153$
P(0)—($-$ III)	$P + 3H^+ + 3e^- \rightleftharpoons PH_3(g)$	-0.063
(I)—(0)	$H_3PO_2 + H^+ + e^- \rightleftharpoons P + 2H_2O$	-0.508
(III)—(I)	$H_3PO_3 + 2H^+ + 2e^- \rightleftharpoons H_3PO_2 + H_2O$	-0.499
(V)—(III)	$H_3PO_4 + 2H^+ + 2e^- \rightleftharpoons H_3PO_3 + H_2O$	-0.276
Pb(II)—(0)	$Pb^{2+} + 2e^- \rightleftharpoons Pb$	-0.1262
(II)—(0)	$PbCl_2 + 2e^- \rightleftharpoons Pb + 2Cl^-$	-0.2675
(II)—(0)	$PbI_2 + 2e^- \rightleftharpoons Pb + 2I^-$	-0.365
(II)—(0)	$PbSO_4 + 2e^- \rightleftharpoons Pb + SO_4^{2-}$	-0.3588
(II)—(0)	$PbSO_4 + (Hg) + 2e^- \rightleftharpoons Pb(Hg) + SO_4^{2-}$	-0.3505
(IV)—(II)	$PbO_2 + 4H^+ + 2e^- \rightleftharpoons Pb^{2+} + 2H_2O$	$+1.455$
(IV)—(II)	$PbO_2 + SO_4^{2-} + 4H^+ + 2e^- \rightleftharpoons PbSO_4 + 2H_2O$	$+1.6913$
(IV)—(II)	$PbO_2 + 2H^+ + 2e^- \rightleftharpoons PbO(s) + H_2O$	$+0.28$
Pd(II)—(0)	$Pd^{2+} + 2e^- \rightleftharpoons Pd$	$+0.951$
(IV)—(II)	$[PdCl_6]^{2-} + 2e^- \rightleftharpoons [PdCl_4]^{2-} + 2Cl^-$	$+1.288$
Pt(II)—(0)	$Pt^{2+} + 2e^- \rightleftharpoons Pt$	$+1.118$
(II)—(0)	$[PtCl_4]^{2-} + 2e^- \rightleftharpoons Pt + 4Cl^-$	$+0.7555$
(II)—(0)	$Pt(OH)_2 + 2H^+ + 2e^- \rightleftharpoons Pt + 2H_2O$	$+0.98$
(IV)—(II)	$[PtCl_6]^{2-} + 2e^- \rightleftharpoons [PtCl_4]^{2-} + 2Cl^-$	$+0.68$
Rb(I)—(0)	$Rb^+ + e^- \rightleftharpoons Rb$	-2.98
S($-$ I)—($-$ II)	$(CNS)_2 + 2e^- \rightleftharpoons 2CNS^-$	$+0.77$
(0)—($-$ II)	$S + 2H^+ + 2e^- \rightleftharpoons H_2S(aq)$	$+0.142$

电偶氧化态	电极反应	$E^{\ominus}/V$
(IV)—(0)	$H_2SO_3 + 4H^+ + 4e^- \Longrightarrow S + 3H_2O$	+0.449
(IV)—(0)	$S_2O_3^{2-} + 6H^+ + 4e^- \Longrightarrow 3H_2O + 2S$	+0.5
(IV)—(II)	$2H_2SO_3 + 2H^+ + 4e^- \Longrightarrow S_2O_3^{2-} + 3H_2O$	+0.40
(IV)—(5/2)	$H_2SO_3 + 4H^+ + 6e^- \Longrightarrow S_4O_6^{2-} + 6H_2O$	+0.51
(VI)—(IV)	$SO_4^{2-} + 4H^+ + 2e^- \Longrightarrow H_2SO_3 + H_2O$	+0.172
(VII)—(VI)	$S_2O_8^{2-} + 2e^- \Longrightarrow 2SO_4^{2-}$	+2.010
Sb(III)—(0)	$Sb_2O_3 + 6H^+ + 6e^- \Longrightarrow 2Sb + 3H_2O$	+0.152
(III)—(0)	$SbO^+ + 2H^+ + 3e^- \Longrightarrow Sb + H_2O$	+0.212
(V)—(III)	$Sb_2O_5 + 6H^+ + 4e^- \Longrightarrow 2SbO^+ + 3H_2O$	+0.581
Se(0)—(-II)	$Se + 2e^- \Longrightarrow Se^{2-}$	-0.924
(0)—(-II)	$Se + 2H^+ + 2e^- \Longrightarrow H_2Se(aq)$	-0.399
(IV)—(0)	$H_2SeO_3 + 4H^+ + 4e^- \Longrightarrow Se + 3H_2O$	+0.74
(VI)—(IV)	$SeO_4^{2-} + 4H^+ + 2e^- \Longrightarrow H_2SeO_3 + H_2O$	+1.151
Si(0)—(-IV)	$Si + 4H^+ + 4e^- \Longrightarrow SiH_4(g)$	+0.102
(IV)—(0)	$SiO_2 + 4H^+ + 4e^- \Longrightarrow Si + 2H_2O$	-0.857
(IV)—(0)	$[SiF_6]^{2-} + 4e^- \Longrightarrow Si + 6F^-$	-0.124
Sn(II)—(0)	$Sn^{2+} + 2e^- \Longrightarrow Sn$	-0.1375
(IV)—(II)	$Sn^{4+} + 2e^- \Longrightarrow Sn^{2+}$	+0.151
Sr(II)—(0)	$Sr^{2+} + 2e^- \Longrightarrow Sr$	-2.899
Ti(II)—(0)	$Ti^{2+} + 2e^- \Longrightarrow Ti$	-1.630
(IV)—(0)	$TiO^{2+} + 2H^+ + 4e^- \Longrightarrow Ti + H_2O$	-0.89
(IV)—(0)	$TiO_2 + 4H^+ + 4e^- \Longrightarrow Ti + 2H_2O$	-0.86
(IV)—(III)	$TiO^{2+} + 2H^+ + e^- \Longrightarrow Ti^{3+} + H_2O$	+0.1
(III)—(II)	$Ti^{3+} + e^- \Longrightarrow Ti^{2+}$	-0.9
V(II)—(0)	$V^{2+} + 2e^- \Longrightarrow V$	-1.175
(III)—(II)	$V^{3+} + e^- \Longrightarrow V^{2+}$	-0.255
(IV)—(II)	$V^{4+} + 2e^- \Longrightarrow V^{2+}$	-1.186
(IV)—(III)	$VO^{2+} + 2H^+ + e^- \Longrightarrow V^{3+} + H_2O$	+0.337
(V)—(0)	$V(OH)_4^+ + 4H^+ + 5e^- \Longrightarrow V + 4H_2O$	-0.254
(V)—(IV)	$V(OH)_4^+ + 2H^+ + e^- \Longrightarrow VO^{2+} + 3H_2O$	+1.00
(VI)—(IV)	$VO_2^+ + 4H^+ + 2e^- \Longrightarrow V^{4+} + 2H_2O$	+0.62
Zn(II)—(0)	$Zn^{2+} + 2e^- \Longrightarrow Zn$	-0.7618

附表 8 - 2　在碱性溶液中的标准电极电势

电偶氧化态	电极反应	$E^\ominus/V$
Ag(I)—(0)	$AgCN + e^- \Longrightarrow Ag + CN^-$	- 0. 017
(I)—(0)	$[Ag(CN)_2]^- + e^- \Longrightarrow Ag + 2CN^-$	- 0. 31
(I)—(0)	$[Ag(NH_3)_2]^+ + e^- \Longrightarrow Ag + 2NH_3$	+ 0. 373
(I)—(0)	$Ag_2O + H_2O + 2e^- \Longrightarrow 2Ag + 2OH^-$	+ 0. 342
(I)—(0)	$Ag_2S + 2e^- \Longrightarrow 2Ag + S^{2-}$	- 0. 691
(II)—(I)	$2AgO + H_2O + 2e^- \Longrightarrow Ag_2O + 2OH^-$	+ 0. 607
Al(III)—(0)	$H_2AlO_3^- + H_2O + 3e^- \Longrightarrow Al + 4OH^-$	- 2. 33
As(III)—(0)	$AsO_2^- + 2H_2O + 3e^- \Longrightarrow As + 4OH^-$	- 0. 68
(V)—(III)	$AsO_4^{3-} + 2H_2O + 2e^- \Longrightarrow AsO_2^- + 4OH^-$	- 0. 71
Au(I)—(0)	$[Au(CN)_2]^- + e^- \Longrightarrow Au + 2CN^-$	- 0. 60
B(III)—(0)	$H_2BO_3^- + H_2O + 3e^- \Longrightarrow B + 4OH^-$	- 1. 79
Ba(II)—(0)	$Ba(OH)_2 \cdot 8H_2O + 2e^- \Longrightarrow Ba + 2OH^- + 8H_2O$	- 2. 99
Be(II)—(0)	$Be_2O_3^{2-} + 3H_2O + 4e^- \Longrightarrow 2Be + 6OH^-$	- 2. 63
Bi(III)—(0)	$Bi_2O_3 + 3H_2O + 6e^- \Longrightarrow 2Bi + 6OH^-$	- 0. 46
Br(II)—(- I)	$BrO^- + H_2O + 2e^- \Longrightarrow Br^- + 2OH^- (1mol \cdot L^{-1} NaOH)$	+ 0. 761
(I)—(0)	$2BrO^- + 2H_2O + 2e^- \Longrightarrow Br_2 + 4OH^-$	+ 0. 45
(V)—(- I)	$BrO_3^- + 3H_2O + 6e^- \Longrightarrow Br^- + 6OH^-$	+ 0. 61
Ca(II)—(0)	$Ca(OH)_2 + 2e^- \Longrightarrow Ca + 2OH^-$	- 3. 02
Cd(II)—(0)	$Cd(OH)_2 + 2e^- \Longrightarrow Cd + 2OH^-$	- 0. 809
Cl(I)—(- I)	$ClO^- + H_2O + 2e^- \Longrightarrow Cl^- + 2OH^-$	+ 0. 81
(III)—(- I)	$ClO_2^- + 2H_2O + 4e^- \Longrightarrow Cl^- + 4OH^-$	+ 0. 76
(III)—(I)	$ClO_2^- + H_2O + 2e^- \Longrightarrow ClO^- + 2OH^-$	+ 0. 66
(V)—(- I)	$ClO_3^- + 3H_2O + 6e^- \Longrightarrow Cl^- + 6OH^-$	+ 0. 62
(V)—(III)	$ClO_3^- + H_2O + 2e^- \Longrightarrow ClO_2^- + 2OH^-$	+ 0. 33
(VII)—(V)	$ClO_4^- + H_2O + 2e^- \Longrightarrow ClO_3^- + 2OH^-$	+ 0. 36
Co(II)—(0)	$Co(OH)_2 + 2e^- \Longrightarrow Co + 2OH^-$	- 0. 73
(III)—(II)	$Co(OH)_3 + e^- \Longrightarrow Co(OH)_2 + OH^-$	+ 0. 17
(III)—(II)	$[Co(NH_3)_6]^{3+} + e^- \Longrightarrow [Co(NH_3)_6]^{2+}$	+ 0. 108
Cr(III)—(0)	$Cr(OH)_3 + 3e^- \Longrightarrow Cr + 3OH^-$	- 1. 48
(III)—(0)	$CrO_2^- + 3H_2O + 3e^- \Longrightarrow Cr + 4OH^-$	- 1. 2
(VI)—(III)	$CrO_4^{2-} + 4H_2O + 3e^- \Longrightarrow Cr(OH)_3 + 5OH^-$	- 0. 13
Cu(I)—(0)	$[Cu(CN)_2]^- + e^- \Longrightarrow Cu + 2CN^-$	- 0. 429
(I)—(0)	$[Cu(NH_3)_2]^+ + e^- \Longrightarrow Cu + 2NH_3$	- 0. 12
(I)—(0)	$Cu_2O + H_2O + 2e^- \Longrightarrow 2Cu + 2OH^-$	- 0. 360

电偶氧化态	电极反应	$E^{\ominus}/V$
Fe(Ⅱ)—(0)	$Fe(OH)_2 + 2e^- \rightleftharpoons Fe + 2OH^-$	-0.877
(Ⅲ)—(Ⅱ)	$Fe(OH)_3 + e^- \rightleftharpoons Fe(OH)_2 + OH^-$	-0.56
(Ⅲ)—(Ⅱ)	$[Fe(CN)_6]^{3-} + e^- \rightleftharpoons [Fe(CN)_6]^{4-}$ $(0.01\,mol \cdot L^{-1}\,NaOH)$	$+0.358$
H(Ⅰ)—(0)	$2H_2O + 2e^- \rightleftharpoons H_2 + 2OH^-$	-0.8277
Hg(Ⅱ)—(0)	$HgO + H_2O + 2e^- \rightleftharpoons Hg + 2OH^-$	$+0.0977$
I(Ⅰ)—(−Ⅰ)	$IO^- + H_2O + 2e^- \rightleftharpoons I^- + 2OH^-$	$+0.485$
(Ⅴ)—(−Ⅰ)	$IO_3^- + 3H_2O + 6e^- \rightleftharpoons I^- + 6OH^-$	$+0.26$
(Ⅶ)—(Ⅴ)	$H_3IO_6^{2-} + 2e^- \rightleftharpoons IO_3^- + 3OH^-$	$+0.7$
La(Ⅲ)—(0)	$La(OH)_3 + 3e^- \rightleftharpoons La + 3OH^-$	-2.90
Mg(Ⅱ)—(0)	$Mg(OH)_2 + 2e^- \rightleftharpoons Mg + 2OH^-$	-2.690
Mn(Ⅱ)—(0)	$Mn(OH)_2 + 2e^- \rightleftharpoons Mn + 2OH^-$	-1.56
(Ⅳ)—(Ⅱ)	$MnO_2 + 2H_2O + 2e^- \rightleftharpoons Mn(OH)_2 + 2OH^-$	-0.05
(Ⅵ)—(Ⅳ)	$MnO_4^{2-} + 2H_2O + 2e^- \rightleftharpoons MnO_2 + 4OH^-$	$+0.60$
(Ⅶ)—(Ⅳ)	$MnO_4^- + 2H_2O + 3e^- \rightleftharpoons MnO_2 + 4OH^-$	$+0.595$
Mo(Ⅵ)—(0)	$MoO_4^{2-} + 4H_2O + 6e^- \rightleftharpoons Mo + 8OH^-$	-0.92
N(Ⅴ)—(Ⅲ)	$NO_3^- + H_2O + 2e^- \rightleftharpoons NO_2^- + 2OH^-$	$+0.01$
(Ⅴ)—(Ⅳ)	$2NO_3^- + 2H_2O + 2e^- \rightleftharpoons N_2O_4 + 4OH^-$	-0.85
Ni(Ⅱ)—(0)	$Ni(OH)_2 + 2e^- \rightleftharpoons Ni + 2OH^-$	-0.72
(Ⅲ)—(Ⅱ)	$Ni(OH)_3 + e^- \rightleftharpoons Ni(OH)_2 + OH^-$	$+0.48$
O(0)—(−Ⅱ)	$O_2 + 2H_2O + 4e^- \rightleftharpoons 4OH^-$	$+0.401$
(0)—(−Ⅱ)	$O_3 + H_2O + 2e^- \rightleftharpoons O_2 + 2OH^-$	$+1.24$
P(0)—(−Ⅲ)	$P + 3H_2O + 3e^- \rightleftharpoons PH_3(g) + 3OH^-$	-0.87
(Ⅴ)—(Ⅲ)	$PO_4^{3-} + 2H_2O + 2e^- \rightleftharpoons HPO_3^{2-} + 3OH^-$	-1.05
Pb(Ⅳ)—(Ⅱ)	$PbO_2 + H_2O + 2e^- \rightleftharpoons PbO + 2OH^-$	$+0.47$
Pt(Ⅱ)—(0)	$Pt(OH)_2 + 2e^- \rightleftharpoons Pt + 2OH^-$	$+0.14$
S(0)—(−Ⅱ)	$S + 2e^- \rightleftharpoons S^{2-}$	-0.47627
(5/2)—(Ⅱ)	$S_4O_6^{2-} + 2e^- \rightleftharpoons 2S_2O_3^{2-}$	$+0.08$
(Ⅳ)—(−Ⅱ)	$SO_3^{2-} + 3H_2O + 6e^- \rightleftharpoons S^{2-} + 6OH^-$	-0.66
(Ⅳ)—(Ⅱ)	$2SO_3^{2-} + 3H_2O + 4e^- \rightleftharpoons S_2O_3^{2-} + 6OH^-$	-0.571
(Ⅳ)—(Ⅳ)	$SO_4^{2-} + H_2O + 2e^- \rightleftharpoons SO_3^{2-} + 2OH^-$	-0.93
Sb(Ⅲ)—(0)	$SbO_2^- + 2H_2O + 3e^- \rightleftharpoons Sb + 4OH^-$	-0.66
(Ⅴ)—(Ⅲ)	$H_3SbO_6^{4-} + 2e^- + H_2O \rightleftharpoons SbO_2^- + 5OH^-$	-0.40
Se(Ⅵ)—(Ⅳ)	$SeO_4^{2-} + H_2O + 2e^- \rightleftharpoons SeO_3^{2-} + 2OH^-$	$+0.05$
Si(Ⅳ)—(0)	$SiO_3^{2-} + 3H_2O + 4e^- \rightleftharpoons Si + 6OH^-$	-1.697

续表

电偶氧化态	电极反应	$E^{\ominus}/V$
Sn(Ⅱ)—(0)	$SnS + 2e^- \Longrightarrow Sn + S^{2-}$	-0.94
(Ⅱ)—(0)	$HSnO_2^- + H_2O + 2e^- \Longrightarrow Sn + 3OH^-$	-0.909
(Ⅳ)—(Ⅱ)	$[Sn(OH)_6]^{2-} + 2e^- \Longrightarrow HSnO_2^- + 3OH^- + H_2O$	-0.93
Zn(Ⅱ)—(0)	$[Zn(CN)_4]^{2-} + 2e^- \Longrightarrow Zn + 4CN^-$	-1.26
(Ⅱ)—(0)	$[Zn(NH_3)_4]^{2+} + 2e^- \Longrightarrow Zn + 4NH_3(aq)$	-1.04
(Ⅱ)—(0)	$Zn(OH)_2 + 2e^- \Longrightarrow Zn + 2OH^-$	-1.249
(Ⅱ)—(0)	$ZnO_2^{2-} + 2H_2O + 2e^- \Longrightarrow Zn + 4OH^-$	-1.216
(Ⅱ)—(0)	$ZnS + 2e^- \Longrightarrow Zn + S^{2-}$	-1.44

注：表中数据大部分摘自 Lide D R. Handbook of Chemistry and Physics：97th Ed. 2016—2017。

附录9 某些特殊试剂的配制

附表 9-1 某些特殊试剂的配制

试剂	浓度/ mol·L^{-1}	配制方法
BiCl$_3$	0.1	溶解 31.6g BiCl$_3$ 于 330mL 6mol·L^{-1} HCl 中，加水稀释至 1L
SbCl$_3$	0.1	溶解 22.8g SbCl$_3$ 于 330mL 6mol·L^{-1} HCl 中，加水稀释至 1L
SnCl$_2$	0.1	22.6g SnCl$_2$·2H$_2$O 加到 330mL 6mol·L^{-1} HCl 中加热溶解后，加水稀释至 1L，加入数粒纯锡，以防氧化
Hg(NO$_3$)$_2$	0.1	溶解 33.4g Hg(NO$_3$)$_2$·0.5H$_2$O 于 0.6mol·L^{-1} HNO$_3$ 中，加水稀释至 1L
Hg$_2$(NO$_3$)$_2$	0.1	溶解 56.1g Hg$_2$(NO$_3$)$_2$·2H$_2$O 于 0.6mol·L^{-1} HNO$_3$ 中，加水稀释至 1L，并加少许金属汞
(NH$_4$)$_2$CO$_3$	1	96g 研细的 (NH$_4$)$_2$CO$_3$ 溶于 1L 2mol·L^{-1} 氨水中
(NH$_4$)$_2$SO$_4$	饱和	50g(NH$_4$)$_2$SO$_4$ 溶于 100mL 热水，冷却后过滤
FeCl$_3$	0.5	135.2g FeCl$_3$·6H$_2$O 溶于 100mL 6mol·L^{-1} HCl 中，加水稀释至 1L
CrCl$_3$	0.1	26.7g CrCl$_3$·6H$_2$O 溶于 30mL 6mol·L^{-1} HCl 中，加水稀释至 1L
Pb(NO$_3$)$_2$	0.25	83g Pb(NO$_3$)$_2$ 溶于少量水中，加入 15mL 6mol·L^{-1} HNO$_3$，加水稀释至 1L
FeSO$_4$	0.5	69.5g FeSO$_4$·7H$_2$O 溶于适量水中，加入 5mL 浓硫酸，再加水稀释至 1L，置入小铁钉数枚
Na[Sb(OH)$_6$]	0.1	溶解 12.2g 锑粉于 50mL 浓 HNO$_3$ 中微热，使锑粉全部作用成白色粉末，用倾析法洗涤数次，然后加入 50mL 6mol·L^{-1} NaOH，使之溶解后加水稀释至 1L
Na$_3$[Co(NO$_2$)$_6$]		溶解 230g NaNO$_2$ 于 500mL 水中，加入 165mL 6mol·L^{-1} HAc 和 30g Co(NO$_3$)$_2$·6H$_2$O，放置 24h，取其清液，稀释至 1L，保存在棕色瓶中。此溶液为橙色，若变红色，表示已分解，应重新配制
醋酸铀酰锌		(1)10g UO$_2$(Ac)$_2$·2H$_2$O 和 6mL 6mol·L^{-1} HAc 溶于 50mL 水中 (2)30g Zn(Ac)$_2$·2H$_2$O 和 3mL 6mol·L^{-1} HCl 溶于 50mL 水中 (3)将(1)和(2)两种溶液混合，24h 后取清液使用
Na$_2$S	1	溶解 120g Na$_2$S·9H$_2$O 和 20g NaOH 于水中，稀释至 1L

续表

试剂	浓度/ mol·L^{-1}	配制方法
仲钼酸铵 $(NH_4)_6Mo_7O_{24}$	0.1	溶解 124g $(NH_4)_6Mo_7O_{24}\cdot4H_2O$ 于 1L 水中，将所得溶液倒入 1L 6mol·L^{-1} HNO$_3$ 中，放置 24h，取其清液
$(NH_4)_2S$	3	取一定量的氨水，将其均分为 2 份，往其中一份通 H$_2$S 气体至饱和，再与另一份氨水混合即可
$K_3[Fe(CN)_6]$		取 0.7~1g $K_3[Fe(CN)_6]$ 溶解于水中，稀释至 100mL(使用前临时配制)
硫代乙酰胺	50g·L^{-1}	5g 硫代乙酰胺溶于 100mL 水中
钙指示剂	2g·L^{-1}	0.2g 钙指示剂溶于 100mL 水中
二苯胺		将 1g 二苯胺在搅拌下溶于 100mL 98% 浓硫酸或 100mL 85% 浓磷酸中
镍试剂(丁二酮肟)		溶解 10g 丁二酮肟于 1L 95% 乙醇中
镁试剂		溶解 0.01g 镁试剂于 1L 1mol·L^{-1} NaOH 溶液中
铝试剂		1g 铝试剂溶于 1L 水中
奈氏试剂		溶解 115g HgI$_2$ 和 80g KI 于水中，稀释至 500mL，加入 500mL 6mol·L^{-1} NaOH 溶液，静置后，取其清液，保存在棕色瓶中
对氨基苯磺酸	0.34	0.5g 对氨基苯磺酸溶于 150mL 2mol·L^{-1} HAc 溶液中
α-萘胺	0.12	0.3g α-萘胺加 20mL 水，加热煮沸，在所得溶液中加入 150mL 2mol·L^{-1} HAc
碘液	0.01	溶解 1.3g 碘和 5g KI 于尽可能少的水中，加水稀释至 1L
淀粉溶液	2g·L^{-1}	将 0.2g 淀粉和少量的冷水调成糊状，倒入 100mL 沸水中，煮沸后冷却即可
石蕊		2g 石蕊溶于 50mL 水中，静置一昼夜后过滤，在滤液中加 30mL 95% 乙醇，再加水稀释至 100mL
品红		0.1% 的水溶液
NH$_3$-NH$_4$Cl 缓冲溶液	pH = 10	20g NH$_4$Cl 溶于适量水中，加入 100mL 浓氨水，混合后稀释至 1L
Na$_2$[Fe(CN)$_5$NO] 五氰亚硝酰合铁(Ⅲ)酸钠		10g 亚硝酰铁氰酸钠溶于 100mL 水中。保存于棕色瓶内，如果溶液变绿就不能用了

附录10 常见离子和化合物的颜色

附表 10-1 常见离子的颜色

序号	物质	颜色	序号	物质	颜色
1. 铬	$[Cr(H_2O)_6]^{2+}$	天蓝色	5. 钴	$[Co(H_2O)_6]^{2+}$	粉红色
	$[Cr(H_2O)_6]^{3+}$	蓝紫色		$[Co(NH_3)_6]^{2+}$	土黄色
	$[Cr(NH_3)_6]^{3+}$	黄色		$[Co(NH_3)_6]^{3+}$	橙黄色
	$[Cr(H_2O)_5Cl]^{2+}$	蓝绿色		$[CoCl(NH_3)_5]^{2+}$	红紫色
	$[Cr(H_2O)_4Cl_2]^{+}$	绿色		$[Co(NH_3)_5(H_2O)]^{3+}$	粉红色
	$[Cr(OH)_4]^{-}$	亮绿色		$[Co(NH_3)_4(CO_3)]^{+}$	紫红色
	$[Cr(NH_3)_2(H_2O)_4]^{3+}$	紫红色		$[Co(CN)_6]^{3-}$	紫色
	$[Cr(NH_3)_3(H_2O)_3]^{3+}$	浅红色		$[Co(SCN)_4]^{2-}$	蓝色
	$[Cr(NH_3)_4(H_2O)_2]^{3+}$	橙红色	6. 铜	$[Cu(H_2O)_4]^{2+}$	蓝色
	$[Cr(NH_3)_5(H_2O)]^{3+}$	橙黄色		$[Cu(NH_3)_4]^{2+}$	深蓝色
	$[Cr(NH_3)_6]^{3+}$	黄色		$[Cu(OH)_4]^{-}$	亮蓝色
	CrO_4^{2-}	黄色		$[CuCl_2]^{-}$	无色
	$Cr_2O_7^{2-}$	橙色		$[Cu(NH_3)_2]^{+}$	无色
2. 钛	$[Ti(H_2O)_6]^{3+}$	紫色		$[CuCl_4]^{2-}$	黄色
	$[TiO(H_2O_2)]^{3+}$	橘黄色	7. 锰	$[Mn(H_2O)_6]^{2+}$	肉色
	$[TiCl(H_2O)_5]^{2+}$	绿色		MnO_4^{2-}	绿色
	TiO^{2+}	无色		MnO_4^{-}	紫红色
3. 碘	I_3^{-}	浅棕黄色	8. 钒	$[V(H_2O)_6]^{2+}$	蓝紫色
4. 铁	$[Fe(H_2O)_6]^{2+}$	浅绿色		$[V(H_2O)_6]^{3+}$	绿色
	$[Fe(H_2O)_6]^{3+}$	浅紫色		VO^{2+}	蓝色
	$[Fe(NCS)_6]^{3-n}$	血红色($n \leqslant 6$)		VO_2^{+}	黄色
	$[Fe(CN)_6]^{4-}$	黄色		$[VO_2(O_2)_2]^{3-}$	黄色
	$[Fe(CN)_6]^{3-}$	浅橘黄色		$[V(O_2)]^{3+}$	深红色
	$[FeCl_6]^{3-}$	黄色	9. 镍	$[Ni(H_2O)_6]^{2+}$	亮绿色
	$[FeF_6]^{3-}$	无色		$[Ni(NH_3)_6]^{2+}$	蓝色
	$[Fe(C_2O_4)_3]^{3-}$	黄绿色		$[Ni(NH_3)_6]^{3+}$	蓝紫色

附表10-2 常见化合物的颜色

序号	物质	颜色	序号	物质	颜色
1. 氧化物	Ag_2O	褐色	2. 氢氧化物	$Cd(OH)_2$	白色
	Bi_2O_3	黄色		$Fe(OH)_2$	白色或苍绿色
	CdO	棕黄色		$Fe(OH)_3$	红棕色
	CoO	灰绿色		$Co(OH)_2$	粉红色
	Co_2O_3	黑色		$CoO(OH)$	褐色
	Cr_2O_3	绿色		$Cr(OH)_3$	灰绿色
	CrO_3	橙红色		$CuOH$	黄色
	CuO	黑色		$Cu(OH)_2$	浅蓝色
	Cu_2O	暗红色		$Mg(OH)_2$	白色
	FeO	黑色		$Mn(OH)_2$	白色
	Fe_2O_3	棕红色		$MnO(OH)_2$	棕黑色
	Fe_3O_4	红色		$Ni(OH)_2$	绿色
	Hg_2O	黑色		$NiO(OH)$	黑色
	HgO	红色或黄色		$Pb(OH)_2$	白色
	MnO_2	黑色		$Sb(OH)_3$	白色
	MoO_2	铅灰色		$Sn(OH)_2$	白色
	NiO	暗绿色		$Sn(OH)_4$	白色
	Ni_2O_3	黑色		$Zn(OH)_2$	白色
	PbO	黄色	3. 氯化物	$AgCl$	白色
	PbO_2	棕褐色		$BiOCl$	白色
	Pb_3O_4	红色		$CoCl_2$	蓝色
	Pb_2O_3	橙色		$CoCl_2 \cdot H_2O$	蓝棕色
	Sb_2O_3	白色		$CoCl_2 \cdot 2H_2O$	紫红色
	TiO_2	白色		$CoCl_2 \cdot 6H_2O$	粉红色
	V_2O_5	红棕色		$Co(OH)Cl$	蓝色
	VO	亮灰色		$CrCl_3 \cdot 6H_2O$	绿色
	WO_2	棕红色		$CuCl_2 \cdot 2H_2O$	蓝色
	ZnO	白色		$CuCl_2$	白色
2. 氢氧化物	$Al(OH)_3$	白色		$FeCl_3 \cdot 6H_2O$	棕黄色
	$Bi(OH)_3$	白色		Hg_2Cl_2	白色
	$BiO(OH)$	灰黄色		$Hg(NH_2)Cl$	白色

序　号	物　质	颜　色	序　号	物　质	颜　色
3. 氯化物	$PbCl_2$	白色	6. 硫化物	Sb_2S_3	橙色
	$SbOCl$	白色		Sb_2S_5	橙色
	$Sn(OH)Cl$	白色		SnS	褐色
	$TiCl_2$	黑色		SnS_2	黄色
	$TiCl_2 \cdot 6H_2O$	棕色或绿色		ZnS	白色
4. 溴化物	$AgBr$	浅黄色	7. 硫酸盐	Ag_2SO_4	白色
	$CuBr_2$	黑紫色		$BaSO_4$	白色
	$PbBr_2$	白色		$CaSO_4$	白色
5. 碘化物	AgI	黄色		$CoSO_4 \cdot 7H_2O$	红色
	BiI_3	褐色		$Cr_2(SO_4)_3$	桃红色
	CuI	白色		$Cr_2(SO_4)_3 \cdot 18H_2O$	紫色
	Hg_2I_2	黄绿色		$Cr_2(SO_4)_3 \cdot 6H_2O$	绿色
	HgI_2	红色		$Cu_2(OH)_2SO_4$	浅蓝色
	PbI_2	黄色		$CuSO_4 \cdot 5H_2O$	蓝色
	SbI_2	黄色		$[Fe(NO)(H_2O)_5]SO_4$	深棕色
	TiI_4	暗棕色		$(NH_4)_2FeSO_4 \cdot 6H_2O$	浅绿色
6. 硫化物	Ag_2S	黑色		$NH_4Fe(SO_4)_2 \cdot 12H_2O$	浅紫色
	As_2S_3	黄色		$HgSO_4$	白色
	As_2S_5	黄色		$HgSO_4 \cdot HgO$	黄色
	Bi_2S_3	黑色		$PbSO_4$	白色
	Bi_2S_5	黑褐色		$SrSO_4$	白色
	CdS	黄色	8. 碳酸盐	Ag_2CO_3	白色
	CoS	黑色		$BaCO_3$	白色
	Cu_2S	黑色		$Bi(OH)CO_3$	白色
	CuS	黑色		$CaCO_3$	白色
	FeS	黑色		$CdCO_3$	白色
	Fe_2S_3	黑色		$Cd_2(OH)_2CO_3$	白色
	HgS	红色或黑色		$Co_2(OH)_2CO_3$	红色
	MnS	肉色		$Cu_2(OH)_2CO_3$	蓝色或暗绿色
	NiS	黑色		$FeCO_3$	白色
	PbS	黑色		Hg_2CO_3	浅黄色

序　号	物　质	颜　色	序　号	物　质	颜　色
8. 碳酸盐	$Hg_2(OH)_2CO_3$	红褐色	12. 草酸盐	$Ag_2C_2O_4$	白　色
	$Mg_2(OH)_2CO_3$	白　色		BaC_2O_4	白　色
	$MnCO_3$	白　色		CaC_2O_4	白　色
	$Ni_2(OH)_2CO_3$	浅绿色		$FeC_2O_4 \cdot 2H_2O$	浅黄色
	$Pb_2(OH)_2CO_3$	白　色		PbC_2O_4	白　色
	$SrCO_3$	白　色	13. 拟卤化物	$AgCN$	白　色
	$Zn_2(OH)_2CO_3$	白　色		$CuCN$	白　色
9. 磷酸盐	Ag_3PO_4	黄　色		$Cu(CN)_2$	黄　色
	$BaHPO_4$	白　色		$Ni(CN)_2$	浅绿色
	$CaHPO_4$	白　色		$AgSCN$	白　色
	$Ca_3(PO_4)_2$	白　色		$Cu(SCN)_2$	暗绿色
	$FePO_4$	浅黄色	14. 其他含氧酸盐	Ag_3AsO_4	红褐色
	NH_4MgPO_4	白　色		NH_4MgAsO_4	白　色
10. 硅酸盐	Ag_2SiO_3	黄　色		$NaBiO_3$	浅黄色
	$BaSiO_3$	白　色		$SrSO_3$	白　色
	$CoSiO_3$	紫　色		$BaSO_3$	白　色
	$CuSiO_3$	蓝　色		$Ag_2S_2O_3$	白　色
	$Fe_2(SiO_3)_3$	棕红色		BaS_2O_3	白　色
	$MnSiO_3$	肉　色	15. 其他化合物	$Ag_4[Fe(CN)_6]$	白　色
	$NiSiO_3$	翠绿色		$Ag_3[Fe(CN)_6]$	橙　色
	$ZnSiO_3$	白　色		$Cd_2[Fe(CN)_6]$	白　色
11. 铬酸盐	Ag_2CrO_4	砖红色		$Co_2[Fe(CN)_6]$	绿　色
	$BaCrO_4$	黄　色		$Cu_2[Fe(CN)_6]$	棕红色
	$CaCrO_4$	黄　色		$Mn_2[Fe(CN)_6]$	白　色
	$CdCrO_4$	黄　色		$Ni_2[Fe(CN)_6]$	浅绿色
	$FeCrO_4 \cdot 2H_2O$	黄　色		$Pb_2[Fe(CN)_6]$	白　色
	$HgCrO_4$	红　色		$Zn_2[Fe(CN)_6]$	白　色
	Hg_2CrO_4	棕　色		$Zn_3[Fe(CN)_6]_2$	黄褐色
	$PbCrO_4$	黄　色		$K[Fe(CN)_6Fe]$	深蓝色
	$SrCrO_4$	浅黄色		$K_3[Co(NO_2)_6]$	黄　色

序 号	物 质	颜 色	序 号	物 质	颜 色
15. 其他化合物	$K_2Na[Co(NO_2)_6]$	黄 色	15. 其他化合物	$(NH_4)_3PO_4 \cdot 12MoO_3 \cdot 6H_2O$	黄 色
	$(NH_4)_2Na[Co(NO_2)_6]$	黄 色		$(NH_4)_2MoS_4$	血红色
	$K_2[PtCl_6]$	黄 色		二(丁二酮肟)合镍(Ⅱ)	桃红色
	$KHC_4H_4O_6$	白 色		$NaAc \cdot Zn(Ac)_2 \cdot 3UO_2(Ac)_2 \cdot 9H_2O$	黄 色
	$Na[Sb(OH)_6]$	白 色		$Na_2[Fe(CN)_5NO] \cdot 2H_2O$	红 色
	$\left[O\begin{smallmatrix}Hg\\ \\Hg\end{smallmatrix}NH_2\right]I$	红棕色		$\left[\begin{smallmatrix}I-Hg\\ \\I-Hg\end{smallmatrix}NH_2\right]I$	深褐色或红棕色

附录11　常见阳离子鉴定方法

附表 11 -1　常见阳离子鉴定方法

离子	试剂及条件	鉴定方法及反应	主要干扰离子
Na⁺	$Zn(Ac)_2 \cdot UO_2(Ac)_2$（醋酸铀酰锌）中性或 HAc 酸性溶液中	取 2 滴试液于试管中，加 4 滴 95% 乙醇和 8 滴醋酸铀酰锌溶液，用玻璃棒摩擦管壁，析出淡黄色晶状沉淀：$Na^+ + Zn^{2+} + 3UO_2^{2+} + 9Ac^- + 9H_2O \longrightarrow$ $NaAc \cdot Zn(Ac)_2 \cdot 3UO_2(Ac)_2 \cdot 9H_2O \downarrow$	大量 K^+ 存在时会生成 $KAc - UO_2(Ac)_2$ 的针状结晶，此时可用水冲稀后实验。Ag^+、Hg_2^{2+}、Sb^{3+} 对鉴定反应有干扰；PO_4^{3-}、AsO_4^{3-} 能使试剂分解
	$K[Sb(OH)_6]$（六羟基锑酸钾）中性或弱酸性介质（酸能使试剂分解）	取试液与等体积的 $0.1mol \cdot L^{-1}$ $K[Sb(OH)_6]$ 溶液于试管中混合，用玻璃棒摩擦试管壁，放置后产生白色沉淀：$Na^+ + [Sb(OH)_6]^- \longrightarrow Na[Sb(OH)_6] \downarrow$ 温度升高时沉淀的溶解度增大；Na^+ 浓度大时立即有沉淀析出，浓度小时会生成过饱和溶液，放很久才会有结晶析出	除碱金属外的其他金属离子也能与试剂形成沉淀，应预先除去
	焰色反应	用洁净的镍丝（蘸取浓 HCl 在煤气灯的氧化焰中烧至近无色）蘸取试液，在氧化焰中灼烧，火焰呈黄色	
K⁺	$Na_3[Co(NO_2)_6]$（六硝基合钴酸钠）中性或微酸性介质（酸、碱能分解试剂中的 $[Co(NO_2)_6]^{3-}$）	取 2 滴试液于试管中，加 3 滴六硝基合钴酸钠溶液，放置片刻，析出黄色沉淀：$2K^+ + Na^+ + [Co(NO_2)_6]^{3-} \longrightarrow K_2Na[Co(NO_2)_6] \downarrow$	NH_4^+ 与试剂生成橙色 $(NH_4)_2Na[Co(NO_2)_6]$ 沉淀而干扰鉴定反应，但在沸水浴中加热 1~2min，橙色沉淀分解，而 $K_2Na[Co(NO_2)_6]$ 不变
	$Na[B(C_6H_5)_4]$（四苯硼酸钠）碱性、中性或稀酸介质	取 2 滴试液于试管中，加 2~3 滴 $0.1mol \cdot L^{-1}$ $Na[B(C_6H_5)_4]$ 溶液，有白色沉淀析出：$K^+ + [B(C_6H_5)_4]^- \longrightarrow K[B(C_6H_5)_4] \downarrow$	NH_4^+ 有类似的反应而干扰，Ag^+、Hg^{2+} 的影响可加 KCN 消除，当 pH = 5，若有 EDTA 存在时，其他阳离子不干扰
	焰色反应	用洁净的镍丝（蘸取浓 HCl 在酒精喷灯的氧化焰中烧至近无色）蘸取试液，在氧化焰中灼烧，火焰呈紫色	Na^+ 干扰，可用蓝色钴玻璃消除

265

续表

离子	试剂及条件	鉴定方法及反应	主要干扰离子
NH_4^+	NaOH 强碱性介质	取 10 滴试液于试管中，加入 $2mol \cdot L^{-1}$ NaOH 溶液碱化，微热，并用红色石蕊试纸（或 pH 试纸）检验逸出的气体，试纸显蓝色： $NH_4^+ + OH^- \longrightarrow NH_3 \uparrow + H_2O$	
NH_4^+	$K_2[HgI_4]$、KOH（奈斯勒试剂） 碱性介质	取 1 滴试液于白色点滴板上，加 2 滴奈斯勒试剂，生成红棕色沉淀。或取 10 滴试液于试管中，加入 $2mol \cdot L^{-1}$ NaOH 溶液碱化，微热，并滴加了奈斯勒试剂的试纸检验逸出的气体，试纸上呈现红棕色斑点： $NH_4^+ + 2[HgI_4]^{2-} + 4OH^- \longrightarrow$ $HgO \cdot HgNH_2I \downarrow + 7I^- + 3H_2O$	Fe^{3+}、Cr^{3+}、Co^{2+}、Ni^{2+}、Hg^{2+}、Ag^+ 等因与生成有色沉淀而干扰鉴定反应 大量 S^{2-} 存在使 $[HgI_4]^{2-}$ 分解析出 $HgS \downarrow$
Mg^{2+}	镁试剂 I（对硝基苯偶氮间苯二酚） 强碱性介质	取 2 滴试液于试管中，加 2 滴 $2mol \cdot L^{-1}$ NaOH 和 2 滴镁试剂 I，析出天蓝色沉淀： $Mg^{2+} +$ 镁试剂 I $\longrightarrow$ 天蓝色沉淀 镁试剂 I 在碱性条件下呈红色或红紫色，被 $Mg(OH)_2$ 沉淀吸附后呈天蓝色	大量 NH_4^+ 存在时，会降低溶液中 OH^- 的浓度，妨碍 Mg^{2+} 的检出，鉴定前应先加碱煮沸，除去 NH_4^+ Fe^{3+}、Cu^{2+}、Co^{2+}、Ni^{2+}、Hg^{2+}、Cr^{3+}、Ag^+、Mn^{2+} 及大量 Ca^{2+} 对鉴定反应有干扰
Ca^{2+}	$(NH_4)_2C_2O_4$ HAc 酸性、中性、碱性条件	取 2 滴试液于试管中，滴加饱和草酸铵溶液，析出白色沉淀： $Ca^{2+} + C_2O_4^{2-} \longrightarrow CaC_2O_4 \downarrow$	Mg^{2+}、Sr^{2+}、Ba^{2+} 有干扰，但 MgC_2O_4 可溶于醋酸，CaC_2O_4 不溶
Ca^{2+}	乙二醛双缩（2-羟基苯胺，简称 GBHA） 碱性介质	取 1 滴试液于试管中，加 4 滴 GBHA 的乙醇饱和溶液、1 滴 $2mol \cdot L^{-1}$ NaOH、1 滴 10% Na_2CO_3 溶液及 10 滴 $CHCl_3$，加水数滴，振荡，$CHCl_3$ 呈红色： $Ca^{2+} + GBHA \longrightarrow Ca(GBHA) \downarrow + 2H^+$	Ba^{2+}、Sr^{2+} 在相同条件下生成橙色、红色沉淀，但加入 Na_2CO_3 后因生成碳酸盐沉淀，使螯合物颜色变浅，而 $Ca(GBHA)$ 颜色基本不变 Cu^{2+}、Cd^{2+}、Co^{2+}、Ni^{2+}、Mn^{2+} 等与试剂生成有色螯合物而干扰鉴定反应，当加萃取剂 $CHCl_3$ 时，只有 Cd^{2+}、Ca^{2+} 的螯合物被萃取
Ba^{2+}	K_2CrO_4 中性或弱酸性介质	取 2 滴试液于离心试管中，加 1 滴 $2mol \cdot L^{-1}$ HAc 溶液和 1 滴 $1mol \cdot L^{-1}$ K_2CrO_4 溶液，生成黄色沉淀，离心分离，沉淀上加 2 滴 $2mol \cdot L^{-1}$ NaOH 溶液，沉淀不溶解： $Ba^{2+} + CrO_4^{2-} \longrightarrow BaCrO_4 \downarrow$	Sr^{2+}、Ag^+、Pb^{2-}、Hg^{2+} 等与 CrO_4^{2-} 生成有色沉淀，影响 Ba^{2+} 的检出； Ag^+、Pb^{2+}、Hg^{2+} 等可在鉴定前在浓氨水的条件下，加锌粉，并在沸水浴中煮沸 $1\sim2min$，使金属离子被还原，离心分离除去

续表

离子	试剂及条件	鉴定方法及反应	主要干扰离子
Al^{3+}	茜素磺酸钠（茜素 S）	在滤纸上加 1 滴试液和 1 滴 0.1% 茜素磺酸钠，用浓氨水熏（或加 1 滴 6mol·L^{-1}氨水）至出现红色斑点。此时立即停止氨熏。如氨熏时间长，茜素磺酸钠显紫色，可将滤纸隔石棉网烤一下，紫色褪去，出现红色：$Al^{3+}+$茜素 S$\longrightarrow$红色沉淀	Fe^{3+}、Cr^{3+}、Mn^{2+} 及大量 Cu^{2+} 对鉴定反应有干扰。可用 $K_4[Fe(CN)_6]$ 在纸上分离，由于干扰离子沉淀为亚铁氰酸盐留在斑点的中央，Al^{3+} 不被沉淀，扩散到斑点的外围（水渍区），用茜素磺酸钠在斑点外围鉴定 Al^{3+}
Sn^{2+}	$HgCl_2$ 酸性介质	取 2 滴试液于试管中，加 1 滴 0.1mol·L^{-1} $HgCl_2$，生成白色沉淀，后沉淀变灰色或黑色：$Sn^{2+}+2HgCl_2+4Cl^-\longrightarrow Hg_2Cl_2\downarrow+[SnCl_6]^{2-}$ $Sn^{2+}+Hg_2Cl_2+4Cl^-\longrightarrow 2Hg+[SnCl_6]^{2-}$	
Pb^{2+}	K_2CrO_4 中性或弱酸性介质	取 2 滴试液于试管中，加 2 滴 6mol·L^{-1} HAc 使溶液呈弱酸性，再加 2 滴 0.1mol·L^{-1} K_2CrO_4 溶液，析出黄色沉淀：$Pb^{2+}+CrO_4^{2-}\longrightarrow PbCrO_4\downarrow$	Ba^{2+}、Ag^+、Hg^{2+} 等与 CrO_4^{2-} 生成有色沉淀，影响 Pb^{2+} 的检出。可先加 6mol·L^{-1} H_2SO_4，加热，搅拌，使 $PbSO_4$ 沉淀完全，离心分离，在沉淀中加入 6mol·L^{-1} NaOH，使沉淀溶解为 $[Pb(OH)_3]^-$，离心分离，清液用 6mol·L^{-1} HAc 调至弱酸性，再加 K_2CrO_4 鉴定 Pb^{2+}
Bi^{3+}	$Na_2[Sn(OH)_4]$ 强碱性	取 1~2 滴试液于试管中，加 2~3 滴新配制的 $Na_2[Sn(OH)_4]$ 溶液，析出黑色沉淀：$2Bi^{3+}+3[Sn(OH)_4]^{2-}+6OH^-\longrightarrow 3[Sn(OH)_6]^{2-}+2Bi\downarrow$	Cu^{2+}、Cd^{2+} 等干扰鉴定反应。可先加浓氨水，使 Bi^{3+} 转化为 $Bi(OH)_3$ 沉淀，洗涤沉淀后再加 $Na_2[Sn(OH)_4]$ 进行检验
Cr^{3+}	H_2O_2、$Pb(NO_3)_2$ 强碱性介质中，H_2O_2 将 Cr^{3+} 氧化为 CrO_4^{2-} 在弱酸性（HAc）条件下 Pb^{2+} 与 CrO_4^{2-} 生成 $PbCrO_4$ 沉淀	取 2 滴试液于试管中，加 6mol·L^{-1} NaOH 溶液至生成的沉淀刚好溶解，再多加 2 滴。搅动后加 4 滴 3% H_2O_2，水浴加热，溶液颜色变黄色，继续加热使过量的 H_2O_2 分解，冷却，加 6mol·L^{-1} HAc 酸化，加 2 滴 $Pb(NO_3)_2$ 溶液，析出黄色沉淀：$Cr^{3+}+4OH^-\longrightarrow CrO_2^-+2H_2O$ $2CrO_2^-+3H_2O_2+2OH^-\longrightarrow 2CrO_4^{2-}+4H_2O$ $Pb^{2+}+CrO_4^{2-}\longrightarrow PbCrO_4\downarrow$	

离子	试剂及条件	鉴定方法及反应	主要干扰离子
Cr^{3+}	H_2O_2 碱性介质	取 2 滴试液于试管中，加 $6mol \cdot L^{-1}$ NaOH 溶液至生成的沉淀刚好溶解，再多加 2 滴。搅动后加 4 滴 3% H_2O_2，微热，溶液变黄色，冷却后加 1mL 戊醇（或乙醚），5 滴 3% H_2O_2，最后一边振荡试管一边滴加 $6mol \cdot L^{-1}$ HNO_3，戊醇层出现蓝色： $2CrO_2^- + 3H_2O_2 + 2OH^- \longrightarrow 2CrO_4^{2-} + 4H_2O$ $2CrO_4^{2-} + 2H^+ \longrightarrow Cr_2O_7^{2-} + H_2O$ $Cr_2O_7^{2-} + 4H_2O_2 + 2H^+ \longrightarrow 2CrO(O_2)_2 + 5H_2O$	$CrO(O_2)_2$ 在水中不稳定，需用戊醇萃取，且温度降低时，稳定性增强；其他离子对此反应无干扰
Mn^{2+}	$NaBiO_3$ 固体 硝酸或硫酸介质	取 2 滴试液于离心试管中，加 $6mol \cdot L^{-1}$ HNO_3 酸化，加少量 $NaBiO_3$ 固体，搅拌，离心沉降，溶液呈现紫红色： $2Mn^{2+} + 5NaBiO_3(s) + 14H^+ \longrightarrow$ $2MnO_4^- + 5Bi^{3+} + 5Na^+ + 7H_2O$	还原剂（Cl^-、Br^-、I^-、H_2O_2）存在时影响此鉴定反应
Fe^{3+}	KSCN 酸性介质（不能用 HNO_3）	取 1 滴试液于白色点滴板上，加 1 滴 $2mol \cdot L^{-1}$ HCl 酸化，加 1 滴 $0.1mol \cdot L^{-1}$ KSCN 溶液，溶液呈现血红色： $Fe^{3+} + nSCN^- \longrightarrow [Fe(SCN)_n]^{3-n}(n = 1 \sim 6)$	F^-、H_3PO_4、$H_2C_2O_4$、酒石酸、柠檬酸等能与 Fe^{3+} 生成稳定的配合物而干扰。溶液中若有大量的汞盐，由于形成 $[Hg(SCN)_4]^{2-}$ 而干扰鉴定反应。Cr^{3+}、Ni^{2+}、Co^{2+}、Cu^{2+} 盐因离子有颜色或与 SCN^- 的反应产物有颜色，会降低鉴定反应的灵敏度
Fe^{3+}	$K_4[Fe(CN)_6]$ 酸性介质	取 1 滴试液于白色点滴板上，加 1 滴 $K_4[Fe(CN)_6]$ 溶液，产生蓝色沉淀： $Fe^{3+} + K^+ + [Fe(CN)_6]^{4-} \longrightarrow K[Fe^{III}(CN)_6Fe^{II}] \downarrow$	大量存在的 Cu^{2+}、Co^{2+}、Ni^{2+} 等干扰鉴定反应
Fe^{2+}	$K_3[Fe(CN)_6]$ 酸性介质	取 1 滴试液于白色点滴板上，加 1 滴 $K_3[Fe(CN)_6]$ 溶液，析出蓝色沉淀： $Fe^{2+} + K^+ + [Fe(CN)_6]^{3-} \longrightarrow K[Fe^{III}(CN)_6Fe^{II}] \downarrow$	本法灵敏度及选择性都很高，只有在大量其他金属离子存在，而 Fe^{2+} 量很少时，现象不明显
	邻菲啰啉（phen） 中性或微酸性介质	取 1 滴试液于白色点滴板上，加 2 滴 2% 邻菲啰啉溶液，溶液呈橘红色： $Fe^{2+} + 3phen \longrightarrow [Fe(phen)_3]^{2+}$	Fe^{3+} 与邻菲啰啉生成微橙黄色配合物，但不干扰鉴定反应；若 Fe^{3+} 与 Co^{2+} 同时存在，或有 10 倍量的 Cu^{2+}、40 倍量的 $C_2O_4^{2-}$、6 倍量的 CN^- 存在时，干扰鉴定反应

续表

离子	试剂及条件	鉴定方法及反应	主要干扰离子
Co^{2+}	KSCN、丙酮 酸性介质	取2滴试液于试管中，加饱和 KSCN 溶液或少量 KSCN 固体，再加数滴丙酮(或戊醇)，振荡，静置，有机层呈现蓝色： $Co^{2+} + 4SCN^- \longrightarrow [Co(NCS)_4]^{2-}$(宝石蓝色) $[Co(SCN)_4]^{2-}$ 在水中不稳定，在丙酮(或戊醇)中稳定性增强	Fe^{3+} 的干扰，可通过加 NaF 掩蔽；大量的 Cu^{2+}、Ni^{2+} 存在，干扰鉴定反应
Ni^{2+}	丁二酮肟(DMG) 氨性溶液 $pH = 5 \sim 10$	取1滴试液于白色点滴板上，加1滴 $2mol \cdot L^{-1}$ 氨水，再加1滴 1% 丁二酮肟，出现鲜红色沉淀： $Ni^{2+} + 2NH_3 + 2DMG \longrightarrow Ni(DMG)_2 \downarrow + 2NH_4^+$	大量 Fe^{2+}、Fe^{3+}、Co^{2+}、Cu^{2+}、Cr^{3+}、Mn^{2+} 因与氨水或试剂生成有色沉淀或可溶性物质而干扰鉴定反应
Cu^{2+}	$K_4[Fe(CN)_6]$ 中性或酸性介质	取1滴试液于白色点滴板上，加2滴 $0.1mol \cdot L^{-1}$ $K_4[Fe(CN)_6]$ 溶液，析出红棕色沉淀： $2Cu^{2+} + [Fe(CN)_6]^{4-} \longrightarrow Cu_2[Fe(CN)_6] \downarrow$ 生成的沉淀不溶于稀酸，但可溶于氨水生成 $[Cu(NH_3)_4]^{2+}$，或与强碱生成 $Cu(OH)_2$	Fe^{3+} 及大量的 Co^{2+}、Ni^{2+} 干扰鉴定反应
Ag^+	HCl、氨水 HNO_3 介质	取2滴试液于离心试管中，加2滴 $2mol \cdot L^{-1}$ HCl 溶液，搅拌，生成白色沉淀，水浴加热，使沉淀凝聚，离心分离。在沉淀上加2滴 $2mol \cdot L^{-1}$ 氨水，使沉淀溶解，再加2滴 $6mol \cdot L^{-1}$ HNO_3，沉淀又重新析出： $Ag^+ + Cl^- \longrightarrow AgCl \downarrow$ $AgCl + 2NH_3 \longrightarrow [Ag(NH_3)_2]^+ + Cl^-$ $[Ag(NH_3)_2]^+ + Cl^- + 2H^+ \longrightarrow 2NH_4^+ + AgCl \downarrow$	
Zn^{2+}	$(NH_4)_2Hg(SCN)_4$ 中性或微酸性介质	取2滴试液于试管中，用 $2mol \cdot L^{-1}$ HAc 酸化，加等体积 $(NH_4)_2Hg(SCN)_4$ 溶液，摩擦试管内壁，析出白色沉淀： $Zn^{2+} + [Hg(SCN)_4]^{2-} \longrightarrow Zn[Hg(SCN)_4] \downarrow$ 若有极稀的 $CuSO_4$($<0.02\%$)溶液存在，可迅速产生铜锌紫色混晶，更便于观察 也可用极稀的 $CoCl_2$(0.02%)溶液，产生钴锌蓝色混晶	Fe^{3+} 及 Cu^{2+}、Co^{2+} 大量存在时，干扰鉴定反应
	二苯硫腙 强碱性	取2滴试液于试管中，加5滴 $6mol \cdot L^{-1}$ NaOH、10滴 CCl_4，再加入2滴二苯硫腙溶液，振荡试管，水层呈现粉红色，CCl_4 层由绿色变为棕色	在中性或弱酸性条件下，很多重金属离子都能与二苯硫腙生成有色的配合物，因此应注意鉴定的介质条件

离子	试剂及条件	鉴定方法及反应	主要干扰离子
Hg²⁺	SnCl₂ 酸性介质	取 2 滴试液于试管中，加入 2~3 滴 0.1 mol·L⁻¹ SnCl₂ 溶液，生成白色沉淀，继续加过量 SnCl₂ 溶液，白色沉淀变灰色或黑色： $Sn^{2+} + 2HgCl_2 + 4Cl^- \longrightarrow Hg_2Cl_2 \downarrow + [SnCl_6]^{2-}$ $Sn^{2+} + Hg_2Cl_2 + 4Cl^- \longrightarrow 2Hg \downarrow + [SnCl_6]^{2-}$	应先除去能与 Cl⁻ 产生沉淀的离子，以及能与 SnCl₂ 反应的氧化剂
	KI、Na₂SO₃、CuSO₄ 中性或微酸性介质	取 2 滴试液于试管中，加 0.1 mol·L⁻¹ KI 溶液使生成沉淀后又溶解，加 2 滴 KI – Na₂SO₃ 溶液、2~3 滴 0.1 mol·L⁻¹ CuSO₄ 溶液，析出橙红色沉淀： $Hg^{2+} + 2I^- \longrightarrow HgI_2 \downarrow$ $HgI_2 + 2I^- \longrightarrow [HgI_4]^{2-}$ $2Cu^{2+} + 4I^- \longrightarrow 2CuI \downarrow + I_2$ $2CuI + [HgI_4]^{2-} \longrightarrow Cu_2[HgI_4] \downarrow + 2I^-$ 反应生成的 I₂ 由 Na₂SO₃ 除去： $SO_3^{2-} + I_2 + H_2O \longrightarrow SO_4^{2-} + 2H^+ + 2I^-$	WO₄²⁻、MoO₄²⁻ 干扰鉴定反应 Cu₂[HgI₄] 与 HgI₂ 的颜色相近，但 Cu₂[HgI₄] 不溶于 KI

附录12　常见阴离子鉴定方法

附表12-1　常见阴离子鉴定方法

离子	试剂及条件	鉴定方法及反应	主要干扰离子
Cl^-	$AgNO_3$ 酸性介质	取2滴试液于离心试管中，加 $6mol \cdot L^{-1}$ HNO_3 酸化，加 $0.1mol \cdot L^{-1}$ $AgNO_3$ 溶液至沉淀完全，水浴加热，使沉淀凝聚，离心分离。在沉淀上滴加 $2mol \cdot L^{-1}$ 氨水，使沉淀溶解，再滴加 $6mol \cdot L^{-1}$ HNO_3，沉淀又重新析出： $Ag^+ + Cl^- \longrightarrow AgCl\downarrow$ $AgCl + 2NH_3 \longrightarrow [Ag(NH_3)_2]^+ + Cl^-$ $[Ag(NH_3)_2]^+ + Cl^- + 2H^+ \longrightarrow 2NH_4^+ + AgCl\downarrow$	
Br^-	氯水、CCl_4 中性或酸性介质	取2滴试液于试管中，加10滴 CCl_4，滴加氯水，振荡，有机层显红棕色或黄色： $2Br^- + Cl_2 \longrightarrow Br_2 + 2Cl^-$	
I^-	氯水、CCl_4 中性或酸性介质	取2滴试液于试管中，加10滴 CCl_4，滴加氯水，振荡，有机层显紫红色： $2I^- + Cl_2 \longrightarrow I_2 + 2Cl^-$	加入氯水过量时，I_2 被氧化为 IO_3^-，有机层紫红色褪去
S^{2-}	H_2SO_4	取3滴试液于试管中，加 $2mol \cdot L^{-1}$ H_2SO_4 酸化，用 $Pb(Ac)_2$ 试纸检验放出的气体，试纸变黑色： $S^{2-} + 2H^+ \longrightarrow H_2S\uparrow$	
	$Na_2[Fe(CN)_5NO]$ 碱性介质	取1滴试液于白色点滴板上，加1滴1% $Na_2[Fe(CN)_5NO]$ 溶液，溶液呈红紫色： $S^{2-} + [Fe(CN)_5NO]^{2-} \longrightarrow [Fe(CN)_5NOS]^{4-}$	在酸性介质中由于 $S^{2-} + H^+ \longrightarrow HS^-$，无红紫色产生
$S_2O_3^{2-}$	稀盐酸	取2滴试液于试管中，加2~3滴 $2mol \cdot L^{-1}$ HCl 溶液，加热，出现白色浑浊： $S_2O_3^{2-} + 2H^+ \longrightarrow SO_2\uparrow + S\downarrow + H_2O$	S^{2-} 和 SO_3^{2-} 同时存在时干扰鉴定反应
	$AgNO_3$ 中性介质	取1滴试液于白色点滴板上，加2滴 $0.1mol \cdot L^{-1}$ $AgNO_3$ 溶液，产生白色沉淀，并很快变成黄色、棕色，最后变为黑色： $S_2O_3^{2-} + 2Ag^+ \longrightarrow Ag_2S_2O_3\downarrow$ $Ag_2S_2O_3 + H_2O \longrightarrow Ag_2S\downarrow + 2H^+ + SO_4^{2-}$	S^{2-} 干扰鉴定反应，必须先除去。可加少量 $PbCO_3$ 固体于试液中，搅拌，当白色沉淀变为黑色时，再加少量 $PbCO_3$ 固体，搅拌，直至沉淀呈灰色，离心分离，取清液进行鉴定

离子	试剂及条件	鉴定方法及反应	主要干扰离子
SO_3^{2-}	$ZnSO_4$、 $K_4[Fe(CN)_6]$、 $Na_2[Fe(CN)_5NO]$ 中性介质 酸能使沉淀消失, 所以 需用氨水将溶液调至中性	在点滴板上加 1 滴饱和 $ZnSO_4$ 溶液、1 滴 $0.1mol \cdot L^{-1}$ $K_4[Fe(CN)_6]$溶液和 1 滴1% Na_2 $[Fe(CN)_5NO]$溶液, 再加 1 滴 $2mol \cdot L^{-1}$ 氨 水及 1 滴试液, 产生红色沉淀	S^{2-} 与 $Na_2[Fe(CN)_5NO]$生 成紫红色配合物, 干扰鉴定 反应, 应先除去
SO_4^{2-}	$BaCl_2$ 酸性介质	取 2 滴试液, 用 $6mol \cdot L^{-1}$ HCl 酸化, 加 2 滴 $0.1mol \cdot L^{-1}$ $BaCl_2$ 溶液, 析出白色沉淀: $SO_4^{2-} + Ba^{2+} \longrightarrow BaSO_4 \downarrow$ 白色沉淀不溶于 HCl 及 HNO_3	
NO_3^-	$FeSO_4$ 浓 H_2SO_4	取 5 滴试液于试管中, 加入少量 $FeSO_4$ 晶 体, 振荡溶解后, 斜持试管, 沿试管壁慢慢加 入 1mL 浓 H_2SO_4, 在 H_2SO_4 层和水层界面处 出现"棕色环": $3Fe^{2+} + NO_3^- + 4H^+ \longrightarrow 3Fe^{3+} + NO\uparrow + 2H_2O$ $FeSO_4 + NO + 5H_2O \longrightarrow [Fe(NO)(H_2O)_5]SO_4$	NO_2^-、Br^-、I^-、CrO_4^{2-} 干 扰鉴定反应, 应先除去。取 10 滴试液, 加 5 滴 $2mol \cdot L^{-1}$ H_2SO_4、1mL $0.02mol \cdot L^{-1}$ Ag_2SO_4 溶液, 搅拌, 离心分 离, 在清液中加入尿素(除去 NO_2^-), 微热, 然后进行 NO_3^- 的鉴定
NO_2^-	$FeSO_4$ HAc	取 5 滴试液于试管中, 加少量 $FeSO_4$ 固体, 振荡溶解后, 加 10 滴 $2mol \cdot L^{-1}$ HAc, 溶液 呈棕色: $Fe^{2+} + NO_2^- + 2HAc \longrightarrow Fe^{3+} + NO\uparrow + Ac^- + H_2O$ $FeSO_4 + NO + 5H_2O \longrightarrow [Fe(NO)(H_2O)_5]SO_4$	Br^-、I^- 干扰鉴定反应
	对氨基苯磺酸、 α-萘胺 中性或 HAc 介质	取 1 滴试液于试管中, 加 $6mol \cdot L^{-1}$ HAc 酸 化, 再加对氨基苯磺酸、α-萘胺各 1 滴, 溶 液呈现红紫色	
PO_4^{3-}	$(NH_4)_2MoO_4$ 为避免沉淀溶于过量的 磷酸盐生成配离子, 应加 入过量试剂	取 2 滴试液于试管中, 加 10 滴 $(NH_4)_2MoO_4$ 溶液, 水浴加热, 析出黄色沉淀: $PO_4^{3-} + 3NH_4^+ + 12MoO_4^{2-} + 24H^+ \longrightarrow$ $(NH_4)_3PO_4 \cdot 12MoO_3 \cdot 6H_2O \downarrow + 6H_2O$	还原性离子可将 Mo(Ⅵ)还 原为低价钼的化合物——"钼 蓝"而使溶液呈蓝色, 干扰鉴 定反应。大量 Cl^- 存在会降低 鉴定反应的灵敏度。可通过加 入浓 HNO_3, 并加热煮沸的方 法除去 Cl^- 和还原性离子
	$AgNO_3$ 中性或弱酸性介质	取 2 滴试液于试管中, 加入 2~3 滴 $0.1mol \cdot$ L^{-1} $AgNO_3$ 溶液, 振荡, 析出黄色沉淀: $3Ag^+ + PO_4^{3-} \longrightarrow Ag_3PO_4 \downarrow$	CrO_4^{2-}、S^{2-}、I^-、$S_2O_3^{2-}$、 AsO_4^{3-}、AsO_3^{3-} 等能与 Ag^+ 生 成有色沉淀, 干扰鉴定反应

附录 13　危险药品的分类、性质和管理

一、危险药品分类及性质

危险药品是指受光、热、空气、水或撞击等外界因素的影响，可能引起燃烧、爆炸的药品，或具有强腐蚀性、剧毒性的药品。常用危险药品的分类及性质如附表 13-1 所示。

附表 13-1　常用危险药品的分类及性质

类　别		举　例	性　质	注意事项
1. 爆炸品		硝酸铵、苦味酸、三硝基甲苯	遇高热摩擦、撞击等，引起剧烈反应，放出大量气体和热量，产生猛烈爆炸	存放于阴凉、低下处。轻拿、轻放
2. 易燃品	易燃液体	丙酮、乙醚、甲醇、乙醇、苯等有机溶剂	沸点低、易挥发，遇火则燃烧，甚至引起爆炸	存放阴凉处，远离热源。使用时注意通风，不得有明火
	易燃固体	赤磷、硫、萘、硝化纤维	燃点低，受热、摩擦、撞击或遇氧化剂，可引起剧烈连续燃烧、爆炸	存放阴凉处，远离热源。使用时注意通风，不得有明火
	易燃气体	氢气、乙炔、甲烷	因撞击、受热引起燃烧。与空气按一定比例混合，则会爆炸	使用时注意通风。如为钢瓶气，不得在实验室存放
	遇水易燃品	钠、钾	遇水剧烈反应，产生可燃气体并放出热量，此反应热会引起燃烧。	保存于煤油中，切勿与水接触
	自燃物品	黄磷	在适当温度下被空气氧化、放热，达到燃点而引起自燃	保存于水中
3. 氧化剂		硝酸钾、氯酸钾、过氧化氢、过氧化钠、高锰酸钾	具有强氧化性，遇酸、受热以及与有机物、易燃品、还原剂等混合时，因反应引起燃烧或爆炸	不得与易燃品、爆炸品、还原剂等一起存放
4. 剧毒品		氰化钾、三氧化二砷、升汞、氯化钡、六六六	剧毒，少量侵入人体(误食或接触伤口)引起中毒，甚至死亡	专人、专柜保管，现用现领，用后的剩余物，不论是固体还是液体都应交回保管人，并应设有使用登记制度

续表

类 别	举 例	性 质	注意事项
5. 腐蚀性药品	强酸、氟化氢、强碱、溴、酚	具有强腐蚀性，触及物品造成腐蚀、破坏，触及人体皮肤，引起化学烧伤	不要与氧化剂、易燃品、爆炸品放在一起

二、无机剧毒化学品目录

国家安全生产监督管理总局、工信部、公安部、环保部、交通运输部、农业部、卫生和计划生育委员会、国家质量监督检验检疫总局、国家铁路局和中国民用航空局于2015年发布了《危险化学品目录》(2015版)。其中无机剧毒化学品目录见附表13-2。

附表13-2　无机剧毒化学品目录

品 名	别 名	化学式	品 名	别 名	化学式
氰	氰气	C_2N_2	氰化汞	氰化高汞；二氰化汞	$Hg(CN)_2$
氰化钠	山奈	$NaCN$	氰化金钾	亚金氰化钾	$KAu(CN)_2$
氰化钾	山奈钾	KCN	氰化碘	碘化氰	ICN
氰化钙		$Ca(CN)_2$	氰化氢	氢氰酸	HCN
氰化银钾	银氰化钾	$KAg(CN)_2$	四乙基铅	发动机燃料抗爆混合物	$C_8H_{20}Pb$
氰化镉		$Cd(CN)_2$	硝酸汞	硝酸高汞	$Hg(NO_3)_2$
氯化汞	氯化高汞、二氯化汞、升汞	$HgCl_2$	亚砷酸钾	偏亚砷酸钾	$KAsO_2$
碘化汞	碘化高汞、二碘化汞	HgI_2	砷酸	原砷酸	H_3AsO_4
溴化汞	溴化高汞、二溴化汞	$HgBr_2$	氧氯化磷	氯化磷酰、磷酰氯、三氯氧化磷、三氯化磷酰、三氯氧磷、磷酰三氯	$POCl_3$
氧化汞	一氧化汞、黄降汞、红降汞、三仙丹	HgO	三氯化磷	氯化磷、氯化亚磷	PCl_3
硫氰酸汞	硫氰化汞，硫氰酸高汞	$Hg(SCN)_2$	硫代磷酰氯	硫代氯化磷酰、三氯化硫磷、三氯硫磷	Cl_3PS
重铬酸钠	红矾钠	$Na_2Cr_2O_7$	亚硒酸钠	亚硒酸二钠	Na_2SeO_3
羰基镍	四羰基镍、四碳酰镍	$Ni(CO)_4$	亚硒酸氢钠	重亚硒酸钠	$NaHSeO_3$
五羰基铁	羰基铁	$Fe(CO)_5$	亚硒酸镁		$MgSeO_3$
铊	金属铊	Tl	亚硒酸		H_2SeO_3
氧化亚铊	一氧化(二)铊	Tl_2O	硒酸钠		Na_2SeO_4
氧化铊	三氧化(二)铊	Tl_2O_3	乙硼烷	二硼烷、硼乙烷	B_2H_6
碳酸亚铊	碳酸铊	Tl_2CO_3	癸硼烷	十硼烷、十硼氢	$B_{10}H_{14}$
硫酸亚铊	硫酸铊	Tl_2SO_4	戊硼烷	五硼烷	B_5H_9
磷化锌	二磷化三锌	Zn_3P_2	氟		F_2

续表

品　名	别　名	化学式	品　名	别　名	化学式
五氧化二钒	钒(酸)酐	V_2O_5	二氟化氧	一氧化二氟	OF_2
五氯化锑	过氯化锑、氯化锑	$SbCl_5$	三氟化氯		ClF_3
四氧化锇	锇酸酐	OsO_4	三氟化硼	氟化硼	BF_3
砷化氢	砷化三氢、胂	AsH_3	五氟化氯		ClF_5
三氧化(二)砷	白砒、砒霜、亚砷(酸)酐	As_2O_3	羰基氟	氟化碳酰、氟氧化碳	COF_2
五氧化(二)砷	砷(酸)酐	As_2O_5	氯	液氯、氯气	Cl_2
三氯化砷	氯化亚砷	$AsCl_3$	四氧化二氮	二氧化氮、过氧化氮	NO_2
亚砷酸钠	偏亚砷酸钠	$NaAsO_2$	迭氮(化)钠	三氮化钠	NaN_3

三、化学实验室毒品管理规定

(1)实验室使用毒品和剧毒品应预先计算使用量，按用量到毒品库领取，尽量做到用多少领多少。使用后剩余的毒品应送回毒品库统一管理。毒品库对领出和退回的毒品要详细登记。

(2)实验室在领用毒品和剧毒品后，由两位教师(教辅人员)共同负责保证领用毒品的安全管理，实验室建立毒品使用账目。账目包括：药品名称、领用日期、领用量、使用日期、使用量、剩余量、使用人签名、两位管理人签名。

(3)实验室使用毒品时，如剩余量较少且近期仍需使用须存放在实验室内，此药品必须放于实验室毒品保险柜内，钥匙由两位管理教师掌管，保险柜上锁和开启均须两人同时在场。实验室配制有毒药品溶液时也应按用量配制，该溶液的使用、归还和存放必须履行使用账目登记制度。

参考文献

1. 北京师范大学无机化学教研室，等．无机化学实验：第四版[M]．北京：高等教育出版社，2014.

2. 展树中，王湘利，陈彩虹．无机化学实验：第二版[M]．北京：化学工业出版社，2022.

3. 孙尔康，张剑荣，郎建平，等．无机化学实验[M]．南京：南京大学出版社，2018.

4. 李文军．无机化学实验[M]．北京：化学工业出版社，2008.

5. 宋天佑，程鹏，徐家宁，等．无机化学：第四版[M]．北京：高等教育出版社，2019.

6. 南京大学大学化学实验教学组．大学化学实验：第三版[M]．北京：高等教育出版社，2010.

7. 赵华绒，曾秀琼，刘占祥，等．大学化学基础实验：第三版[M]．北京：科学出版社，2023.

8. 南京大学《无机及分析化学实验》编写组．无机及分析化学实验：第五版[M]．北京：高等教育出版社，2015.

9. 郭彦．Laboratory Experiments for Inorganic and Analytical Chemistry[M]．南京：南京大学出版社，2021.

10. 牟文生．无机化学实验：第三版[M]．北京：高等教育出版社，2014.